The Design and Application of the IoT-based & Intelligent System of Ambient Air Quality Monitoring

大气环境监测物联网与智能化管理系统的设计及应用

主 编：徐伟嘉 汪太明 温丽容 陈多宏
钟 声 江 明 刘永红

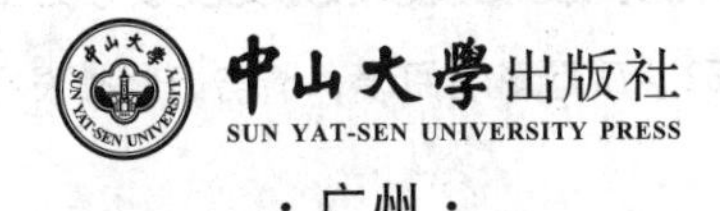

·广州·

图书在版编目（CIP）数据

大气环境监测物联网与智能化管理系统的设计及应用/徐伟嘉，汪太明，温丽容，陈多宏，钟声，江明，刘永红主编．—广州：中山大学出版社，2023.7
ISBN 978－7－306－07851－3

Ⅰ.①大… Ⅱ.①徐… ②汪… ③温… ④陈… ⑤钟… ⑥江… ⑦刘… Ⅲ.①物联网—应用—大气监测 ②计算机管理系统—应用—大气监测 Ⅳ.①X831－39

中国国家版本馆 CIP 数据核字（2023）第 124304 号

DAQI HUANJING JIANCE WULIANWANG YU ZHINENGHUA GUANLI XITONG DE SHEJI JI YINGYONG

出 版 人：王天琪
策划编辑：曾育林
责任编辑：曾育林
封面设计：曾 斌
责任校对：刘 丽
责任技编：靳晓虹
出版发行：中山大学出版社
电 话：编辑部 020－84113349，84110776，84111997，84110779，84110283
发行部 020－84111998，84111981，84111160
地 址：广州市新港西路 135 号
邮 编：510275 传 真：020－84036565
网 址：http://www.zsup.com.cn E-mail：zdcbs@mail.sysu.edu.cn
印 刷 者：广州市友盛彩印有限公司
规 格：787mm×1092mm 1/16 16.25 印张 406 千字
版次印次：2023 年 7 月第 1 版 2023 年 7 月第 1 次印刷
定 价：68.00 元

内容简介

本书是在《大气污染防治行动计划》实施的背景下，在课题“大气环境监测多源异构数据采集和质量控制技术研究”和“我国东部大气环境集成观测与数据共享技术”的支持下，充分借鉴吸收国内外先进技术和经验，在大气环境监测智能化运维管理、生态环境监测物联网体系等研究成果和实际应用的基础上充分凝练，出版的一部专业参考书。本书全面介绍了大气环境监测物联网与智能化管理系统的设计及应用的基本思路、关键技术、解决方案和实施经验，具有较强的针对性、指导性和实用性，适合大气环境监测、环保信息化等领域的技术人员及高等院校相关专业的师生阅读参考。

编　委　会

主　　编：徐伟嘉　汪太明　温丽容　陈多宏　钟　声
江　明　刘永红

编著人员：（以姓氏笔画为序）
丁　铭　王　美　王启蒙　尤　洋　卢志想
刘　颖　李　璇　李静云　杨子成　何青蔓
张　涛　张　霞　张盛强　陈佳娜　周　炎
孟双双　孟苗苗　侯玉婧　钱　钰　黄卫明
曹　军　曾红霞　雷　达

前　言

2013年9月国务院发布《大气污染防治行动计划》（简称“大气十条”）后，我国的环境空气质量监测网络发展迅速，建成了从国家层面到乡镇级的常规空气自动监测网络，站点数超过了1万个。为进一步支撑精准治污、科学治污，颗粒物组分站和光化学组分站建设也得到了长足的发展。如何利用物联网、区块链、人工智能等技术，发展智慧监测，提高大气环境监测的现代化水平，为大气污染防治决策提供及时、准确、全面的环境质量信息支撑，成为大气环境监测体系建设的重要且紧迫的需求。

在上述背景下，广东旭诚科技有限公司、广东省生态环境监测中心、中国环境监测总站、中山大学智能工程学院等单位，在国家重点研发计划“大气环境监测多源异构数据采集和质量控制技术研究”项目（编号：2016YFC0201801）和“我国东部大气环境集成观测与数据共享技术”项目（编号：2016YFC0202005）等研究课题，以及“国家环境空气质量监测网城市环境空气自动站运行维护项目——运维信息集成和网络检查”（编号：CNEMC－ZB—2022GJWYW－0043）和“广东省空气质量监测多网合一平台整合”（编号：GDEMC—2018－39）业务型项目的资助下，联合开展了大气环境监测物联网、数据质控、监测数据综合分析等技术研发。相关研究成果近年在国家层面的城市环境空气质量监测网，广东、江苏等省的大气污染监测网络中得到了应用与深化。为及时进行成果交流，探讨技术进展，本书对上述工作进行了梳理和系统总结，为环境监测领域的技术人员和学者提供参考。

本书由徐伟嘉、汪太明提出全书的总体构思，设计篇章结构，并确定各章节的重点内容及内在逻辑关系，对全书的质量进行把关。刘颖、王美、徐伟嘉、何青蔓等负责全书统稿以及内容和质量的审核。本书的主要内容和撰写人员分别为：第一章“背景与现状”，由刘颖、王美、陈佳娜、孟双双撰写；第二章“需求与目标”，由徐伟嘉、温丽容、刘永红、钟声撰写；第三章“总体设计”，由徐伟嘉、陈多宏、卢志想、汪太明、李璇撰写；第四章“关键技术”，由杨子成、刘颖、李静云、刘永红撰写；第五章“空气质量自动监测智能化站房”，由刘颖、钟声、曹军、王美、钱钰撰写；第六章“基于物联网的QC&QA”，由汪太明、王美、黄卫明、刘颖、何青蔓撰写；第七章“数据审核与自动化诊断”，由尤洋、温丽容、刘颖、张盛强、曾红霞撰写；第八章“数据分析”，由陈多宏、周炎、张涛、温丽容、雷达撰写；第九章“智能化运维管理”，由卢志想、侯玉婧、王启蒙、张霞、孟苗苗撰写；第十章“应用案例”，由江明、钟声、温丽容、丁铭、黄卫明、汪太明撰写。

本书撰写过程中，参考了许多专家、技术人员的研究成果，除了参考文献中所列正式刊出的论文、著作外，还有相当多的资料摘自会议、报告等材料，对未正式发表的资料内容，未能一一列出作者和出处，恳请有关作者谅解，在此也深表谢意。

本书旨在将最新的研究和工作成果进行科学、清晰和严谨的呈现，但由于编者水平有限，不免有新的成果未能纳入，行文也难免存在错误和不足之处，敬请广大读者和专家批评指正。

编者著

2023 年 3 月于广州

目　录

第一章　背景与现状……1
第一节　背景……1
一、国家大气污染防治的政策……1
二、空气质量自动监测站数量增长迅速……2
三、生态环境监测体系与监测能力现代化……2
第二节　国内外现状……3
一、中国空气质量自动监测网现状……3
二、国内空气质量自动监测联网系统的联网情况……4
三、国内联网平台的应用……5
四、国外联网平台的现状……6

第二章　需求与目标……9
第一节　总体需求……9
一、大气污染防控需求……9
二、环境监测智能化需求……10
三、高质量监测数据的要求……10
第二节　总体建设目标……11
一、实现大气环境监测网多网合一……11
二、满足新数据质量需求，实现数据生产全程溯源……12
三、智能化管理，提高运维效率……12
四、支撑大气污染防治攻坚……12

第三章　总体设计……13
第一节　设计思路……13
一、人、设备、数据与过程的关联……13
二、大气环境监测网多网合一……13
三、物联网、数字孪生与深度学习的融合应用……14
第二节　设计原则……14
一、可行性和适应性原则……14
二、前瞻性和实用性原则……14
三、标准性和开放性原则……14

四、可靠性和稳定性原则 …… 15
五、安全性和保密性原则 …… 15
六、高并发能力支撑的原则 …… 15
第三节 设计依据 …… 15
一、环境保护标准与规范 …… 15
二、信息与安全规范 …… 16
第四节 框架设计 …… 17
一、业务框架设计 …… 17
二、系统框架设计 …… 18
三、物联网框架设计 …… 19
四、基于数字孪生的物联网模型设计 …… 20
五、前端站点的业务建模 …… 24
第五节 空气质量自动监测物联网质量管理目标设计 …… 25
一、设备故障率目标 …… 25
二、数据获取率与数据有效率目标 …… 26
三、质量控制目标 …… 26
四、质控频率目标 …… 27
五、质量保证目标 …… 27
六、设备运行环境目标 …… 28
七、仪器参数目标 …… 29
第六节 生态环境监测物联网规范体系设计 …… 31
第七节 数据库设计 …… 34
一、数据审核与分析 …… 34
二、设备管理与控制 …… 37
三、设备运维与质控 …… 39
四、颗粒物与光化学组分 …… 42
第八节 标准化资源目录 …… 48
一、资源目录 …… 49
二、资源可用性记录 …… 51
三、节点子系统标识 …… 51
四、链上元数据 …… 52

第四章 关键技术 …… 54
第一节 区块链 …… 54
一、概念 …… 54
二、区块链的技术原理 …… 56

三、区块链在平台中的应用 …… 60
第二节 MQTT 通信协议 …… 65
一、概念和相关定义 …… 65
二、MQTT 的传输特性 …… 69
三、MQTT 在平台中的应用 …… 72
第三节 组态技术 …… 83
一、概念 …… 83
二、组态软件 …… 84
三、组态在平台中的应用 …… 85
第四节 人工智能算法 …… 92
一、概念 …… 92
二、人工智能算法的具体分类 …… 92
三、人工智能算法在平台中的应用 …… 98

第五章 空气质量自动监测智能化站房 …… 100
第一节 数字孪生五维模型 …… 100
一、数字孪生五维模型方法 …… 100
二、智能化站房模型组成部分 …… 100
第二节 分析仪器的数字模型 …… 101
一、环境监测仪器故障预测流程 …… 102
二、预测案例 …… 104
第三节 前端感知 …… 105
第四节 智能化采样总管 …… 106
一、建设目的 …… 106
二、产品介绍 …… 107
三、应用场景 …… 110
第五节 质控联动仪 …… 113
一、建设目的 …… 113
二、产品介绍 …… 113
三、应用场景 …… 115
第六节 数据采集系统 …… 117
一、设备管理 …… 118
二、统计报表 …… 119
三、设备质控 …… 120
四、数据回补 …… 121
五、报送管理 …… 122

六、系统设置…………………………………………………………………………… 122
第七节　智能化站房功能…………………………………………………………………… 122
一、全网概览…………………………………………………………………………… 123
二、站房管理…………………………………………………………………………… 123
三、动力环境数据查询………………………………………………………………… 125
四、全网站点监控……………………………………………………………………… 126
五、站房巡检…………………………………………………………………………… 127
六、告警可视化………………………………………………………………………… 128
七、远程控制…………………………………………………………………………… 129

第六章　基于物联网的 QC&QA ………………………………………………………… 131
第一节　质控框架…………………………………………………………………………… 131
第二节　气体监测仪器的全自动质控……………………………………………………… 132
一、质控流程…………………………………………………………………………… 132
二、定时远程质控……………………………………………………………………… 133
第三节　颗粒物（β 射线法）监测仪器的半自动质控…………………………………… 134
一、流量计质控原理…………………………………………………………………… 134
二、硬件组件…………………………………………………………………………… 135
三、质控流程…………………………………………………………………………… 136
四、数据采集子站端…………………………………………………………………… 137
第四节　质控成效…………………………………………………………………………… 138
一、全网质控…………………………………………………………………………… 138
二、质控数据查询……………………………………………………………………… 139
三、质控数据分析……………………………………………………………………… 140
四、质控成效分析……………………………………………………………………… 143

第七章　数据审核与自动化诊断………………………………………………………… 148
第一节　数据修约…………………………………………………………………………… 148
一、四舍六入五成双…………………………………………………………………… 148
二、AQI 修约方式 ……………………………………………………………………… 149
三、小时值负值及零值的修约………………………………………………………… 149
第二节　数据审核流程……………………………………………………………………… 150
一、数据采集系统自动预审…………………………………………………………… 152
二、平台 AI 研判 ……………………………………………………………………… 152
三、数据初审…………………………………………………………………………… 153

四、数据复核……153
五、数据终审……154
第三节 常见诊断……154
一、有效数据判断……154
二、无效数据判断……156
第四节 基于机器学习的数据审核……157
一、基于相似距离判别的质控方案……158
二、基于相关分析的质控方案……158
三、基于决策树的分类质控方案……159
四、基于 RNN + LSTM 预测及动态阈值的异常检测算法……160
五、基于 XGBoost 的数据审核算法……161
六、基于滑动窗口异常检测的质量监控方法……161
第五节 数据审核的功能设计……164
一、审核一览……165
二、数据初审……165
三、数据复核……166
四、数据终审……167
五、审核记录……167
六、审核通过率……168
七、清除审核……168
八、数据回补……168
九、审核效率统计分析……169
十、双屏数据审核联动……169

第八章 数据分析……173
第一节 统计分析……173
一、污染物时序分析……173
二、污染物距平分析……174
三、星期污染物分析……175
四、污染物相关分析……175
五、污染风玫瑰图分析……176
六、空气质量首要污染物分析……177
七、空气质量达标分析……177
八、雷达图分析……178
九、环境数据与经济相关性分析……179

第二节　气象分析…… 180
一、气象数据查询…… 180
二、气象参数时序分析…… 180
三、气象预报结果展示…… 181
第三节　基于GIS的空间分析…… 182
一、达标预测分析GIS图…… 182
二、空气质量排名GIS图…… 183
三、污染过程分析GIS图…… 183
四、城市尺度的历史空间分析…… 184
第四节　颗粒物与光化学组分分析…… 185
一、颗粒物物理特征分析…… 185
二、颗粒物光学特征分析…… 187
三、颗粒物化学特征分析…… 189
四、VOCs特征分析…… 198
五、臭氧分析…… 202
六、污染传输分析…… 205
七、遥感分析…… 208
第五节　快速分析报表…… 210
一、综合报表…… 210
二、对比排名报表…… 211
三、空气质量指数报表…… 212
四、降尘和降雨报表…… 212
五、智能简报…… 213

第九章　智能化运维管理…… 215
第一节　运维角色管理…… 215
第二节　工单信息管理…… 216
第三节　停电工单申请…… 217
第四节　巡检任务管理…… 218
第五节　故障任务管理…… 219
第六节　数据手工补录…… 220
第七节　标气申领管理…… 221
第八节　运维计划管理…… 221
第九节　考勤信息管理…… 222
第十节　运维设备管理…… 223
第十一节　运维管理记录表格说明…… 226

第十章　应用案例 …… 227
第一节　中国环境监测总站大气环境监测物联网与智能化平台 …… 227
一、背景与需求 …… 227
二、系统功能 …… 228
三、特点功能展示 …… 230
第二节　广东省大气环境监测物联网与智能化系统 …… 234
一、背景与需求 …… 234
二、系统结构 …… 234
三、特点功能展示 …… 235
第三节　江苏省环境空气质量监测运维管理与数据审核平台 …… 242
一、背景与需求 …… 242
二、系统功能 …… 243
三、特点功能展示 …… 244

参考文献 …… 251

第一章　背景与现状

第一节　背　　景

一、国家大气污染防治的政策

随着“十四五”的到来，党中央、国务院对生态环境监测网络建设、管理体制改革、数据质量提升做出了一系列重大部署，指导推动生态环境监测工作，加大环境污染治理力度。根据现场监督管理和深化质量控制工作的需要，将国家环境空气质量监测网城市站工作不断推向深入。

2020 年 3 月，中共中央办公厅、国务院办公厅印发了《关于构建现代环境治理体系的指导意见》（简称“意见”）。“意见”指出需强化监测能力建设，健全环境治理监管体系。要加快构建陆海统筹、天地一体、上下协同、信息共享的生态环境监测网络，实现环境质量、污染源和生态状况监测全覆盖；实行“谁考核、谁监测”，不断完善生态环境监测技术体系，全面提高监测自动化、标准化、信息化水平，推动实现环境质量预报预警，确保监测数据“真、准、全、快、新”；推进信息化建设，形成生态环境数据一本台账、一张网络、一个窗口；加大监测技术装备研发与应用力度，推动监测装备精准、快速、便携化发展。

2021 年 11 月中共中央国务院为进一步加强生态环境保护，深入打好污染防治攻坚战，提出了《关于深入打好污染防治攻坚战的意见》（简称《意见》）。《意见》指出争取到 2025 年，生态环境持续改善，主要污染物排放总量持续下降，地级及以上城市的细颗粒物浓度下降 10%，空气质量优良天数比率达到 87.5%，重污染天气基本消除；着力打好重污染天气消除攻坚战；聚焦秋冬季细颗粒物污染，加大重点区域、重点行业结构调整和污染治理力度。到 2025 年，全国重度及以上污染天数的比率控制在 1% 以内；着力打好臭氧污染防治攻坚战；聚焦夏秋季臭氧污染，大力推进挥发性有机物和氮氧化物的协同减排。到 2025 年，挥发性有机物、氮氧化物的排放总量比 2020 年分别下降 10% 以上，臭氧浓度增长趋势得到有效遏制，实现细颗粒物和臭氧的协同控制。

2021 年 12 月，生态环境部印发了《“十四五”生态环境监测规划》，规划中提到面对“十四五”期间“提气降碳强生态，增水固土防风险”的管理需求，迫切需要巩固环境质量监测、强化污染源监测、拓展生态质量监测，全面推进生态环境监测从数量规模型向质量效能型跨越，提高生态环境监测的现代化水平。此外，规划中对“十四五”期间我国的监测现状提出了 3 个问题。

第一，我国的监测能力发展不平衡。由于生态环境监测服务能力与属地经济社会发展水平密切相关，全国东中西部地区间、省市县层级间、城市与农村、政府和社会生态环境监测服务发展不平衡的问题日益凸显。一些经济欠发达地区的监测服务能力发展滞后，区县级监测能力薄弱，农村监测处于起步阶段，社会监测数据质量的外部风险依然较大。

第二，高新技术在监测领域应用不充分。面对日新月异的技术变革，5G、大数据、物联网、人工智能等新一代信息技术和现代感知技术在监测领域的应用广度和深度不足，监测数据壁垒和信息孤岛尚未实质性打通，海量监测数据的统一归集和高质量、智能化分析研究亟须加强。

第三，支撑各要素领域监测的标准规范体系仍有欠缺，与监测业务的发展要求不适应。

基于上述问题，加强对环境空气监测站的管理，确保数据的真实性、有效性，实现全网质控自动化的需求已经迫在眉睫。

二、空气质量自动监测站数量增长迅速

在20世纪30－60年代，由于工业化进程的加快，废气、废水和废渣的排放量不断增加，发达国家发生了8起震惊世界的公害事件，其中5起是由大气污染导致。因此在20世纪70年代，我国开始了对空气质量的监测工作，以便随时了解空气质量的情况并及时响应。随着大气监测仪器和技术的发展，我国空气质量监测从最初的手工间断采样分析逐步过渡到自动连续采样监测，极大地提升了环境监测的工作效率。20世纪80年代，第一批空气自动监测系统在北京、西安等部分大城市开始建设。环境空气自动监测由于具有时间代表性好、稳定性高、可靠性强等优点，能够实时、高效地反映环境空气质量的现状和变化，迅速在我国被推广开来。

2006年底，我国地级以上城市已建立空气自动监测系统900多套，部分省、自治区和重点城市已开展监测站点的联网工作，将监测数据实时上传至当地环境监管部门。2010年底，我国城市空气质量监测网覆盖了113个环保重点城市，设置了661个城市监测点位。2010年至今，我国在人口密度较高的339个城市设置了共1614个城市自动监测站。同时，各省、市（区域）为开展城市环境空气质量评价和排名等考核工作，根据需要设置了省级、市级和区县环境空气监测网，据不完全统计，全国空气质量监测网包括近1.3万个点位。我国环境空气质量自动监测系统及技术体系在逐步完善，监测水平持续提高。

三、生态环境监测体系与监测能力现代化

2020年5月印发的《关于推进生态环境监测体系与监测能力现代化的若干意见》强调“完善生态环境监测技术体系，发展智慧监测，推动物联网、传感器、区块链、人工智能等新技术在监测监控业务中的应用”。

2021年国家八部门印发了《物联网新型基础设施建设三年行动计划（2021—2023年）》（工信部联科〔2021〕130号），提出打造智慧环保，以生态环境数字化转型、智能化升级为驱动力，加快数据采集终端、表计、控制器等感知终端的应用部署，支持运用新型网络技术改造企业内网和行业专网，建设提供环境监测、信息追溯、状态预警、标识解析等服务的平台，打造一批与行业适配度高的解决方案和应用标杆。围绕水环境、海洋环境、大气环境、土壤环境、固体废物、核与辐射安全、碳排放等方面，推动低功耗、小型化、智能化生态环境感知终端的应用部署，提升生态环境感知能力和管理决策智能化水平。

第二节　国内外现状

一、中国空气质量自动监测网现状

自20世纪50年代起，一些国家逐渐开始建设并应用地区性以及全国性的大气采样网。然而，受限于当时技术条件和观测设备的落后，各国所使用的采样方式多为定时手工间歇采样或24小时积累采样。随着工业时代的到来，化石燃料大量使用所排放出的有害气体导致大气污染情况日益加重。传统的大气采样网已难以监测空气质量的短期发展情况，欧美等国凭借其领先的科技水准，在全国范围内建立起了城市大气污染连续自动监测系统，实现对有害气体的持续性监测。到20世纪70年代初，全球各国兴起了建立大气污染连续自动监测系统的热潮，大气污染连续自动监测系统逐渐取代传统的大气采样网，成为各国监测大气污染变化情况的主流手段。

1983年，我国原城乡建设环境保护部（现为环境保护部）根据国务院〔(81) 37号〕文件《关于由环境保护部门牵头，把各个有关部门的监测力量组织起来，密切配合，形成全国监测网络》的要求，开始建立国家环境空气质量监测网络。经过几十年的发展建设，目前我国的国家环境空气质量监测网已经从20世纪90年代由国家、省级和市级组成的三级监测网结构升级为由国家、省、市、区（县）组成的四级结构，升级后的监测功能涵盖了城市环境空气质量监测、背景环境空气质量监测、区域环境空气质量监测等模块，以及沙尘、降尘、二氧化碳、酸雨监测等细分领域（陈善荣、陈传忠，2019）。

国家城市环境空气质量监测网起步于20世纪70年代，建设于20世纪80年代，发展壮大于2003年。现如今，国家和地方空气质量监测网络的建设速度大大加快，监测项目也随着大气污染的情况逐步发展到涵盖环境空气颗粒物（$PM_{2.5}$、PM_{10}）、环境空气气态污染物（SO_2、NO_2、O_3、CO）以及气象五参数和能见度等。“十四五”期间，我国在现有城市环境空气质量监测网的建设基础上对其进行了优化调整和进一步推广，目前已建成覆盖339个地级及以上城市、共计1613个站点的国家城市环境空气质量监测网。

国家背景环境空气质量监测的目的是了解国家或大区域范围的环境空气质量本底水平。截至目前，我国共设立了16个空气质量监测背景站，除南沙站外，其余15个背景站均已实现联网，并由中国监测总站委托各省站或运维单位进行运维。背景站的监测项目包括SO_2、NO_2、CO、O_3、PM_{10}、$PM_{2.5}$、黑碳、酸沉降、气象五参数、能见度等。

区域环境空气质量监测网可以从区域尺度上监控重点区域/城市污染物的输送特征，为区域联防联控提供技术支持。截至目前，全国范围内共建设区域环境空气质量监测站点96个，其中31个区域站点建设于2008年，65个区域站点建设于2016年。这96个区域站点已于2018年实现全面联网，并委托各省级监测站（中心）开展运维。

沙尘监测网主要监测沙尘暴影响严重的西北地区的颗粒物数据，实现对沙尘天气的预报工作。截至目前，我国已建成78个沙尘监测站点，监测项目为TSP、PM_{10}、能见度、风速和风向。我国目前的沙尘监测主要方法是利用布设的国控城市站点，对PM_{10}数据实施监测，并依照相关规定，利用监测数据分析结果，形成沙尘专项报告。

温室气体监测网的建设目的是提升对气候变化的监测评估能力，为碳达峰、碳中和行动提供数据支撑。2008年，中国环境监测总站开始在国控监测站开展温室气体监测，在福建武夷山、内蒙古呼伦贝尔、海南永兴岛和美济礁等地建立了11个站点，以监测我国温室气体的变化情况。生态环境部2021年9月印发了《碳监测评估试点工作方案》（环办监测函〔2021〕435号），旨在聚焦重点行业、重点城市、重点区域3个层面开展试点工作。选取了13个具有典型性的城市进行大气温室气体监测试点，监测项目包括二氧化碳、甲烷、氧化亚氮等。

光化学监测网的主要监测项目包括非甲烷总烃、甲醛、气态亚硝酸、O_3、NO_x、NO、NO_2、CO、116种VOCs组分、气象数据、降水量、紫外辐射强度、臭氧垂直分布、边界层高度、风廓线、温湿度廓线等。截至2022年，全国共计在168个城市的156个站点开展了光化学监测。

颗粒物组分网覆盖了京津冀及周边、汾渭平原、长三角、成渝、珠三角等具有区域代表性的131个城市，共计147个站点，监测指标包括$PM_{2.5}$质量浓度、水溶性离子、碳组分、无机元素等。

二、国内空气质量自动监测联网系统情况

自动监测站点位以及数据量的增加对环境数据管理和分析有了更高的要求。为了满足环境保护信息化和实时化的管理要求，各省市政府响应国家号召逐步建立了相关的空气质量自动监测联网系统，实现相关业务数据的集中，及时真实有效地分析环境数据，对环境污染实施监控和治理，提升环境保护建设的管理水平和效果。目前，国内大多数空气质量自动监测联网系统实现了对空气质量自动监测站的联网功能，但其焦点主要在于对环境空气监测数据的实时采集和自动报送。国家级监控中心平台能够以30秒、5分钟以及1小时为间隔周期，自动、连续、实时地采集环境空气监测数

据，从而有助于实时掌握全国空气质量形势。

现有的空气质量自动监测联网系统基本上已经实现了全国范围的普及与应用，但在实际应用中还存在一些问题需要改进。其一，空气质量监测常规站点、颗粒物组分监测网、区域站监测网、温室气体监测网、沙尘监测网等各自建立了数据上传平台，未形成统一的生态环境大数据平台。其二，大多数监测站房未对站房环境进行监控，不能实时监控站房生产数据，监测站房运行状态，在无人操作的情况下，事件的主动发现率低。其三，空气质量自动监测联网系统的质量控制（quality control，QC）和质量保证（qualtiy assurance，QA）主要依赖运维人员手动完成。基于人工完成的 QA 和 QC 不仅使监测数据具有较大的不确定性，监测数据的质量稳定性和有效性还有较大提升空间，同时消耗大量的人力和物力。因此，有必要实现 QA 和 QC 过程的自动化，保障监测仪器的持续性自动监测。

三、国内联网平台的应用

2012 年的《环境空气质量标准》（GB 3095—2012）新增了 $PM_{2.5}$、O_3与 CO 三项监测参数，并进一步提高了有效小时数据比例以及对数据实时性的要求，对环境空气质量监测的设备运行维护、监测数据采集与处理、监测网络质量控制与质量保证等工作提出了全面的挑战。为了满足上述需要，利用先进的计算机、网络等技术建立了一套国家级的环境空气质量监控与管理平台（中心平台）。该中心平台采用 B/S 架构，使用 Microsoft.NET Framework 作为主要的技术路线、Microsoft SQL Server 作为主要的关系数据库进行开发，实现了联网状况管理、数据审核、数据管理、网络化质控管理、站房环境在线监控、设备管理、系统管理等功能模块（图 1－1）。国家级监控中心平台在全国各地空气质量自动监测站的建设基础之上对站点进行联网，实现了对全国范围内的环境空气监测数据的实时采集和自动报送，平台能够以 30 秒、5 分钟以及 1 小时为间隔周期，自动、连续、实时地采集环境空气监测数据，从而有助于实时掌握全国空气质量形势，并实现了对国家级空气质量自动监测站监测数据、仪器运行状况的监控。

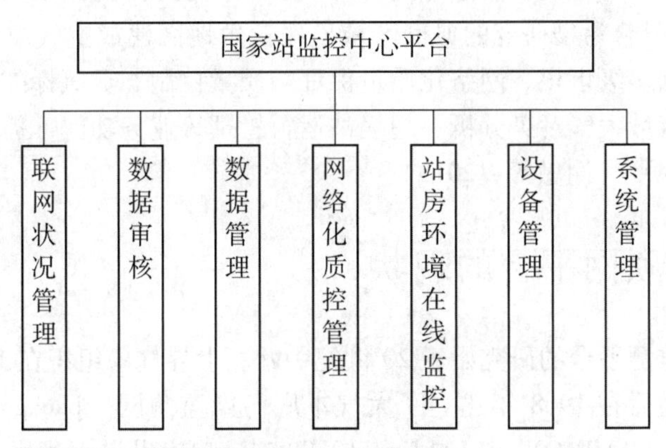

图 1－1　国家级的环境空气质量监控与管理平台结构

为保证数据质量，中心平台具备对 SO_2、$NO-NO_2-NO_x$、O_3和 CO 等多种污染物分析仪的远程零点检查、跨度检查、精度检查、多点检查、零点校准、跨度校准等功能，实现了质控管理的实时化、网络化、自动化和可视化。监督质控任务执行情况，可提高监测数据的实时性、有效性和准确性。同时，按照《国家空气监测网子站监测数据报送传输协议》的规则要求对环境空气质量自动监测站的实时数据进行报送传输，实现与市级、省级监控中心平台的数据交互；有效地对接市级、省级监控中心平台，实现数据的多级审核。在《环境空气质量标准》（GB 3095—2012）的指导下，中心平台滚动发布全国的站点空气质量的最新小时数据，让公众了解和知悉全国环境空气质量的实况。

在政策的支持与空气质量自动监测信息化的趋势中，各省与地级市纷纷建立了环境空气自动监测信息化平台，实现对监测业务的流程化管理。苏州市为满足基层监测部门、决策机构和社会各界的要求，更新完善了环境空气自动监测业务平台，建立了统一的数据库平台、完善的业务集成系统和特色的专题分析功能，优化了平台的操作功能，提高了运维管理能力（朱燕玲等，2014）。随着大量自动监测设备的增加，广州市为做好空气质量保障监测工作，设计并建设了新型的空气质量自动监测系统，实现了数据的顺利采集与发送，保障了数据的准确发送与接收，满足了日常日报预报的功能要求（裴成磊等，2011）。为精准防控大气复合污染，银川市建立了天地空一体化的大气综合监测平台，结合地面点式监测网和高空激光雷达网完成对污染全方位的立体实时跟踪监测（尹伟康等，2017）。针对偏远地区不易监测和通信网络覆盖不足等问题，长江流域和洞庭湖水域建立了基于北斗卫星的天空地一体化环境监测平台，实现了数据不间断采集与传输（张利云等，2021）。江苏省环境保护厅依托物联网、云计算和移动互联网等信息化技术，建立了以环保云为代表的生态环境大数据平台，实现省内生态环境数据的融合统一，初步构建了环境数据质量监控体系（张毅等，2019）。2018 年 4 月福建环保云平台正式上线，该平台整合了来自省、市、县三级环保系统及气象、水利、国土、电力、交通等其他厅局的海量生态环境数据资源，并在此基础上构建了环境监测体系（张毅等，2019）。随着业务的扩展，天津市建立了环境监测与评价数据管理系统平台，实现了对天津市环境监测数据的规范化、统一化管理和应用，同时保障环境监测数据质量，保证了环境监测数据的可靠性（杨龙等，2016）。作为大气复合污染研究的典型区域，珠三角地区建成空气质量监测联网管理平台，集成了数据多级审核、网络化质量保证与质量控制、臭氧标准传递管理、标气传递信息管理、区域大气污染分析、超级站运行管理等业务功能，提高了监测系统的信息化和集成化水平（谢敏等，2013）。

四、国外联网平台的现状

国外对环境监测平台的研究始于 20 世纪中叶。世界气象组织在 1957 年成立了全球臭氧监测网，随后在 1968 年建立了大气本底污染监测网（background air pollution monitoring network，BAPMON）（Köhler，1988）。为响应世界卫生大会的决议，世界卫生组织在1972年底启动了第一个空气质量监测项目，并于1973年开始运作。在第一个空气质量监测项目的基础上，联合国环境规划署在其他几个政府间机构的支持和合作下，于1975年启动了全球环境监测系统（global environmental monitoring system，GEMS）。GEMS主要收集、分析和评价各种环境状况变化因素的数据和环境在时间和空间上的变化情况，负责协调国际上有关的监测活动。1989年，大气本底污染监测网和全球臭氧监测网合并为全球大气监测网（global atmosphere watch，GAW）。GAW是一种协作观测网，其长远目标是提供有关大气化学成分变化及大气物理特性的数据并进行科学评估（章育仲、袁凤杰，2002）。各个国家的地方和区域监测系统正在为GAW计划做出贡献。

美国在1970年通过了具有里程碑意义的《空气清洁法》（*Clean Air Act*，CAA），规定了两类国家空气质量标准，并于1990年进行了修订。为了响应改善美国空气质量的监管举措，美国国家环保署建立了空气质量监测网络来监测国家的空气质量。目前，正在运营或已经运营的联邦政府支持的国家空气质量监测网络超过11个（Winberry，2011），主要包括：对受保护视觉环境的机构间监测网络（interagency monitoring of protected visual environments，IMPROVE）、国家和地方空气监测网络（state or local air monitoring stations，SLAMS）、光化学评估监测网络（photochemical assessment monitoring stations，PAMS）、国家大气沉积网络（national atmospheric deposition program，NADP）、清洁空气状况和趋势网络（clean air status and trends network，CASTNET）、国家毒物趋势网络（national toxics trends，NATTs）、$PM_{2.5}$化学形态网络/形态趋势网络（$PM_{2.5}$ chemical speciation network/speciation trends network，$PM_{2.5}$ CSN/STN）、国家二噁英/空气监测网络（national dioxin/air monitoring network，NDAMN）以及国家核心网络（national core monitoring network，NCORE）。同时，为公众提供获取空气质量状况数据的平台（air pollution in world）（张吉香，2014）。

在欧洲，人们意识到人为排放的废气对远离源区的自然生态系统也可能产生不利影响。因此，在1972年，经济合作与发展组织中的11个成员国根据《经合组织大气污染物远距离传输计划》联合启动了监测网络。1978年，欧洲监测与评估远程空气污染合作计划（European monitoring and evaluation program，EMEP）在联合国欧洲经济委员会和世界气象组织及联合国环境局的支持和帮助下建立，于1979年《远距离跨国界空气污染公约》签署后正式实施。EMEP观测包括对与酸化、富营养化、光化学氧化剂、重金属、持久性有机污染物和颗粒物有关物种的测量。每个气象站收集到的数据都被送到挪威空气研究所的化学协调中心进行分析。EMEP是目前涵盖整个欧洲大陆最大的监测网络，其主要目标是向政府提供有关空气污染物沉积和浓度的信息，以及空气污染物远距离传输的数量和意义及其跨界通量（UNECE，2004a）

此外，欧盟还资助了其他空气相关项目，如气溶胶、云和微量气体研究基础设施网络（aerosols，clouds，and trace gases research infrastructure network，ACTRIS），综合非二氧化碳温室气体观测系统（integrated non-CO_3 greenhouse gas observing system，InGOS）。在欧洲部分地区还有其他相关的监测数据平台，如欧洲环境局官方数据库（www.eea.europa.eu/themes/air/air-quality-index/index），英国的有毒有机微污染物监

测网络（toxic organic micro-pollutants monitoring network，TOMPS）、伦敦空气质量网络（www. londonair. org. uk）、阿尔卑斯地区持久性和其他有机污染物监测网络（monitoring network in the Alpine region for persistent and other organic pollutants，MONAPOP）等。

日本在“二战”结束后的经济急速增长严重影响了当地的空气质量，对当地居民身体健康产生严重威胁。因此，日本在1962年开始对大城市（东京、大阪等）和工业区周边地区（日市等）开展了持续的空气污染监测，并于1968年制定了《空气污染控制法》。同年，大阪建立了空气污染在线实时监测系统，通过无线电传输连接了15个地方监测站。其他城市也纷纷效仿，建立了类似系统，逐步建立了覆盖国家范围的监测网络。2001年，日本启动了“Soramame-kun”大气环境区域观测系统（atmospheric environment regional observing system，AEROS），将各监测站提供的实时监测结果通过互联网向公众展示。

1991年，为了防止酸雨对东亚地区的影响，日本环境部提出了“东亚酸沉降监测网络”（acid deposition monitoring network in East Asia，EANET）的概念。EANET是一个覆盖整个东亚地区的跨区域空气质量监测网络，于1998年4月试运行，并于2001年根据政府间协议开始全面运作，截至2022年已有13个东亚国家参与（俄罗斯、蒙古、中国、韩国、日本、缅甸、泰国、老挝、越南、菲律宾、柬埔寨、马来西亚、印度尼西亚）。

第二章　需求与目标

第一节　总 体 需 求

一、大气污染防控需求

目前，我国空气污染逐步转向 $PM_{2.5}$和 O_3、SO_2、NO_x 等形成的复合型大气污染，形成以颗粒物污染为主、光化学污染频发的区域性大气复合污染。由于 $PM_{2.5}$和 O_3是我国大多数城市的首要和次要污染物，成为我国大气复合污染的核心污染物，是制约我国空气质量进一步改善的重要因素。$PM_{2.5}$和 O_3之间具有相似的污染成因和复杂的交互作用。研究表明，$PM_{2.5}$通过直接和间接影响辐射强迫的变化进而影响 O_3的二次生成，而 O_3会影响大气氧化性进而间接影响 $PM_{2.5}$的二次组分生成，同时 O_3与 $PM_{2.5}$组分发生非均相反应会加快颗粒物的老化进程（Zhang et al.，2021；谭天怡等，2020；王玉珏等，2020；Qu et al.，2018；Xu et al.，2017；Lou et al.，2014；Forkel et al.，2012）。因此，$PM_{2.5}$和 O_3复合污染的协同控制是“十四五”时期我国大气污染防治的重要方向，标志着我国进入“十四五”典型污染物及其前体物精细化协同治理的新阶段。《中共中央关于制定国民经济和社会发展第十四个五年规划和二〇三五年远景目标的建议》提出：“强化多污染物协同控制和区域协同治理，加强细颗粒物和臭氧协同控制，基本消除重污染天气。”2021 年印发的《关于深入打好污染防治攻坚战的意见》提出着力打好臭氧污染防治攻坚战，聚焦夏秋季臭氧污染，大力推进挥发性有机物和氮氧化物的协同减排，力争到 2025 年，臭氧浓度增长趋势得到有效遏制，实现 $PM_{2.5}$与 O_3的协同控制。

相较于 TSP 和 PM_{10}，$PM_{2.5}$在大气中停留的时间更长，传输距离更远，对人体健康的影响更大。为了控制 $PM_{2.5}$浓度、消除重污染天气，需要清楚 $PM_{2.5}$的分布特征、变化规律和排放源。研究表明，$PM_{2.5}$来源于人类活动相关的一次排放和气态前体物的二次转化，包括碳质组分、水溶性二次离子、其他水溶性离子、无机元素等（曹军骥，2014；贺克斌，2011；李尉卿，2010）。复杂的来源导致 $PM_{2.5}$的化学组成十分丰富，对其进行来源分析是切实履行国家政策精准治污和科学治污的基础。

自 2013 年《大气污染防治行动计划》提出以来，$PM_{2.5}$浓度显著下降，但距离世界卫生组织的推荐值仍有较大差距；同时，O_3 污染程度总体呈上升趋势，成为继 $PM_{2.5}$之后我国环境空气中的另一主要污染物（Zhang et al.，2019；Lu et al.，2018）。对流层中 O_3的化学生成机制复杂，受到多种因素的影响，如气候环境、太阳辐射、颗粒物浓度、气态前体物浓度、区域传输等（Li et al.，2020；Liu and Wang，2020；

黄俊等，2018；Li et al.，2011）。除此之外，O_3污染的区域性差异十分明显。O_3的强氧化性使其对环境、材料、人体健康、农业生产以及生态系统等方面造成诸多不利影响（李同囡等，2020）。当短暂暴露于O_3污染的环境时，人会出现咳嗽、胸痛、恶心等症状，严重暴露将会引发肺部疾病、心血管疾病等多种病症，甚至导致死亡（Yin et al.，2017；张远航、李金凤，2014）。

由于O_3的生成机制与VOCs、NO_x等气态前体物之间存在密切的联系，为了有效提升最终的防治效果，采取科学的监测方法做好VOCs等一系列气态前体物的监测工作特别重要。可通过监测气态前体物减少O_3的一级污染物排放量，降低O_3浓度。《“十四五”生态环境监测规划》提出，要加强$PM_{2.5}$和O_3协同控制监测，提高$PM_{2.5}$和O_3污染综合分析与来源解析水平。

二、环境监测智能化需求

随着信息技术的不断发展，公众对环境监测标准以及监测的时效性有了更高要求，环境监测区域之间的联系也更加紧密，这要求环境监测不断提高监测水平和监测质量，实现环境监测的全面智能化（陈蒙，2021）。《“十四五”生态环境监测规划》提到，5G、大数据、物联网、人工智能等新一代信息技术和现代感知技术在监测领域应用的广度和深度不足。2021年，中共中央和国务院印发的《关于深入打好污染防治攻坚战的意见》提出，建立健全基于现代感知技术和大数据技术的生态环境监测网络，优化监测站网布局，实现环境质量、生态质量、污染源监测全覆盖。国家八部门印发的《物联网新型基础设施建设三年行动计划（2021—2023年）》提出，打造智慧环保，建设提供环境监测、信息追溯、状态预警、标识解析等服务的平台，提升生态环境感知能力和管理决策智能化水平。

可将物联网技术应用于环境监测，打造环境自动监测物联网与智能化管理平台，借助智能化的设施设备实现24小时全天候监测，提高环境监测的科学性和精确性。智能化环境监测数据分析系统一方面可以避免重复工作，节省数据计算和形成报告的时间，节省数据分析汇总的时间，缩短报告传递的时间；另一方面提升了环境监测数据的传输效率，实现了监测数据的实时传递、检测和分析（刘永建，2018；黄晓英等，2017）。环境监测与智能化融合带来的运维工作效率提高，使相关单位能够及时掌握产物信息，做出更加准确的判断和决策，从而将污染物浓度降低，同时为更加科学地分析研究环境污染问题提供了保障。

三、高质量监测数据的要求

环境监测数据是客观评价环境质量、反映污染治理成效、实施环境管理决策的基本依据。高质量的环境监测数据不仅有利于监测工作的进行，更会影响城市建设的整体质量水平（谭杰、李叶，2020）。提高环境监测数据的可信度和权威性，有助于完善环境管理、加快生态文明建设，对打赢污染防治攻坚战具有重要意义。新阶段对环境监测数据的质量有了更高要求，《“十四五”生态环境监测规划》提出，健全监测质量管理体系，建立统一管理、全国联网的生态环境监测实验室信息管理系统，运用区块链和物联网技术，实现监测全过程的信息封闭式采集、存储和追溯；加强监测质量监督检查，健全国家质控平台—区域/流域质控中心—监测/运维机构三级质控体系的业务化运行机制，开展国家生态环境监测网和重点领域、重点行业监测质量的监督检查。2017 年《关于深化环境监测改革提高环境监测数据质量的意见》提出，要提高环境监测质量监管能力，增加大数据、人工智能、卫星遥感等高新技术在环境监测和质量管理中的应用，通过对环境监测活动的全程监控，实现对异常数据的智能识别、自动报警。

环境监测工作中需要实时采集所有城市站点的 SO_2、NO_2（NO、NO_x）、CO、O_3、PM_{10}、$PM_{2.5}$六项污染物监测数据、质控数据、仪器设备参数及状态数据、运维及现场检查数据、气象数据（风速、风向、温度、湿度、气压）、站房动力及环境参数、安防数据等。如此庞大的数据量对数据处理的速度、质量和效率都有更高要求。因此，非常有必要利用当前先进的大数据、计算机等技术手段，对环境监测活动全程监控，并开发自动异常数据识别及预标识、平台端异常数据报警提示、数据复核辅助分析工具等功能，为城市站点监测数据的审核提供技术支撑，使工作效率和数据质量得到大幅提升。

由于空气质量监测常规站点、颗粒物组分监测网、区域站监测网、温室气体监测网、沙尘监测网等各自建立了数据上传平台，监测数据壁垒和信息孤岛尚未实质性打通。《“十四五”生态环境监测规划》指出，亟须增加数据的综合分析能力，打造国家—省—市—县交互贯通的会商系统和智慧监测平台，组织各级各类监测数据全国联网，规范数据资源共享与服务，加快实现跨地域、跨部门的互联互通，提升数据集成、共享交换和业务协同能力。

第二节 总体建设目标

根据“十四五”期间国家环境空气质量监测能力建设的总体目标，结合环境管理对环境监测发展的要求以及我国现阶段的经济、技术条件，在现有环境空气自动监测系统的基础上，应用物联网智能感知等新型基础设施建设技术，提升监测站房智慧化水平，提高站房运维效率，实现站房仪器运行维护质控过程的监控与关联分析，在数据生产阶段，保障数据“真、准、全、快、新”。

一、实现大气环境监测网多网合一

基于大气环境质量监测“统一规划、统一设计、统一建设、统一管理”，分期实施的原则，接入环境空气质量边界监测站，并接入组分站数据、常规站数据、气象数据等，实现空气监测一张网，空气数据一个中心，空气数据格式统一规划、统一管理、统一审核、统一分析、统一运维、统一数据共享接口、统一移动端发布、统一安全管理，实现背景站、区域站、城市站、乡镇站监测网的合一，实现常规站、颗粒物组分站、光化学组分站的合一。

二、满足新数据质量需求，实现数据生产全程溯源

逐步满足《“十四五”生态环境监测规划》中对精准监测提出的更高要求，在原有数据质量衡量指标（数据获取率与数据有效率）的基础上，建立数据生产过程参数与监测数据质量的关联关系，将数据生产过程产生的一系列数据纳入分析，包括仪器质控合格率、仪器质控漂移量、仪器状态数据等，实现监测数据的生产环境可溯源，实现更加精准的空气质量监测，满足对数据质量的高要求。

三、智能化管理，提高运维效率

应用物联网、区块链、传感器等新型基础设施建设高新技术，打造空气监测站房的智能化管理模式，通过远程定期巡护站房、信息化和自动化质控流程、摄像头智能识别、站房环境控制系统，对空气质量监测站房中的运行异常进行修正控制，实现更有针对性、更具高效性的现场运维，降低现场运维成本。

四、支撑大气污染防治攻坚

围绕空气质量稳定达标、持续改善和打赢蓝天保卫战的管理需求，以“挂图作战—科学调度—全民共治—强化宣传—落实责任”为实施方针，充分利用空气质量自动站、地形地貌、网格管理、污染源、预报预警等综合信息，建立具备全面监控、挂图研判和影响评估三大能力的数据综合分析体系，全面摸清区域污染特征，模拟分析不同气象条件下排放源对空气质量的影响，结合实际，形成具有针对性的源头管控科学调度策略，并结合网格化管理手段，进一步为大气污染防治精准施策提供有效支持，切实改善空气质量。

第三章　总 体 设 计

第一节　设 计 思 路

一、人、设备、数据与过程的关联

将人、设备、数据互相关联，形成闭环管理，如图 3－1 所示。针对设备的管理应包括设备的生命周期、设备的运行参数变化以及设备的维护轨迹等；针对人员的管理应包括人员的计划安排、人员的行为痕迹以及人员相关操作的核查等；针对数据的管理应包括数据生产环境溯源、数据获取率以及数据有效性等。

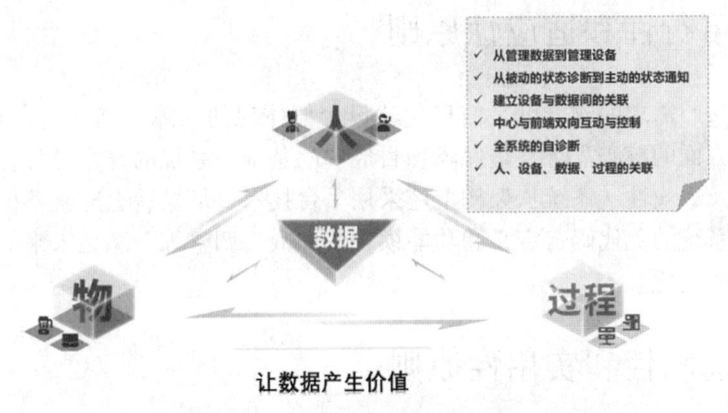

图 3－1　人、设备、数据之间的关联

二、大气环境监测网多网合一

多网合一的总思路是将城市、区域、背景、颗粒物组分网、光化学组分网、降尘、酸雨、污染源等监测网的数据合一，构建陆海统筹、天地一体、上下协同、信息共享的生态环境大数据平台。基于生态环境大数据平台，实现监测数据的统一采集、统一运维管理，使生态环境监测数据融合统一；实现监测仪器的统一质控、统一标识，构建环境数据质量监控体系，确保监测数据“真、准、全、快、新”；深度开发利用多源、多维、多态的监测数据，打通监测数据壁垒和信息孤岛，实现海量监测数据的统一归集和高质量、智能化分析研究。

三、物联网、数字孪生与深度学习的融合应用

物联网、数字孪生与深度学习技术融入空气质量监测与管理的总体思路是基于物联网技术，建立分析仪器、采样系统、站房环境、外部环境等多层划分的自动站物理实体的信息传感与动作控制，实现上述环境的物与物、物与人的泛在连接与控制。进一步通过数字孪生技术实现人员、设备、数据和流程的数字表示与关联，建立物理实体与数字模型的映射，为生态环境监测管理与运维单位提供流程和设备的丰富、实时视图，实时掌握设备的状态、响应变化。基于上述技术建立的物联网与数字孪生基座，采用机器学习、深度神经网络等进行仪器状态诊断、站房内人员识别、数据异常识别、采样区喷淋等业务场景的智能识别与业务优化，可有效提升管理的智能化水平与效率。

第二节　设 计 原 则

一、可行性和适应性原则

系统与核心需求的吻合度是信息化建设价值体现的保障，满足用户在工作流程、数据管理等方面的核心需求，是保障项目成功的基础。系统的开发设计，应确保技术上的可行性及适应性。系统从架构上应采用平台技术，从扩展上应具备模块自定义功能，可进行系统的免代码自定义和功能模块的加减、调整等，满足未来的信息化发展及用户需求的变化。

二、前瞻性和实用性原则

系统的开发设计，需从设计思路、开发原则、系统架构、网络拓扑、实施软件系统、硬件设备、开发工具等各种角度考虑方案的先进性，所选主体产品的技术架构应具有前瞻性，确保所选主体产品在技术上处于领先水平，充分考虑系统未来的延伸。系统采用了构件的思想进行设计，从而能够做到敏捷开发，持续根据用户反馈和需求优先级来发布新版本，不断进行迭代，使系统逐渐完善。

同时，考虑到最大限度增加系统价值，最大限度地吻合各用户的需求，以及今后功能扩展、应用扩展、集成扩展多层面的延伸，实施过程应始终贯彻面向应用、围绕应用、依靠应用、注重实效的方针。此外，需兼顾成本控制、项目周期控制等因素，因此在功能的部署上也要遵循实用性原则。

三、标准性和开放性原则

系统的底层应支持各个层次的多种协议，应用系统应采用标准的数据交换方式。

优良的体系结构设计，对系统能否适应将来新业务的发展至关重要。系统应具有良好的开放性，支持跨语言编程及兼容各种应用软件的特性。

四、可靠性和稳定性原则

系统的可靠性和稳定性直接关系监测数据的质量。系统必须是可靠的，一般的异常事件不会导致系统崩溃；同时，当系统出现问题后能在较短的时间内恢复。

系统应能够保持7×24小时稳定、不间断运行，从系统软硬件平台及网络等方面来保证系统的稳定性；采用主备服务器方式，若主服务器宕机，可实时地切换到备用服务器上，并且保证系统数据完整、一致，不影响用户的正常应用。

五、安全性和保密性原则

一方面，系统必须具备保障运行及数据安全的性能，确保数据不受外界恶意拦截和篡改。另一方面，系统必须具备行之有效的安全机制，以防范各种网络攻击和入侵行为，防止因软件系统漏洞或硬件系统故障等原因造成的数据丢失、泄露、破坏或损毁。

通过硬件与存储冗余设计、数据传输安全、访问隔离、访问验证等技术的运用，辅以严格的系统安全管理规范，定期进行软硬件运行状态巡检、软件系统漏洞修复等处理，有效保证软件系统运行及数据的安全性。

系统的软件设计既要考虑信息资源的充分共享，更要注意信息的保护和隔离，因此系统应分别针对不同的应用、网络通信环境和存储设备，采取不同的措施，包括系统安全机制、数据存取的权限控制等措施以确保系统的安全性。

六、高并发能力支撑的原则

系统的软件设计，应具备集群化部署，通过负载均衡减轻单机压力，支持数据库分库分表以及读写分离技术，从而具备支持多用户同时在线及操作的能力，确保不会因为用户数增长或者信息量增加，而导致系统的响应能力显著下降。

第三节 设计依据

一、环境保护标准与规范

（1）《大气污染物名称代码》（HJ 524—2009）。

（2）《国家环境空气质量监测网城市站运行管理实施细则》（环办监测函

〔2017〕290号)。

(3)《环境监测信息传输技术规定》(HJ 660—2013)。

(4)《环境监测质量管理技术导则》(HJ 630—2011)。

(5)《环境空气颗粒物(PM_{10}和$PM_{2.5}$)连续自动监测系统安装和验收技术规范》(HJ 655—2013，部分代替 HJ/T 193—2005)。

(6)《环境空气颗粒物(PM_{10}和$PM_{2.5}$)连续自动监测系统技术要求及检测方法》(HJ 653—2021)。

(7)《环境空气气态污染物(SO_2、NO_2、O_3、CO)连续自动监测系统安装验收技术规范》(HJ 193—2013，部分代替 HJ/T 193—2005)。

(8)《环境空气气态污染物(SO_2、NO_2、O_3、CO)连续自动监测系统技术要求及检测方法》(HJ 654—2013)。

(9)《环境空气气态污染物(SO_2、NO_2、O_3、CO)连续自动监测系统运行和质控技术规范》(HJ 818—2018)。

(10)《环境空气质量标准》(GB 3095—2012)。

(11)《环境空气质量评价技术规范》(HJ 663—2013)。

(12)《环境空气质量指数(AQI)技术规定(试行)》(HJ 633—2012)。

(13)《空气质量词汇》(HJ 492—2009)。

(14)《数值修约规则与极限数值的表示和判定》(GB/T 8170—2008)。

二、信息与安全规范

(1)《公用计算机互联网工程设计规范》(YD/T 5037—2005)。

(2)《固定智能网工程设计规范》(YD/T 5036—2005)。

(3)《环保物联网　标准化工作指南》(HJ 930—2017)。

(4)《环保物联网　术语》(HJ 929—2017)。

(5)《环保物联网　总体框架》(HJ 928—2017)。

(6)《环境保护应用软件开发管理技术规范》(HJ 622—2011)。

(7)《环境信息化标准指南》(HJ 511—2009)。

(8)《环境信息网络管理维护规范》(HJ 461—2009)。

(9)《环境信息网络建设规范》(HJ 460—2009)。

(10)《环境信息网络验收规范》(HJ 725—2014)。

(11)《环境信息系统安全技术规范》(HJ 729—2014)。

(12)《环境信息系统测试与验收规范—软件部分》(HJ 728—2014)。

(13)《环境信息系统集成技术规范》(HJ/T 418—2007)。

(14)《基于 XML 的电子公文格式规范》(GB/T 19667—2005)。

(15)《计算机软件测试规范》(GB/T 15532—2008)。

(16)《计算机软件测试文件编制规范》(GB 9386—1988)。

(17)《计算机软件开发规范》(GB 8566—1988)。

（18）《计算机软件可靠性和可维护性管理》（GB/T 12394—2008）。

（19）《计算机软件文档编制规范》（GB/T 8567—2006）。

（20）《计算机软件质量保证计划规范》（GB/T 12504—1990）。

（21）《计算机信息系统安全保护等级划分准则》（GB 17859—1999）。

（22）《计算机信息系统安全专用产品分类原则》（GA 163—1997）。

（23）《软件工程标准分类法》（GB/T 15538—1995）。

（24）《软件维护指南》（GB/T 14079—1993）。

（25）《物联网　标准化工作指南》（GB/Z 33750—2017）。

（26）《物联网　术语》（GB/T 33745—2017）。

（27）《物联网安全需求》（YDB 101—2012）。

（28）《物联网参考体系结构》（GB/T 33474—2016）。

（29）《物联网总体框架与技术要求》（YD/T 2437—2012）。

（30）《现代设计工程集成技术的软件接口规范》（GB/T 18726—2002）。

（31）《信息安全技术　信息安全风险管理指南》（GB/Z 24364—2009）。

（32）《信息安全技术　信息安全应急响应计划规范》（GB/T 24363—2009）。

（33）《信息安全技术　信息系统安全等级保护实施指南》（GB/T 25058—2010）。

（34）《信息安全技术　信息系统等级保护安全设计技术要求》（GB/T 25070—2010）。

（35）《信息安全技术　信息系统通用安全技术要求》（GB/T 20271—2006）。

（36）《信息安全技术　终端计算机系统安全等级技术要求》（GA/T 671—2006）。

（37）《信息技术　互连国际标准》（ISO/IEC 11801—1995）。

（38）《信息技术　软件包　质量要求和测试》（GB/T 17544—1998）。

（39）《信息技术　软件工程术语》（GB/T 11457—2006）。

（40）《信息技术　软件生存周期过程》（GB/T 8566—2007）。

（41）《质量管理体系　要求》（GB/T 19001—2016）。

第四节　框架设计

一、业务框架设计

大气环境监测物联网与智能化管理平台依据各种通用技术规范建立了生态环境监测管理新体系，从设备入网、设备运行、量值溯源、质量控制、数据审核与数据分析六个层面保障在智能站房生产数据的全过程中数据质量的“真、准、全、快、新”。

设备入网阶段，依据相关的安装和验收规范及关键参数控制指标建立标准化的设备信息库，结合设备参数分析模型提供标准化站房监测设备的研选或匹配服务。设备运行阶段，对设备的运行环境、采样系统、质控过程和仪器状态均进行质量管理，对产生的数据进行质量控制。量值溯源，指测量结果通过具有适当准确度的中间比较环节，逐级往上追溯至国家计量基准或国家计量标准的过程。量值传递的目的是确保大气自动监测体系能提供有效、准确、可靠且具可比性的监测结果。质量控制，即对自动监测设备按照标准程序定期进行校准。其中，气体设备类的校准项目包括零点/跨度检查、多点检查、精度检查和流量检查；颗粒物的校准项目包括流量校准、质量标准校准和环境温度/压力校准。数据审核，依据人工智能算法和数据审核的基本规范对数据进行多级审核，确保数据的真实性和有效性。数据分析，通过多维多源的数据给予审核过程中的辅助建议和运维过程中的管理意见。如图 3－2 所示为生态环境监测管理体系。

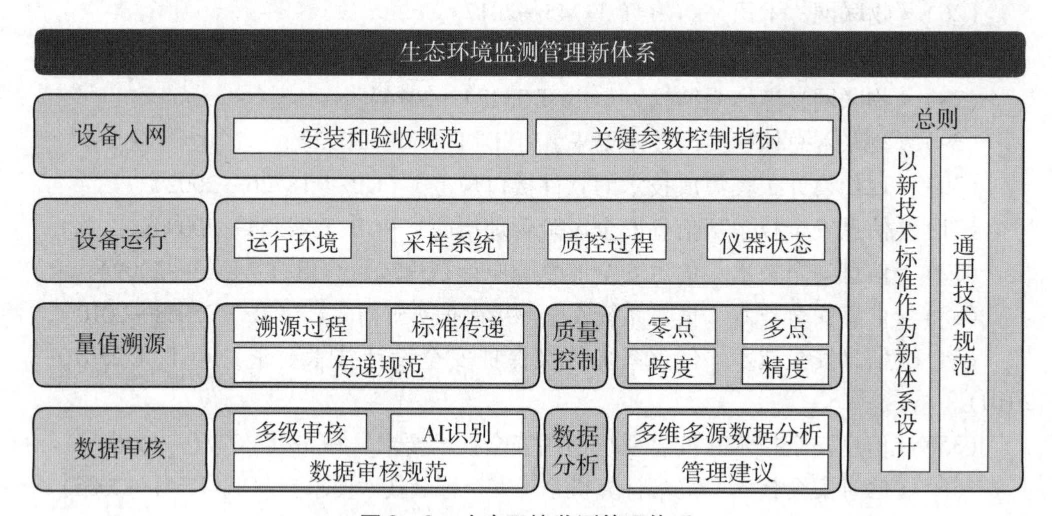

图 3－2　生态环境监测管理体系

二、系统框架设计

如图 3－3 所示为大气环境监测物联网与智能化管理系统框架设计，主要包括监测站点、监测网络、多网合一和应用功能四层。

监测站点层由监测仪器、感知系统、质控系统以及三者间的联系构成，是整个系统框架的基础。监测仪器包括气态污染物、颗粒物、气象参数等监测设备；感知系统包括温度、湿度、烟雾和水浸等传感器设备以及智能门禁和安防监控设备；质控系统包括数据采集控制系统、工控机和质控联动仪。

监测网络包含城市监测网、区域监测网、背景监测网、边界站点、交通站点、颗粒物组分网、光化学组分网、降尘监测网、酸雨监测网、污染源监测网以及高空垂直监测网等多方来源组成的数据库，为监测数据的智能分析应用提供数据来源。

多网合一后的大气环境监测物联网与智能化管理系统完成了监测数据的统一管理与综合应用、多监测网络下监测数据的质量控制与质量保证，并在此基础之上实现了智能站房监控与自动巡检、数据审核与自动化诊断、日常运维痕迹管理、现场检查痕迹管理、人员绩效管理和仪器设备及点位动态管理，极大地发挥了监测数据的实际价值。

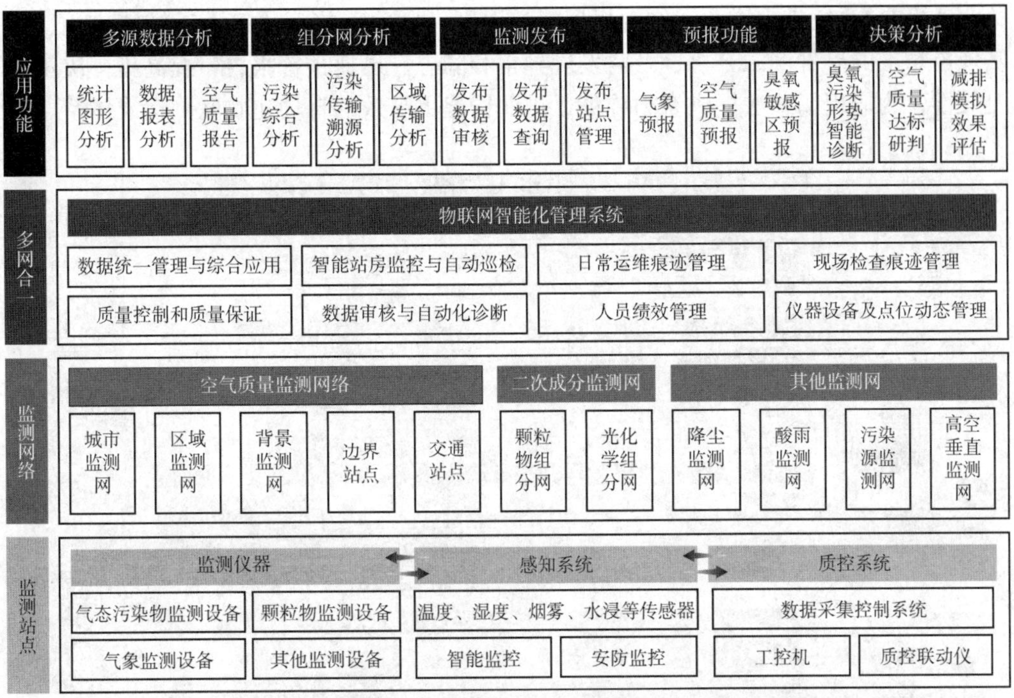

层级	内容
应用功能	多源数据分析：统计图形分析、数据报表分析、空气质量报告；组分网分析：污染综合分析、污染传输溯源分析、区域传输分析；监测发布：发布数据审核、发布数据查询、发布站点管理；预报功能：气象预报、空气质量预报、臭氧敏感区预报；决策分析：臭氧污染形势智能诊断、空气质量达标研判、减排模拟效果评估
多网合一	物联网智能化管理系统：数据统一管理与综合应用、智能站房监控与自动巡检、日常运维痕迹管理、现场检查痕迹管理、质量控制和质量保证、数据审核与自动化诊断、人员绩效管理、仪器设备及点位动态管理
监测网络	空气质量监测网络：城市监测网、区域监测网、背景监测网、边界站点、交通站点；二次成分监测网：颗粒物组分网、光化学组分网；其他监测网：降尘监测网、酸雨监测网、污染源监测网、高空垂直监测网
监测站点	监测仪器：气态污染物监测设备、颗粒物监测设备、气象监测设备、其他监测设备；感知系统：温度、湿度、烟雾、水浸等传感器，智能监控、安防监控；质控系统：数据采集控制系统、工控机、质控联动仪

图3－3　大气环境监测物联网与智能化管理系统框架设计

在应用功能层面，大气环境监测物联网与智能化系统充分利用多维、多源、多态的监测数据，形成多源数据分析、组分网分析、监测发布、预报功能和决策分析等再分析产品，为相应的决策提供依据。多源数据分析包括统计图形分析、数据报表分析、空气质量报告等；组分网分析包括污染综合分析、污染传输溯源分析、区域传输分析等；监测发布功能包括发布数据审核、发布数据查询、发布站点管理等；预报功能包括气象预报、空气质量预报和臭氧敏感区预报；决策分析包括臭氧污染形势智能诊断、空气质量达标研判、减排模拟效果评估等内容。

三、物联网框架设计

大气环境监测物联网与智能化管理系统的物联网框架设计如图3－4所示，分为现场设备、物联网公共服务平台和业务平台/系统三大类。

现场设备：主要包括环境监测分析仪、校准仪、传感器、数采仪、质控仪、动管仪，第三方物联设备、摄像装置、物联智能网关、物联接入模组等，通过MQTT、透传协议与平台连接；也支持第三方平台通过云云对接方式向平台传输物联数据。

物联网公共服务平台：主要包含设备接入层、传输链路层、设备抽象层、设备中心、数据中心、用户中心。设备接入层和传输链路层属于底层基础模块，设备抽象层以及设备抽象层之上的模块属于业务服务模块。

业务平台/系统：物联网公共基础服务平台通过数据流传及软件即服务，可为相关业务平台/系统带来增益，结合机器视觉识别、自动审核算法等人工智能应用，可实现更精准的事件溯源分析，及时发现异常和隐患，迅速预警报警，提高指挥决策的时效性，为非现场执法提供有力佐证，进而构建更高效的自动化物联网运维体系。

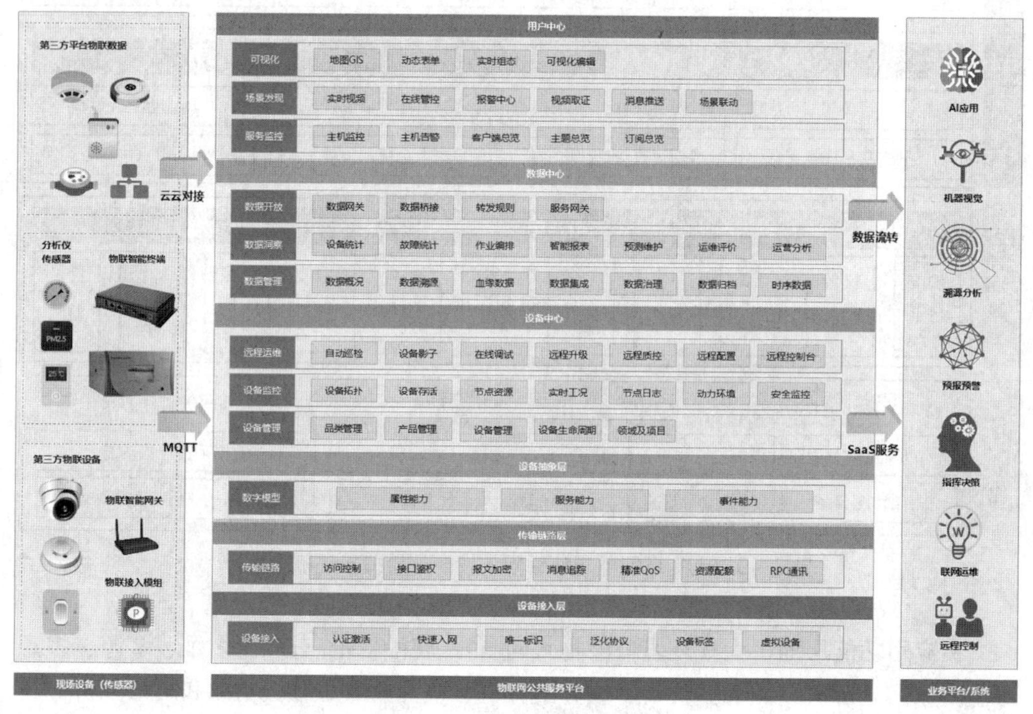

图3－4　物联网框架设计

四、基于数字孪生的物联网模型设计

（一）设计思路

基于数字孪生技术建立分析仪器的数字孪生模型，完成空气质量监测站房从物理世界到数字世界的映射，在物联网平台上构建智能站房的虚拟实体。如图3－5所示，空气质量监测站房的数字孪生模型根据步骤可以分为监测仪器的数字孪生、采样系统的数字孪生和智能站房的数字孪生。一方面，从功能模型、结构模型和几何模型的维度，在数字世界中构建空气监测站房的高保真模型；另一方面，结合物理世界环境感控系统，动态感知站房环境数据和监测仪器状态数据，实现监测仪器、采样系统和智能站房在物联网中数字孪生的构建。

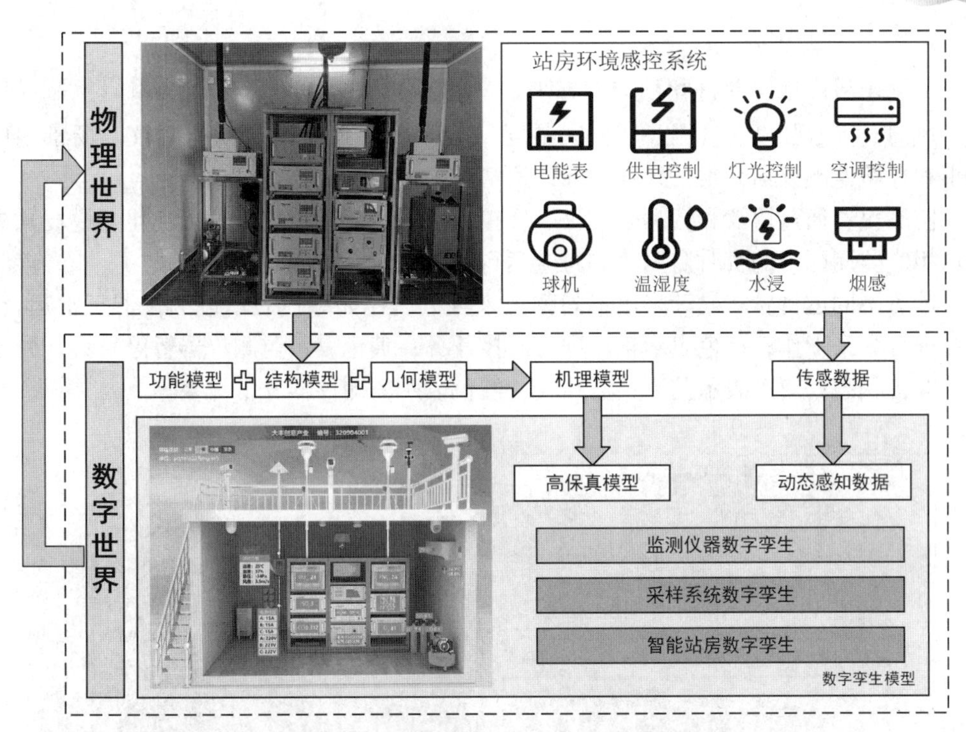

图3－5　空气质量监测站房的数字孪生模型

（二）数字建模

图3－6为大气环境监测数据采集站房可视化建模，建模元素包括环境监测仪器、辅助设备、采样总管、连接管路、站房感知设备、调控设备、安防监控、报警装置。

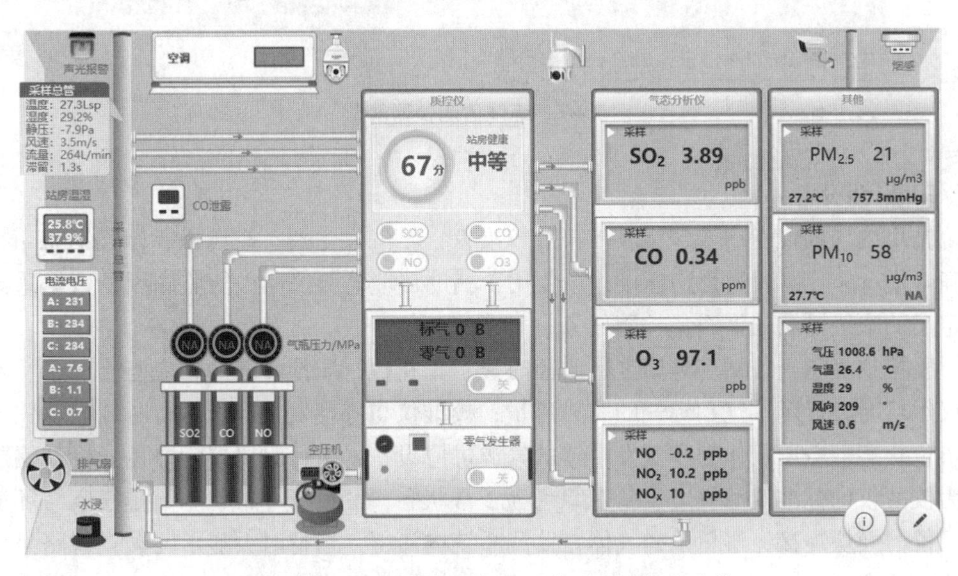

图3－6　大气环境监测数据采集站房可视化建模

1. 环境监测仪器

空气站房内主要配备 SO_2、CO、O_3、NO_x、$PM_{2.5}$、PM_{10}、CO_2、气象六参数（风速、风向、降水强度、气温、气压、湿度）等多种环境在线自动监测仪。场景中的机柜和环境监测仪器元素可根据实际站房情况拖拽式增加。

监测仪器通过协议和数据采集仪、质控联动仪或动管仪连接。可视化建模场景中显示相应监测因子的实时监测值，对应运行状态的展示如图 3－7 所示。

针对不同运行状态设计采用不同颜色来区分，比如绿色表示监测仪器正常运行，正在进行数采工作；蓝色表示正在进行质控任务；黄色表示监测仪器暂停采集，处于待机准备状态；灰色表示监测仪器离线；红色表示监测仪器异常报警等。

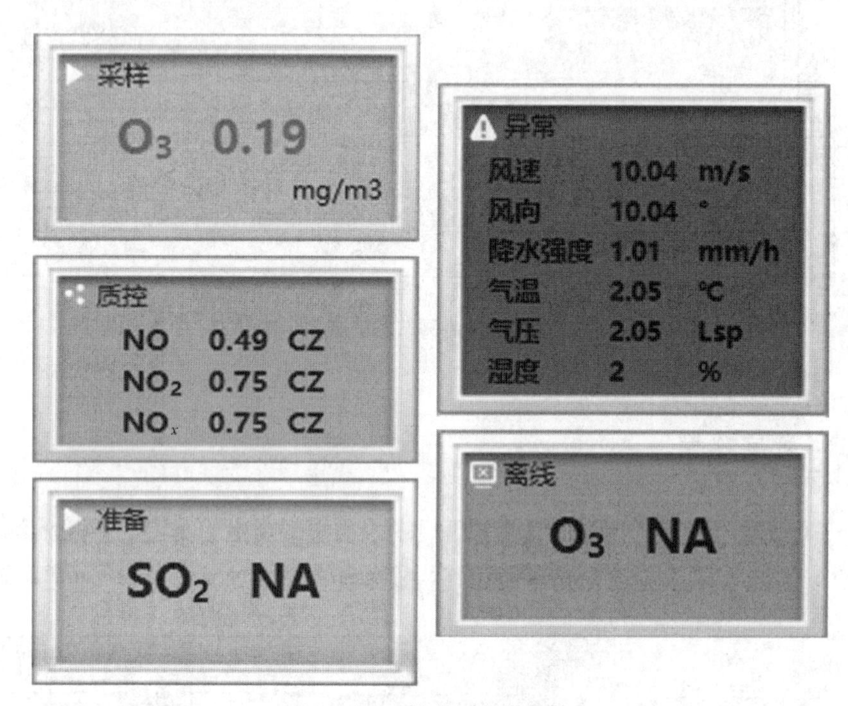

图 3－7　环境监测仪器状态

2. 辅助设备

站房内辅助设备主要包括质控仪、校准仪、零气发生器、空压机、标气钢瓶、排气扇（图 3－8），通过管路连接，主要用于辅助环境监测仪器进行监测因子数据采集和定期的在线监测仪器质量控制任务。

质控仪显示当前站房健康度，质控时显示正在执行质控任务的相应监测因子。校准仪运行时，显示零气和标气的实时流量；校准仪与零气发生器未运行时，显示关闭和灰色状态。空压机作为零气发生器的气源供应设备，运行时机器为绿色。标气钢瓶作为校准仪的标准气源供应设备，绿色为正常状态，红色为异常状态。排气扇与环境监测仪器模块连接，避免采样气体在监测系统内滞留，运行时会显示转动，管路呈蓝色流通状态。

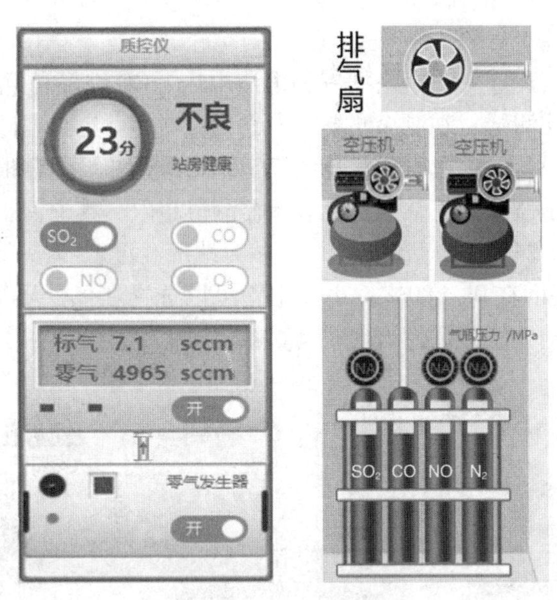

图 3－8　辅助设备状态

3. 采样总管

软件实时监测采样总管的温度、湿度、静压、风速、流量、滞留等参数，并在界面中显示，如图 3－9 所示为采样总管的温度异常告警情况。

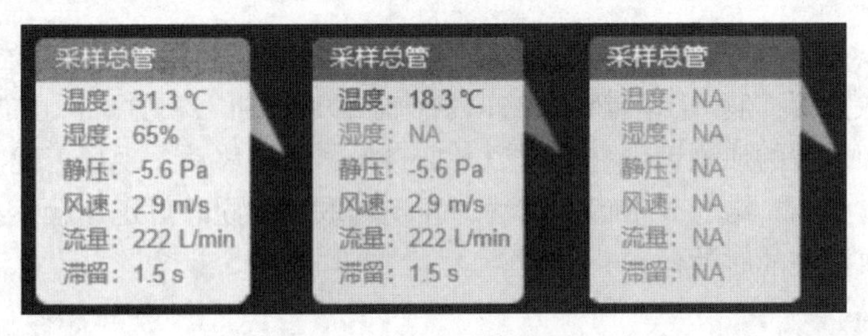

图 3－9　采样总管

4. 连接管路

如图 3－10 所示，管路用于表示仪器设备之间的气路连接方式和流通状态，并用箭头表示气流方向。

针对管路内有无气体，设计中使用蓝色管路表示气体正在内部流通，使用灰色管路时则表示无气体流通。

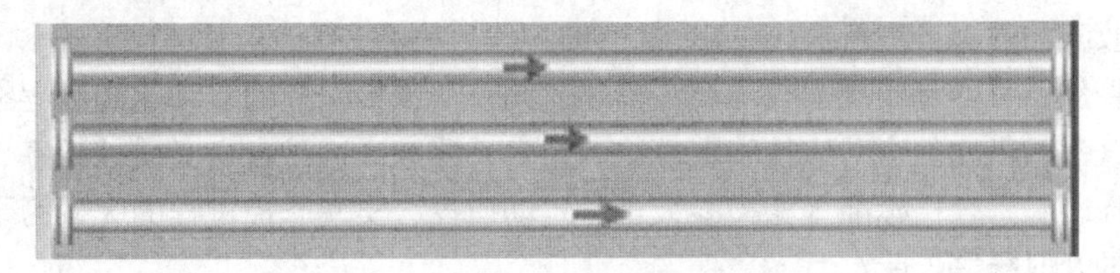

图 3－10　连接管路

5. 站房感知设备

站房感知设备（图3－11）是指三相电流电压、CO泄漏监测、站房温湿度、站房空调状态、烟雾探测器、水浸探测器、声光报警器等站房状态监测设备，作为站房内监测仪器和配套设备保障运行环境持续稳定。站房感知设备会根据环境状态呈现不同的颜色，绿色表示监测值正常，红色表示监测值超限。其中，三相电流电压的参考限值为电压在200～240 V，电流在0～16 A；站房温湿度的参考限值为室内温度在20～30 ℃，室内湿度在0～80%；声光报警可以选择在仪器异常、站房环境异常、人员门禁异常、安全事件等行为出现时是否触发报警。

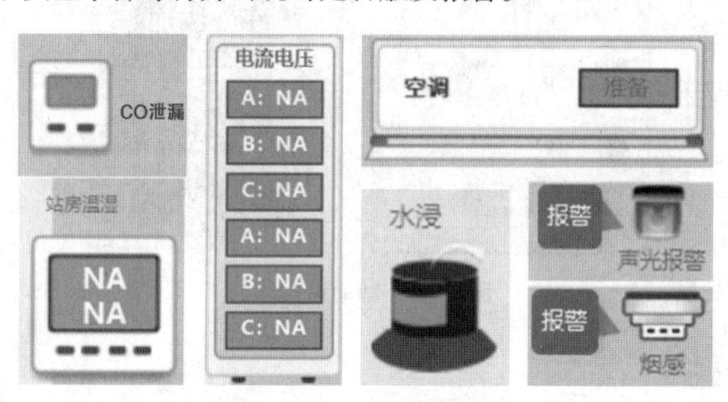

图3－11　站房感知设备

6. 安防监控

用户可以根据站房现场门位置、监测仪器位置、机柜设备位置增设安防监控摄像头数量。摄像头可扩展AI智能算法的识别功能，通过机器视觉、深度神经网络等AI模型进行视频图像的侦测识别，可辨识人员身份、人员移动、现场工况、门开关、设备灯、排放口状态，结合异常识别算法，在现场取证的同时可迅速触发报警装置，提高决策和采取措施的时效性。

五、前端站点的业务建模

前端业务站点包括常规监测站点、颗粒物组分站点、光化学组分站点等。为实现多参数、多方位可视化的站点监控，从保障监测数据有无的观念转变为保障监测数据生产环境的可溯源，构建多层级空气质量自动监测站运行维护保障体系，实时感知仪器状态、采样系统、站房内部运行环境、站房外部环境和质控过程（图3－12）。

仪器状态层，包括常规和非常规污染物监测仪器数据、监测仪器运行参数的采集。对收集的数据要进行监控，出现异常时及时预警。

质控层，目的是实现大气环境污染物监测仪器质控任务的自动化和远程控制，主要包括气态污染物的自动质控和颗粒物的半自动质控。通过自定义质控频率、质控时间、质控时长、合格标准等相关参数进行自动质控，实现质控过程的无人为干扰、站房异常的及时报警追踪。

采样系统层，采集并监控气态污染物采样总管的温湿度和流量、颗粒物采样系统的温湿度状态，监控采样过程环境。

运行环境层，分为站房内部环境和站房外部环境。一方面，对温湿度、水浸、火警、远程空调、电路监控等系统基础运行环境进行监控，了解数据的获取情况；另一方面，保障站房外部环境的稳定安全，包括站房周边情况查询、站房安全监控、报警联动留痕、异常行为识别和区块链数据防护等。

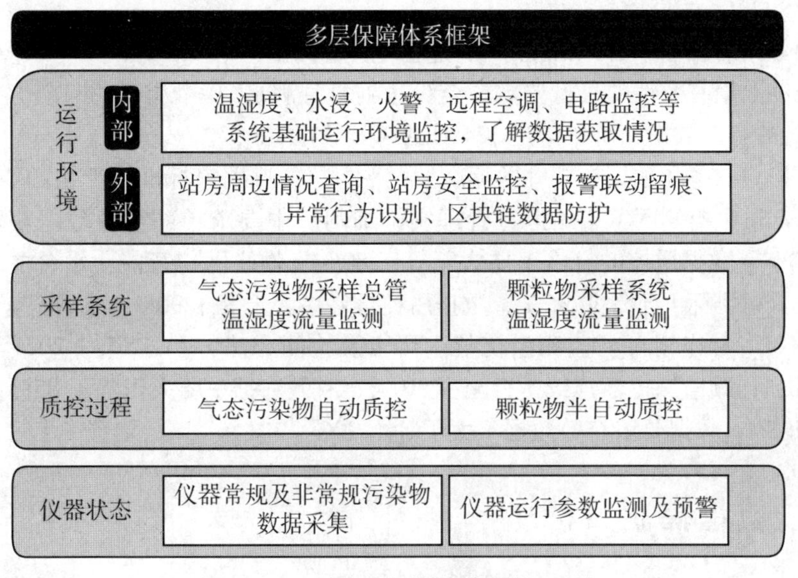

图3－12　站房运行维护保障体系设计

第五节　空气质量自动监测物联网质量管理目标设计

为了保障监测数据质量的“真、准、全、快、新”，设定了质量管理目标，主要是设备故障率目标、数据获取率与数据有效率目标、质量控制目标、质控频率目标、质量保证目标、设备运行环境目标和仪器参数目标。

一、设备故障率目标

故障率目标，即设备故障时长的控制目标。依据《环境空气气态污染物（SO_2、NO_2、O_3、CO）连续自动监测系统安装验收技术规范》（HJ 193—2013）和《环境空气颗粒物（PM_{10}和$PM_{2.5}$）连续自动监测系统安装和验收技术规范》（HJ 655—2013）中对数据获取率的定义推导得到故障率。监测系统的数据获取率由式（3－1）和式（3－2）计算得到，其结果应大于等于90%。因此，故障率的计算公式为（3－3），监测系统的故障率目标应小于10%。

$$数据获取率(\%)=系统正常运行小时数÷试运行总小时数×100\% \quad (3-1)$$

$$系统正常运行小时数=试运行总小时数-系统故障小时数 \quad (3-2)$$

$$故障率(\%)=系统故障小时数÷试运行总小时×100\% \quad (3-3)$$

二、数据获取率与数据有效率目标

监测数据的获取率必须满足《环境空气质量标准》（GB 3095—2012）中规定的污染物浓度数据有效性的最低要求，至少达到每日满足20个小时的有效数据，每月满足27日的有效数据，每年满足324日的有效数据。

在数据获取率和数据有效率的标准上，平台执行比国家标准更严格的要求。《国家环境空气质量监测网城市站运行管理实施细则》中要求单站设备数据获取率应大于等于90%，数据质控的合格率要大于等于80%。物联网与智能化平台要求单站设备数据获取率目标大于等于95%，数据质控合格率大于等于90%。《环境空气颗粒物（PM_{10}和$PM_{2.5}$）连续自动监测系统技术要求及检测方法》（HJ 653—2021）中规范PM_{10}、$PM_{2.5}$连续监测仪器连续运行至少90天，有效数据率要大于等于85%。而平台对PM_{10}和$PM_{2.5}$数据要求有效数据率大于等于90%。

三、质量控制目标

质量控制目标，即监测设备漂移量检查的响应目标，反映监测数据的精密性和完整性。包括定期巡检及维护、性能检查及校准、质控结果分析及评价、故障性维修与预防性维护。

1. 监测设备零点漂移和量程漂移标准

（1）长期（≥7 d）零点漂移。SO_2、NO_2、O_3分析仪器长期（≥7 d）零点漂移：±10 nmol/mol；CO分析仪器长期（≥7 d）零点漂移：±2 μmol/mol。

（2）长期（≥7 d）量程漂移。SO_2、NO_2、O_3分析仪器长期（≥7 d）量程漂移：±20 nmol/mol；CO分析仪器长期（≥7 d）量程漂移：±2 μmol/mol。

（3）24 h零点漂移。SO_2、NO_2、O_3分析仪器24 h零点漂移：±5 nmol/mol；CO分析仪器24 h零点漂移：±1 μmol/mol。

（4）24 h量程漂移。SO_2、NO_2、O_3分析仪器24 h 20%量程漂移：±5 nmol/mol；SO_2、NO_2、O_3分析仪器24 h 80%量程漂移：±10 nmol/mol；CO分析仪器24 h 20%量程漂移：±1 μmol/mol；CO分析仪器24 h 80%量程漂移：±1 μmol/mol。

（5）PM_{10}和$PM_{2.5}$仪器气路检漏：β射线法仪器示值流量小于等于1.0 L/min；振荡天平法仪器主流量小于0.15 L/min，旁路流量小于0.6 L/min。

（6）PM_{10}和$PM_{2.5}$仪器流量检查，实测流量与设定流量的误差应在±5%范围内。

2. SO_2、NO_2、O_3（长光程）

（1）光路光强（外光光强）大于30000（OPSIS品牌大于30%）。

（2）长光程等效浓度单点测试，标气浓度误差低于±5%。

（3）多点校准的相关系数 $r > 0.999$；$0.95 \leqslant$ 斜率 $a \leqslant 1.05$；截距 $b <$ 满量程 ±1%。

3. 气态污染物采样流量

采样流量误差低于 ±10%。

4. 气态污染物漂移量控制

（1）仪器零点低于 ±10 nmol/mol。

（2）跨度检查误差低于 ±5%。

（3）除 CO 分析仪器的 T90 外响应时间小于等于 5 min。

（4）CO 分析仪器的 T90 响应时间小于等于 4 min。

5. 动态校准仪

（1）零气流量误差低于 ±2%。

（2）标气流量误差低于 ±2%。

四、质控频率目标

质控频率目标，目的是确保精密度和完整性。依据《环境空气气态物（SO_2、NO_2、O_3、CO）连续自动监测系统运行和质控技术规范》（HJ 818—2018）对质控频率进行规范。具备自动校准条件的，每天进行 1 次零点检查；不具备自动校准条件的，至少每周进行 1 次零点检查。当发现零点漂移超过仪器调节控制限时，应及时对仪器进行校准。具备自动校准条件的，每天进行 1 次跨度检查；不具备自动校准条件的，至少每周进行 1 次跨度检查。

跨度检查所用标气浓度一般为仪器 80% 量程对应的浓度，也可根据不同地区、不同季节环境中污染物的实际浓度水平来确定，但应高于上一年污染物小时浓度的最高值。当发现跨度漂移超过仪器调节控制限时，应及时对仪器进行校准。

O_3 监测仪器的零点检查或校准、跨度检查或校准操作应避免在每日 12 时至 18 时臭氧浓度较高的时段内进行，若必须在该时段进行，检查或校准时间不应超过 1 个小时。

对 SO_2、NO_2、CO 等监测仪器的零点检查或校准、跨度检查或校准操作也应根据实际情况尽可能避开污染物浓度较高的时段。另外，应至少每半年进行 1 次多点校准（又称线性检查）。

采用化学发光法的 NO_2 监测仪器需要至少每半年检查 1 次二氧化氮转换炉的转换效率，转换效率应大于等于 96%，否则应进行维修或更换。

监测仪器的采样流量需至少每月进行 1 次检查，当流量误差超过 ±10% 时，应及时进行校准。

五、质量保证目标

质量保证目标，即量值溯源和传递的目标要求。用于量值传递的计量器具，如流量计、气压表、压力计、真空表、温度计等，应按计量检定规程的要求进行周期性检定。用于工作标准的臭氧校准仪，如配备光度计，应至少每半年使用传递标准进行 1

次量值传递，如未配备光度计，应至少每3个月使用传递标准进行1次量值传递。用作传递标准的臭氧校准仪应至少每半年送至有资质的标准传递单位进行1次量值溯源。作为工作标准的标气应为国家有证标准物质或标准样品，并在有效期内使用。

针对所用标准气体，当钢瓶压力低于500 Psig时，标气需要进行重新验证；当钢瓶压力低于150 Psig（1.0 MPa）时，停止使用该标气。标准气体必须在有效期内使用。应每年将所用的流量传感器、温度传感器、气压传感器等设备溯源到计量检定部门的标准设备；每半年将所用的臭氧标准向管辖权内的驻市监测中心提供的标准设备进行溯源；每半年对所用的零气发生器进行核查，并保证性能指标符合要求。所用的流量检测设备应每年向计量检定部门的标准设备溯源。量值溯源和传递的方法如下：

（1）臭氧校准设备。使用臭氧传递标准对臭氧工作标准进行量值传递，在质保实验室经过6天的初始传递后，之后每个季度重新传递1次。每3个月用网络一级标准对臭氧传递标准进行1次传递。在不具备一级标准的情况下，必须每年将作为区域监测网络臭氧参考标准使用的臭氧传递标准送至国际权威组织认可的臭氧传递校准实验室与国际标准进行至少1次的质量检验和标准传递。网络一级标准每季度需与控制标准比对1次，每两年需与国际标准比对1次。

（2）标准气体。标准气钢瓶应放置在温度和湿度适宜的地方，并用钢瓶柜或钢瓶架固定，以防碰倒或剧烈震动。标准气钢瓶每次装上减压调节阀、连接到气路后，应检查气路是否漏气。应经常检查并记录标准气的消耗情况，若气体压力低于要求值，应及时更换。每年应把使用中的一级标准气与新的一级标准气至少核对1次。

（3）零气发生器。零气发生器的确认工作应每隔6个月进行1次，对零气发生器中的分子筛、氧化剂、活性炭等气体净化材料进行定期更换，净化材料应每6个月至少更换1次。方法是比较分析仪对零气装置和超纯零气所产生的响应值，若发现各项目的监测误差和零点漂移明显增大，应查明原因，必要时更换净化材料。应定期检查并排空空气压缩机储气瓶中的积水，检查零气发生器的温度控制和压力是否正常、气路是否漏气。温度控制器出现故障报警或维修更换后，必须用工作标准进行校准。

（4）动态校准仪。对于动态校准仪中的质量流量控制器，应至少每季度使用标准流量计进行1次单点检查，流量误差应小于等于1%，否则要及时进行校准。

六、设备运行环境目标

设备运行环境目标，即采样环境与站房环境的指标目标。气态污染物监测站房和颗粒物监测站房要求站房温度在15～35 ℃，站房湿度在0～85%，大气压强在80～106 kPa。《环境空气气态污染物（SO_2、NO_2、O_3、CO）连续自动监测系统技术要求及检测方法》（HJ 654—2013）中对气态污染物采样系统要求采样口距地面的高度在3～25 m，采样口周围水平面具有270°以上的捕集空间，采样口到站房顶部的垂直距离大于1 m。气态污染物采样总管具有加热装置，加热温度应控制在30～50 ℃。采样总管内径范围为1.5～15 cm，总管内的气流应保持层流状态，采样气体在总管内的滞留时间应小于20 s，同时所采集气体样品的压力应接近大气压。支管接头应设置于采样总管的层流区域内，各支管接头之间的间隔距离要大于 8 cm。分析仪器与支管接头连接的管线应安装孔径小于等于 5 μm 的聚四氟乙烯滤膜。

《环境空气颗粒物（PM_{10}和 $PM_{2.5}$）连续自动监测系统技术要求及检测方法》（HJ 653—2021）和《环境空气颗粒物（PM_{10}和 $PM_{2.5}$）连续自动监测系统安装和验收技术规范》（HJ 655—2013）中对颗粒物采样系统进行了要求：

（1）采样口距地面的高度应在 3 ～ 15 m 范围内。

（2）在采样口周围 270°捕集空间范围内环境空气的流动应不受任何影响。

（3）针对道路交通的污染监控点，其采样口离地面的高度应在 2 ～ 5 m 范围内。

（4）在保证监测点具有空间代表性的前提下，若所选点位周围半径 300 ～ 500 m 范围内的建筑物平均高度在 20 m 以上，无法满足（1）和（2）的高度要求时，其采样口高度可以在 15 ～ 25 m 范围内选取。

（5）采样口离建筑物墙壁、屋顶等支撑物表面的距离应大于 1 m，若支撑物表面有实体围栏，采样口应高于实体围栏至少 0. 5 m 以上。

（6）当设置多个采样口时，为防止其他采样口干扰颗粒物样品的采集，颗粒物采样口与其他采样口之间的水平距离应大于 1 m。

七、仪器参数目标

仪器参数目标，指对仪器重要参数所要求的区间范围。其中，重要参数是对监测数据准确性有直接或较大影响的参数，一般在标准规范中有明确说明。当重要参数出现衰减、漂移等现象使其不在正常的工作区间范围内时就会对仪器的测量结果产生影响。平台对监测仪器关键参数表进行智能监控，通过对重要参数的检查可以判断仪器是否出现故障。不同监测仪器的重要参数如表 3 – 1 所示。

表 3 – 1　监测仪器关键参数表监控

监测仪器	监测参数	监控类型
颗粒物 β 射线法加动态加热系统设备	采样流量	实时监控
	截距	实时监控
	斜率	实时监控
	最高加热温度	实时监控
	相对湿度目标值	实时监控
	采样管温度	实时监控
颗粒物 β 射线法加动态加热系统联用光散射法设备	采样流量	实时监控
	相对湿度目标值	实时监控
	最高加热温度	实时监控
	斜率	实时监控
	采样管温度	实时监控

续表 3 - 1

监测仪器	监测参数	监控类型
颗粒物 β 射线法加固定加热系统设备	斜率	实时监控
	截距	实时监控
	采样流量	实时监控
	相对湿度目标值	实时监控
	最高加热温度	实时监控
	采样管温度	实时监控
颗粒物微量振荡天平无膜动态测量系统设备	主流量	实时监控
	旁路流量	实时监控
	采样管温度	实时监控
	膜的负载百分比	实时监控
颗粒物微量振荡天平加膜动态测量系统设备	膜的负载百分比	实时监控
	旁路流量	实时监控
	主流量	实时监控
	斜率	实时监控
	截距	实时监控
紫外吸收法原理 O_3 设备	斜率	实时监控
	采样流量	实时监控
	采样压力	实时监控
	紫外灯温度	实时监控
	截距	实时监控
	采样温度	实时监控
化学发光法原理 NO_2 设备	NO_x 截距	实时监控
	NO_x 斜率	实时监控
	NO 斜率	实时监控
	NO 截距	实时监控
	PMT 高压	实时监控
	PMT 温度	实时监控
	采样流量	实时监控
	采样压力	实时监控
	臭氧流量	实时监控
	反应室温度	实时监控
	反应室压力	实时监控
	转化炉温度	实时监控

续表 3 - 1

监测仪器	监测参数	监控类型
紫外荧光法原理 SO_2 设备	PMT 信号	实时监控
	紫外灯电压	实时监控
	紫外灯强度	实时监控
	反应室压力	实时监控
	采样流量	实时监控
	采样压力	实时监控
	截距	实时监控
	斜率	实时监控
	PMT 高压	实时监控
	反应室温度	实时监控
气体滤波相关红外吸收法 CO 设备	采样流量	实时监控
	相关轮温度	实时监控
	反应室温度	实时监控
	测量/参考比	实时监控
	反应室压力	实时监控
	截距	实时监控
	斜率	实时监控
	采样压力	实时监控
差分吸收光谱法原理设备	斜率	实时监控
	截距	实时监控

第六节　生态环境监测物联网规范体系设计

物联网系统已经突破了传统数据采集统计的范畴，开始集成越来越多的能力，变得越来越智能化。因此，如需搭建功能完备、性能高效、运行稳定的物联网应用系统及生态体系，必然需要先编制相关的物联网标准规范，构建物联网标准规范体系。

在物联网领域，已经有一些相关的国家和行业指导性指南或标准，如国家标准有《物联网　术语》（GB/T 33745—2017）、《物联网参考体系结构》（GB/T 33474—2016）、《物联网　标准化工作指南》（GB/Z 33750—2017），行业标准有《物联网总体框架与技术要求》（YD/T 2437—2012）《物联网安全需求》（YDB 101—2012）。而在环境监测的物联网领域，也有一些指导性标准规范，如《环保物联网　术语》（HJ 929—2017）《环保物联网　总体框架》（HJ 928—2017）、《环保物联网　标准化工作指南》（HJ 930—2017）等。

但已有的行业指南和标准都属于上层的整体性和原则性的指导要求，缺少详细具体的物联网构建过程指南及说明，如要真正实现完备、可靠、高效、易用的物联网软硬系统及架构应用服务，则需要在这些指导性原则规范的基础上进行扩展，编制构建全面且完备的物联网标准规范体系。故参考现有的国家和行业标准设计生态环境监测领域适用的规范体系，实现跨平台、跨语言、可扩展、可开放的规范体系的编制和构建工作，为物联网系统的体系搭建、设备接入、数据交换、服务提供、部署运维等过程提供设计和构建指引，实现物联网系统的标准化和通用化，并保持其开放性，实现多设备方、多平台方、多建设方、多运维方可接入、扩展和共享的物联网生态体系。其核心编写原则如下：

（1）可行性、可操作性强。

（2）内涵和外延的准确、完整、无歧义或二意性。

（3）表达简明清晰，利于理解、交流、应用。

（4）严谨、具有公信力，避免抄录和文本错误。

（5）充分的前期调研分析和可行性论证。

（6）可扩展性和开放性，充分考虑物联网产品的迭代升级、物联网规范的外部兼容等。

（7）兼容和吸收现有标准和业内成熟方案，充分考虑最新技术水平，并为未来的技术发展提供框架。

（8）考虑完备：兼顾短期现状和长期规划，兼顾实用性和前瞻性。

如图3-13所示，物联网标准规范体系按总则、服务和应用、软件开发、硬件/能力抽象、网络抽象、硬件设备（终端、节点、网络等）的层级进行组织搭建。

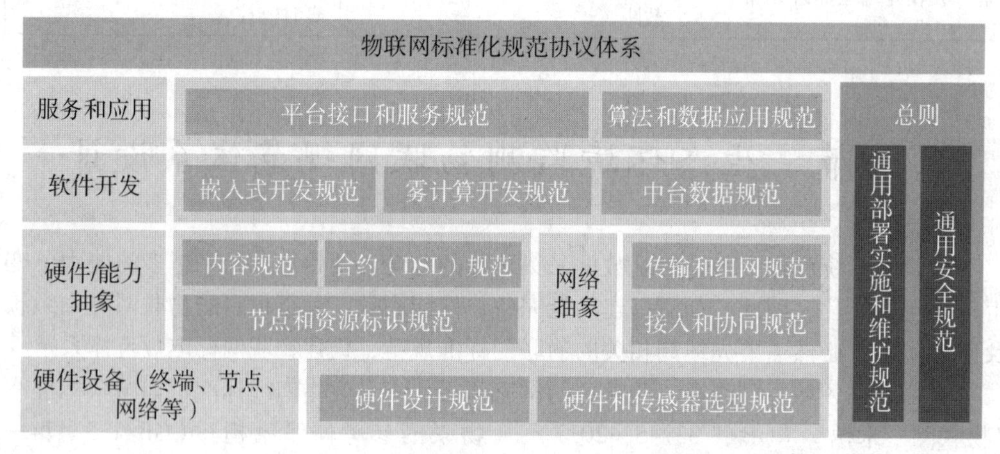

图3-13　物联网标准规范体系层级结构

《物联网标准化规范协议—通用安全规范》分析了物联网体系和应用场景下可能存在的安全威胁和风险，并以此为基础提出物联网终端节点、数采网关、接入传输层、平台应用层各方涉及的系统安全要求、安全组件、安全管理及安全保障机制。

《物联网标准化规范协议—通用部署实施和维护规范》对物联网终端硬件和应用程序的现场实施、安装部署、升级维护等相关工作提出了通用化和原则性的参考，用于提高物联网软硬件现场实施和后期维护工作的标准化和规范化，保障产品运行稳定，提升用户体验和评价，提高产品持续完善和优化的能力。

《物联网标准化规范协议—平台接口与服务规范》主要描述了物联网系统实体间接口的具体功能要求、服务划分，体现了物联网平台的实际能力，包括服务接口分类定义、服务接口定义、接口技术参数等特性以及平台服务包含的功能、角色等。其适用于物联网系统服务功能的实现与服务接口的设计、开发和应用。

《物联网标准化规范协议—算法和数据应用规范》主要描述物联网智能应用的基本原理，对物联网智能算法的应用基本流程、关键节点行为进行规范性指南，并对重要的智能应用原则做参考性约定。

《物联网标准化规范协议—嵌入式开发规范》规定了使用 C 语言编写嵌入式软件的工具使用、代码架构、编码格式等要求，以及嵌入式芯片的选型。其适用于嵌入式软件生存周期的设计和编码阶段，主要供具备 C 语言编程能力的软件编码人员使用。

《物联网标准化规范协议—雾计算开发规范》针对雾计算制定软件开发规范，即针对数采、智能网关等采集、控制和传输系统雾计算节点的软件开发规范。涉及物联网中作为雾计算的网关（数采）在需求、设计、开发、质量保障等关键活动和路径下的参考性原则和约定。

《物联网标准化规范协议—中台数据规范》主要描述与物联网数据中台的数据采集、数据处理、数据交换、数据安全相关的要求，可作为物联网数据中台实现的整体设计原则和参考。

《物联网标准化规范协议—内容规范》主要对物联网产品的主要核心功能作抽象化定义，不包括所有具体的声明、持久化、存储、传输等技术实现细节。

《物联网标准化规范协议—合约（DSL）规范》主要规定物联网中使用的智能合约的构建及运作过程的要求和协定。

《物联网标准化规范协议—节点和资源标识规范》主要规定了物联网设备节点的唯一标识及物联网产品资源能力标识的编码、识别、管理等规则和方法。

《物联网标准化规范协议—接入和传输规范》包括传输和组网规范、接入协同规范，主要描述物联网设备入网寻址及数据传输的交互流程和基本规则，包括节点寻址、转发规则、协议特性、传输流程、消息服务质量等。涉及物联网终端设备、物联网关、通信服务器、应用平台等，可作为物联网网络传输层实现的整体设计原则和参考。

《物联网标准化规范协议—物联网硬件设计导则》适用于物联网硬件产品的设计，可作为整体的设计参考依据。

《物联网标准化规范协议—硬件选型规范》适用于物联网硬件选型，可作为选型原则和参考依据。硬件选型主要分为两个大的方向：整机选型（original equipment manufacture，OEM）和零部件（电子元器件、传感器、模块等）选型，包括站房动力环境传感器、公司硬件元器件、OEM 设备等的选型均应遵照本标准要求。

第七节　数据库设计

数据库技术是现代信息科学与技术的重要组成部分，是计算机数据处理与信息管理系统的核心。数据库技术研究如何有效地组织与储存数据，以及如何高效地获取和处理数据，核心是通过研究数据库结构、储存、设计、管理以及应用的基本理论和实现方法，在数据库系统中减少数据存储冗余、实现数据共享、保障数据安全以及高效检索、处理数据。数据库是系统平台运行的基础，其设计的科学性和合理性对提升系统处理效率起着关键作用。

数据库设计需要明确总体的数据库规划，各数据表的定义、字段（属性）定义、数据约束以及表与表之间的关系、主要数据算法的设计等内容，设计过程中主要考虑以下原则：

（1）在系统总体规划和设计方案的指导下进行。

（2）数据分类存储，考虑静态数据与动态数据、原始数据与结果数据、基础数据与应用数据等分类存储。

（3）遵守环境信息分类指标体系和编码方式。

（4）考虑数据资源共享，同时满足生态环境部门的保密要求。

（5）保证数据库的正确性和完整性，同时尽量减少降低数据冗余。

（6）从业务场景出发，满足用户需求，依据数据类型、数据生成年份等内容，创建不同数据表，同时兼顾简洁性、易用性及直观性。

大气环境监测物联网与智能管理系统数据库设计时，主要从空气质量监测数据审核与分析、设备运维与质控、设备管理与控制和颗粒物与光化学组分等业务场景出发，满足用户需求，依据数据类型、设备类型、数据生成年份等内容，创建不同数据表，同时兼顾简洁性、易用性及直观性。

一、数据审核与分析

根据各实体间的关系，设计数据审核与分析业务库实体－联系图（E－R图）如图3－14所示。E－R图能直观地描述数据模型中实体的相关信息，并将实体间的关系转化为表单的关系。数据审核与分析业务表主要有：空气质量未审核数据表、站点监测因子表、空气质量指数及相关信息表、污染物浓度限值表、站点仪器状态数据表、站点审核状态表、站点汇总数据表、小时原始数据表（表3－2）、监测项目信息表（表3－3）、监测站点信息表（表3－4）。

表3－2为小时原始数据表，主要内容为主键ID、唯一键、时间点、污染物编号、监测值、监测指标标记符号等。由于大气环境监测数据库按30 s、5 min、1 h这3个有代表性的时间点进行数据储存，依据数据类型与储存年份设计实现了30 s数据编辑年表、1 min数据编年表、5 min数据编年表和1 h数据编年表，这4张表采用了

和表 3－2 相同的结构。

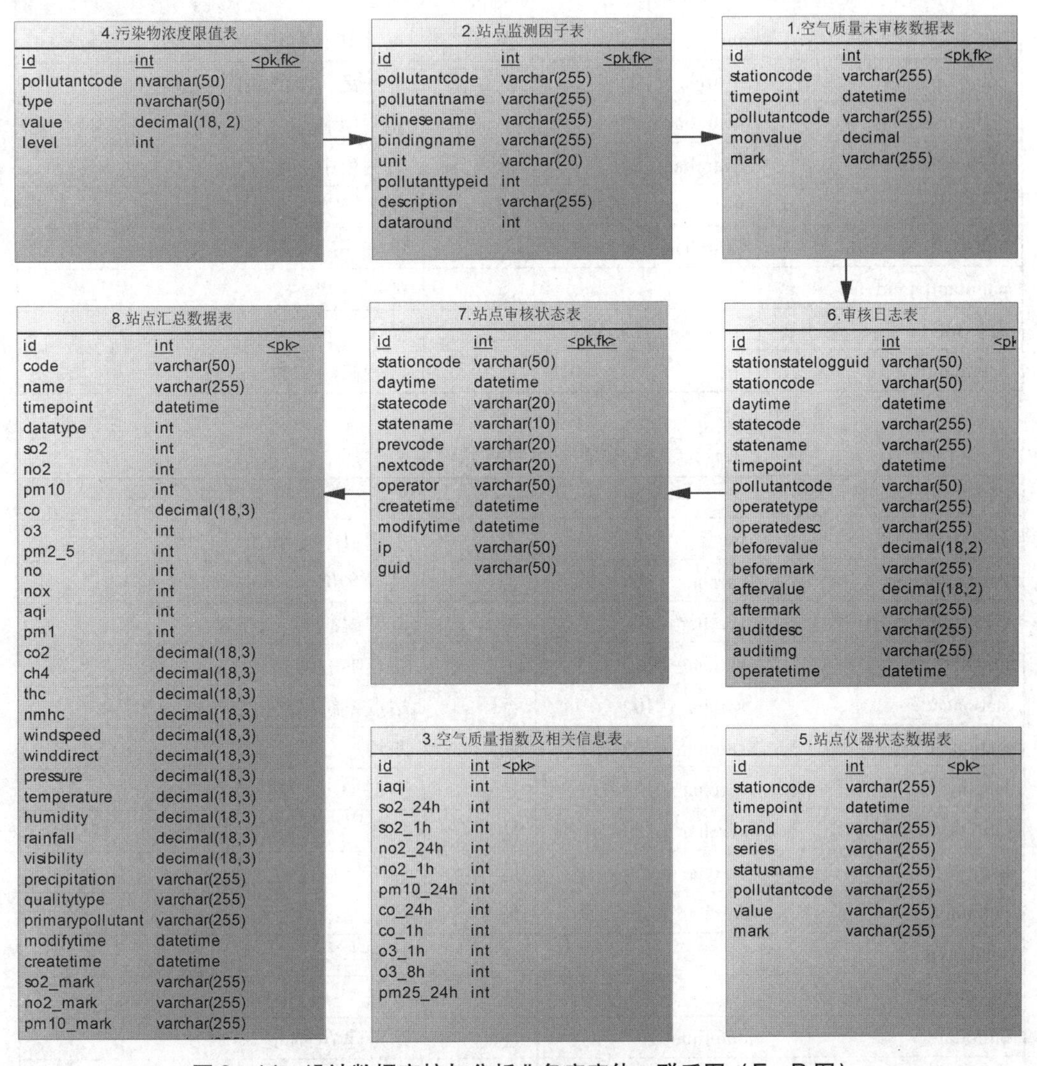

图 3－14　设计数据审核与分析业务库实体－联系图（E－R 图）

表 3－2　小时原始数据表

字段名称	数据类型	允许空	注释
id	int	否	主键 ID，标识符，自增长
stationcode	nvarchar（255）	否	唯一键，站点代号
timepoint	datetime	否	时间点
pollutantcode	nvarchar（255）	否	污染物编号
monvalues	decimal（18，6）	否	监测值
mark	nvarchar（20）	是	监测指标标记符号

表3－3　监测项目信息表

字段名称	数据类型	允许空	注释
id	int	否	主键ID，标识符，自增长
pollutantcode	nvarchar（255）	否	唯一键，监测项代号
pollutantname	nvarchar（255）	否	监测项名称
chinesename	nvarchar（255）	否	监测项中文名称
bindingname	nvarchar（255）	否	监测项英文名称
unit	nvarchar（20）	否	单位
pollutanttypeid	int	否	类型
description	nvarchar（255）	是	描述
dataround	int	是	数值修约位数

表3－4　监测站点信息表

字段名称	数据类型	允许空	注释
id	int	否	主键ID，标识符，自增长
positionname	varchar（100）	否	站点名称
areacode	varchar（50）	否	区域编码
uniquecode	varchar（50）	否	站点唯一编码
stationcode	varchar（10）	否	站点系统编号
stationpic	varchar（50）	是	图片
longitude	varchar（15）	是	类型
latitude	varchar（15）	是	描述
address	varchar（255）	是	数值修约位数
pollutantcode	varchar（255）	是	污染物编码
stationtypeid	int	是	站点类型
status	bit	是	状态
builddate	datetime	是	站点建立时间
phone	varchar（15）	是	负责人电话号码
manager	varchar（15）	是	负责人
description	varchar（255）	是	描述
iscontrast	bit	是	是否是对照点
ispublish	bit	是	是否发布
orderid	int	是	排序
stoptime	datetime	是	停用时间
createuser	varchar（30）	是	创建人
createtime	datetime	是	创建时间
updateuser	varchar（30）	是	修改人
updatetime	datetime	是	修改时间

二、设备管理与控制

在设备管理与控制业务相关数据库的设计过程中，需要充分考虑设备信息管理、设备库存管理、设备借出管理、设备日志管理、运维备件管理等场景，以及在逻辑结构和物理结构上的合理性和灵活性。图 3－15 所示的设备管理与控制业务关键 E－R 图显示了设备管理与控制业务相关实体的表单关系，可通过建立设备电子档案库，对各类监测设备进行识别和管理，实现对设备的采购、维修、库存、报废等管理流程的信息化管理。

图 3－15　设备管理与控制业务关键 E－R 图

设备管理与控制业务表主要有：设备信息管理表（表 3－5）、设备类型表、设备品牌型号表、设备参数表、设备日志管理表、设备报警信息表（表3－6）、设备配件表及设备控制操作记录表等。

表3－5　设备信息管理表

字段名称	数据类型	允许空	注释
id	int	否	主键ID，标识符，自增长
devicecode	varchar（50）	否	仪器编码
stationcode	varchar（50）	是	站点编码
assetscode	varchar（50）	是	设备代码
address	varchar（50）	是	地址
devicetype	varchar（50）	否	仪器类型
devicebrand	int	否	仪器品牌
devicemodel	varchar（50）	否	设备型号
calibrate	int	否	校准
purchasedate	datetime	是	采购日期
usedate	datetime	是	上架时间
batchno	varchar（100）	是	批次号
qualityperiod	varchar（100）	是	质量周期
manufactorphone	varchar（100）	是	制造商电话
manufactor	varchar（100）	是	制造商
saledcompany	varchar（100）	是	销售公司
saledphone	varchar（100）	是	销售电话
supplier	varchar（100）	是	供电电话
supplierphone	varchar（100）	是	保管人
custodian	varchar（100）	是	—
maintercompany	varchar（255）	是	—
createtime	datetime	是	创建时间
image1	varchar（255）	是	—
image2	varchar（255）	是	—
warehouse	varchar（50）	是	仓库
originalmachine	int	是	原始机器
masterslavenum	int	是	—
devicemodelid	int	是	设备型号ID
devicebrandid	int	是	设备品牌ID
devicestats	int	是	设备统计信息

表3-6　设备报警信息表

字段名称	数据类型	允许空	注释
id	int	否	主键 ID
alarmtime	datetime	是	报警时间
removetime	datetime	是	消除报警时间
content	varchar（500）	是	内容
alarmlevel	varchar（38）	是	报警等级
handleuserid	varchar（200）	是	处理人
handlecontent	varchar（200）	否	处理内容
handletime	datetime	否	处理时间
ddalarmstyle	varchar（200）	否	报警项目
ddruletype	nvarchar（50）	否	报警规则类型
extData	varchar（MAX）	是	报警内容
ddalarmstate	int	是	报警状态
deviceid	int	是	设备 id
RuleId	int	是	报警规则 id

三、设备运维与质控

质控联动仪对环境气态污染物进行自动质控，标准化质控流程，达到了质控时长缩短、质控频率提高、质控步骤简化的成效，可提高运维效率并降低运维成本，保障监测数据的准确性、一致性和可比性，实现了对数据质量的溯源并为质控考核提供了数据支撑。

智能管理信息系统内容涵盖监测仪器数据及状态采集、监测设备监测数据及工业控制、监测设备及其运维管理的信息、站房环境数据采集及预警四个方面的内容；系统建设内容主要分为六个方面的功能模块管理，分别为运行状况、子站管理、运维管理、综合分析、质量保证、系统管理，结合自动站站点室内外安保摄像和城市影像设备，为开展质控工作、加强站点管理、规范运维行为等多个方面提供全面的支撑。

设备运维与质控相关表基于监测设备巡检、设备维修、设备自动质控等业务设计，充分考虑了逻辑结构与物理结构的合理性和灵活性，满足了子站管理、运维管理、综合分析、质量保证分析与管理。设备运维与质量控制关键 E-R 图如图3-16所示。设备运维与质控过程涉及的表主要有用户信息表、工单记录表（表3-7）、质控记录表（表3-8）、仪器信息表、运维记录表、站点监测数据表等。

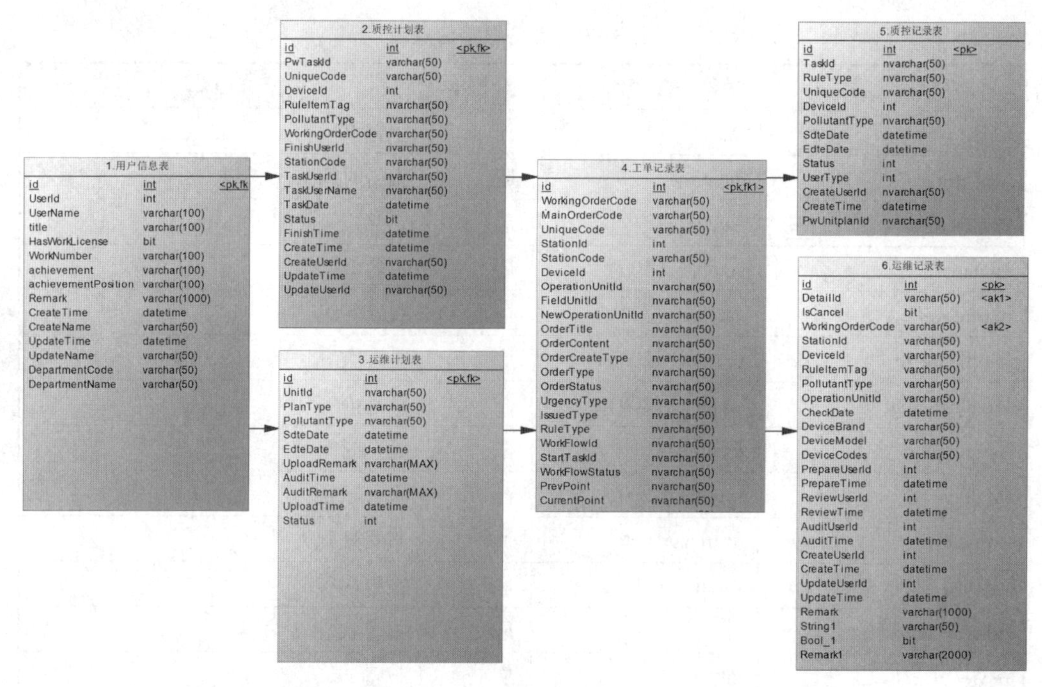

图 3－16　设备运维与质量控制关键 E－R 图

表 3－7　工单记录表

字段名称	数据类型	允许空	注释
id	int	否	主键 ID，标识符，自增长
WorkingOrderCode	varchar（50）	否	工单号
MainOrderCode	varchar（50）	是	主工单号
UniqueCode	varchar（50）	是	站点唯一编码
StationId	int	是	站点 id
StationCode	varchar（50）	否	站点编码
DeviceId	int	否	仪器 id
OperationUnitId	nvarchar（50）	否	运维单位 id
FieldUnitId	nvarchar（50）	否	现场单位 id
NewOperationUnitId	nvarchar（50）	是	新运维单位 id
OrderTitle	nvarchar（50）	是	工单标题
OrderContent	nvarchar（50）	是	工单内容
OrderCreateType	nvarchar（50）	是	创建类型
OrderType	nvarchar（50）	是	工单类型
OrderStatus	nvarchar（50）	是	工单状态
UrgencyType	nvarchar（50）	是	紧急程度
IssuedType	nvarchar（50）	是	下发类型
RuleType	nvarchar（50）	是	巡检频次

续表 3－7

字段名称	数据类型	允许空	注释
WorkFlowId	nvarchar（50）	是	流程 id
StartTaskId	nvarchar（50）	是	流程开始步骤
WorkFlowStatus	nvarchar（50）	是	节点状
PrevPoint	nvarchar（50）	是	上一个节点
CurrentPoint	nvarchar（50）	是	当前节点
NextPoint	nvarchar（50）	是	下一个节点
PrevUserId	int	是	上一个节点操作人
CurrentUserId	int	是	当前节点操作人
NextUserId	int	是	下一个节点操作人
IsMakeup	bit	是	是否补录
RepulseDetailId	bit	是	是否子单
IsPmSampling	bit	是	是否颗粒物手工比对采样
FinishTime	datetime	是	完成时间
CreateTime	datetime	是	创建时间
CreateUserId	int	是	创建人
CreateUserName	nvarchar（50）	是	创建人用户名
UpdateTime	datetime	是	修改时间
UpdateUserId	int	是	修改人
UpdateUserName	nvarchar（50）	是	修改人用户名

表 3－8　质控记录表

字段名称	数据类型	允许空	注释
id	int	否	主键 ID，标识符，自增长
TaskId	nvarchar（50）	否	计划 id
RuleType	nvarchar（50）	是	频次
UniqueCode	nvarchar（50）	是	站点编码
DeviceId	int	是	设备 id
PollutantType	nvarchar（50）	否	污染物类型
SdteDate	datetime	否	开始时间
EdteDate	datetime	否	结束时间
Status	int	否	计划状态
UserType	int	是	用户类型
CreateUserId	nvarchar（50）	是	创建人
CreateTime	datetime	是	创建时间
PwUnitplanId	nvarchar（50）	是	颗粒物计划

四、颗粒物与光化学组分

颗粒物与光化学组分数据相关表基于颗粒物物理特征、光学特征和化学特征进行设计，充分考虑了组分数据在逻辑结构与物理结构上的合理性和灵活性，满足了VOCs分析、臭氧分析、污染传输分析和遥感分析与展示。颗粒物与光化学组分相关数据表的E－R示意如图3－17所示。

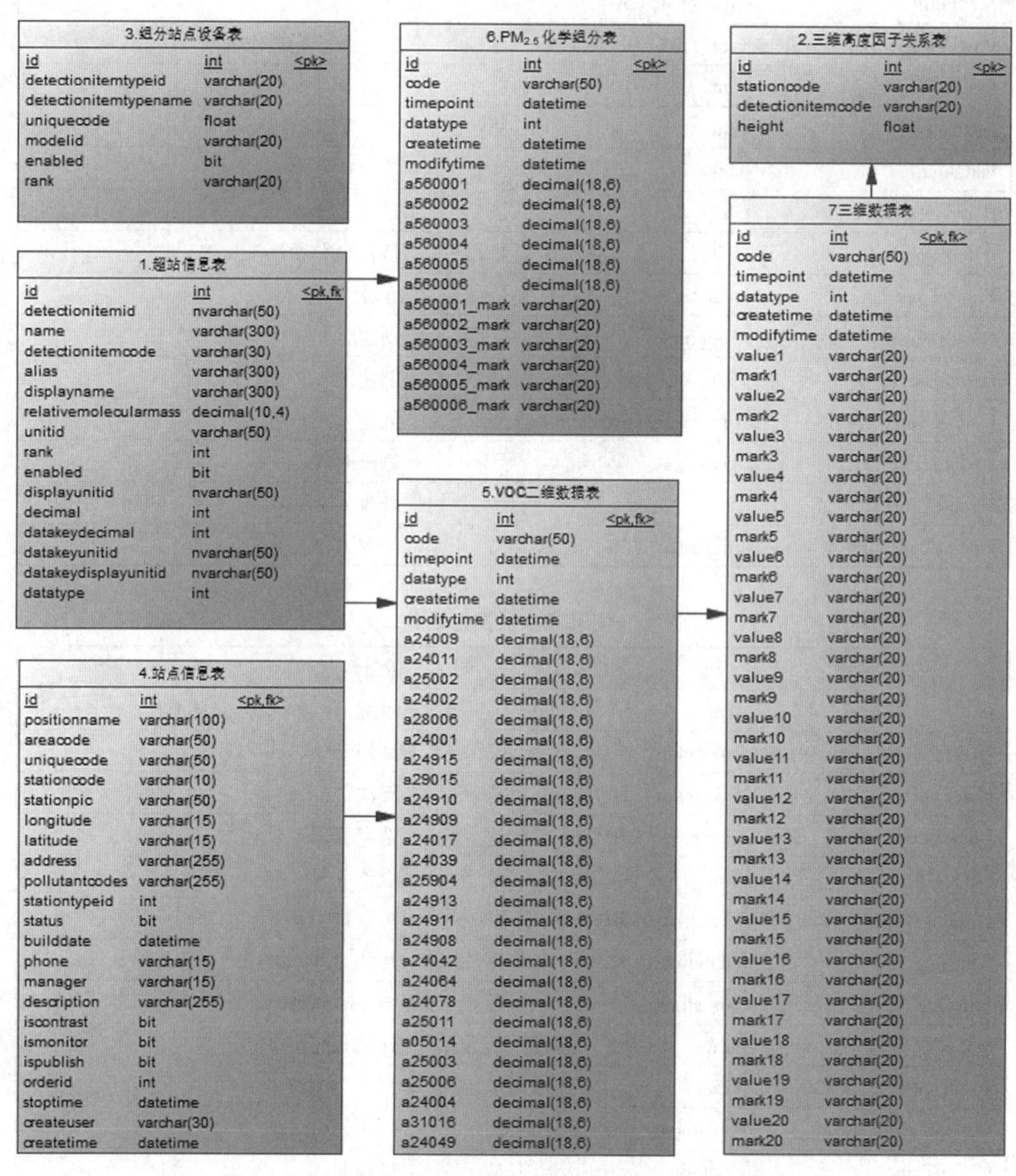

图3－17 颗粒物与光化学组分相关数据表的E－R示意

颗粒物与光化学组分数据表主要有超站因子信息表（表3－9）、三维高度因子关系表（表3－10）、组分站点设备表、$PM_{2.5}$化学组分表、VOC二维数据表（表3－11）、三维数据表（表3－12）等。

表3－9　超站因子信息表

字段名称	数据类型	允许空	注释
id	int	是	主键ID，标识符，自增长
detectionitemid	nvarchar（50）	否	因子guid
name	varchar（300）	否	因子名称
detectionitemcode	varchar（30）	是	因子编码
alias	varchar（300）	是	因子别名
displayname	varchar（300）	否	因子展示名称
relativemolecularmass	decimal（10，4）	否	—
unitid	varchar（50）	否	单位id
rank	int	否	排序
enabled	bit	否	是否启动
displayunitid	nvarchar（50）	否	展示单位id
decimal	int	否	保留位数
datakeydecimal	int	否	—
datakeyunitid	nvarchar（50）	否	—
datakeydisplayunitid	nvarchar（50）	否	—
datatype	int	是	类型

表3－10　三维高度因子关系表

字段名称	数据类型	允许空	注释
id	int	是	主键ID，标识符，自增长
stationcode	nvarchar（20）	否	站点编码
detectionitemcode	varchar（20）	是	因子编码
height	float	是	高度

表3－11　VOC二维数据表

字段名称	数据类型	允许空	注释
id	int	是	主键ID
code	varchar（50）	否	站点编码
timepoint	datetime	否	时间
datatype	int	是	数据类型

续表 3 - 11

字段名称	数据类型	允许空	注释
createtime	datetime	是	创建时间
modifytime	datetime	否	修改时间
a24009	decimal（18，6）	否	三溴甲烷
a24011	decimal（18，6）	否	2 - 甲基戊烷
a25002	decimal（18，6）	否	苯
a24002	decimal（18，6）	否	丙烷
a28006	decimal（18，6）	否	甲基叔丁基醚
a24001	decimal（18，6）	否	乙烷
a24915	decimal（18，6）	否	正十二烷
a29015	decimal（18，6）	否	甲基丙烯酸甲酯
a24910	decimal（18，6）	否	3 - 甲基己烷
a24909	decimal（18，6）	否	2，3 - 二甲基戊烷
a24017	decimal（18，6）	否	1，2 - 二氯乙烷
a24039	decimal（18，6）	否	正戊烷
a25904	decimal（18，6）	否	对 - 二乙基苯
a24913	decimal（18，6）	否	3 - 甲基庚烷
a24911	decimal（18，6）	否	2，3，4 - 三甲基戊烷
a24908	decimal（18，6）	否	2 - 甲基己烷
a24042	decimal（18，6）	否	正己烷
a24064	decimal（18，6）	否	反式 - 2 - 丁烯
a24078	decimal（18，6）	否	1，3 - 丁二烯
a25011	decimal（18，6）	否	1，2 - 二氯苯
a05014	decimal（18，6）	否	1，1，2，2 - 四氟 - 1，2 - 二氯乙烷
a25003	decimal（18，6）	否	甲苯
a25006	decimal（18，6）	否	邻二甲苯
a24004	decimal（18，6）	否	三氯甲烷
a31016	decimal（18，6）	否	丁烯醛
a24049	decimal（18，6）	否	三氯乙烯
a24077	decimal（18，6）	否	反式 - 2 - 戊烯
a24901	decimal（18，6）	否	2，2 - 二甲基丁烷
a24905	decimal（18，6）	否	1 - 己烯
a31030	decimal（18，6）	否	4 - 甲基 - 2 - 戊酮
a24003	decimal（18，6）	否	二氯甲烷

续表 3-11

字段名称	数据类型	允许空	注释
a24059	decimal（18，6）	否	1-丁烯
a31004	decimal（18，6）	否	丙烯醛
a24006	decimal（18，6）	否	二溴一氯甲烷
a24110	decimal（18，6）	否	反-1，2-二氯乙烯
a24005	decimal（18，6）	否	四氯化碳
a24063	decimal（18，6）	否	顺式-2-丁烯
a24068	decimal（18，6）	否	正癸烷
a24907	decimal（18，6）	否	甲基环戊烷
a24046	decimal（18，6）	否	氯乙烯
a24111	decimal（18，6）	否	顺-1，2-二氯乙烯
a31024	decimal（18，6）	否	丙酮
a30008	decimal（18，6）	否	异丙醇
a25901	decimal（18，6）	否	1-乙基-2-甲基苯
a25019	decimal（18，6）	否	1，2，4-三甲基苯
a25033	decimal（18，6）	否	正丙苯
a25020	decimal（18，6）	否	1，2，3-三甲基苯
a24058	decimal（18，6）	否	异丁烯
a25012	decimal（18，6）	否	1，3-二氯苯
a25068	decimal（18，6）	否	1-氯-甲基苄
a24053	decimal（18，6）	否	丙烯
a24904	decimal（18，6）	否	3-甲基戊烷
a25010	decimal（18，6）	否	氯苯
a24079	decimal（18，6）	否	乙炔
a25034	decimal（18，6）	否	异丙苯
a31018	decimal（18，6）	否	苯甲醛
a25059	decimal（18，6）	否	萘
a25004	decimal（18，6）	否	乙苯
a24050	decimal（18，6）	否	四氯乙烯
a24015	decimal（18，6）	否	氯乙烷
a24076	decimal（18，6）	否	顺式-2-戊烯
a31003	decimal（18，6）	否	丙醛
a24020	decimal（18，6）	否	1，1，2，2-四氯乙烷
a31010	decimal（18，6）	否	戊醛

续表 3－11

字段名称	数据类型	允许空	注释
a24070	decimal（18，6）	否	正辛烷
a24016	decimal（18，6）	否	1，1－二氯乙烷
a24018	decimal（18，6）	否	1，1，1－三氯乙烷
a24914	decimal（18，6）	否	正十一烷
a25903	decimal（18，6）	否	1，3－二乙基苯
a25008	decimal（18，6）	否	间/对－二甲苯
a31020	decimal（18，6）	否	3－甲基苯甲醛
a29026	decimal（18，6）	否	醋酸乙烯酯
a24027	decimal（18，6）	否	1，2－二氯丙烷
a24043	decimal（18，6）	否	正庚烷
a24038	decimal（18，6）	否	异丁烷
a24906	decimal（18，6）	否	2，4－二甲基戊烷
a05009	decimal（18，6）	否	二氟二氯甲烷
a24084	decimal（18，6）	否	甲基环己烷
a31027	decimal（18，6）	否	2－己酮
a24041	decimal（18，6）	否	异戊烷
a24916	decimal（18，6）	否	三氯一氟甲烷
a24036	decimal（18，6）	否	环己烷
a24019	decimal（18，6）	否	1，1，2－三氯乙烷
a31015	decimal（18，6）	否	异丁烯醛
a25014	decimal（18，6）	否	对－乙基甲苯
a24061	decimal（18，6）	否	异戊二烯
a24008	decimal（18，6）	否	溴甲烷
a31001	decimal（18，6）	否	甲醛
a05013	decimal（18，6）	否	1，1，2－三氯－1，2，2－三氟乙烷
a24044	decimal（18，6）	否	正壬烷
a31002	decimal（18，6）	否	乙醛
a24074	decimal（18，6）	否	1－戊烯
a25015	decimal（18，6）	否	1，2，4－三氯苯
a24037	decimal（18，6）	否	正丁烷
a31005	decimal（18，6）	否	正丁醛
a31009	decimal（18，6）	否	己醛
a25902	decimal（18，6）	否	1－乙基－3－甲基苯

续表 3－11

字段名称	数据类型	允许空	注释
a24034	decimal（18，6）	否	1，2－二溴乙烷
a24007	decimal（18，6）	否	一溴二氯甲烷
a24012	decimal（18，6）	否	2，2，4－三甲基戊烷
a29017	decimal（18，6）	否	乙酸乙酯
a24113	decimal（18，6）	否	六氯丁二烯
a99051	decimal（18，6）	否	二硫化碳
a25021	decimal（18，6）	否	1，3，5－三甲基苯
a24912	decimal（18，6）	否	2－甲基庚烷
a24045	decimal（18，6）	否	乙烯
a25013	decimal（18，6）	否	1，4－二氯苯
a25038	decimal（18，6）	否	苯乙烯
a31025	decimal（18，6）	否	2－丁酮
a24902	decimal（18，6）	否	环戊烷
a24099	decimal（18，6）	否	一氯甲烷
a24047	decimal（18，6）	否	1，1－二氯乙烯
a25072	decimal（18，6）	否	四氢呋喃
a24072	decimal（18，6）	否	1，4 二氧六环
a24054	decimal（18，6）	否	顺式－1，3－二氯丙烯
a24112	decimal（18，6）	否	反式 1，3 二氯丙烯
a24903	decimal（18，6）	否	2，3－二甲基丁烷

表 3－12 三维数据表

字段名称	数据类型	允许空	注释
id	int	是	主键 ID
code	varchar（50）	否	站点编码
timepoint	datetime	否	时间
datatype	int	是	数据类型
createtime	datetime	是	创建时间
modifytime	datetime	否	修改时间
value1	varchar（20）	否	值
mark1	varchar（20）	否	标识

第八节　标准化资源目录

为管理多方、异构的多种来源、多种形式、不同质量的数据资源，实现跨部门、跨业务线、跨应用域的数据集成和协同，需要统一规范化数据资源定义、提供一致的元数据描述标准，构建并维护标准化、结构化，可管理、可维护、可扩充的数据清单和资源目录，作为数据应用和运营的标准规范和基础设施底座。图 3 – 18 为标准化数据资源管理的总体框架。

中间件的资源目录及基础设施可实现快速高效的数据资源发布和发现，基于数据资源清单目录的分布式分发同步机制，提供安全的数据和资源交换及共享机制，实现访问地址、认证参数、内容扩展、属性变更等自动跟踪和应用，并在主资源地址不可访问时，访问后备地址，提高应用的可用性。另外，可以在此基础上构建数据资源可用性检查和故障通知及审计评估，数据可抽取存储并作为后备数据源等子服务。后续其他系统也可在此基础规范上，实现自动化数据和报表展示，减少定制开发工作量，避免后续数据变更时需要人工维护或二次开发，或者衍生快速报表开发、智能报告生成、数据挖掘、算法训练等数据服务应用。

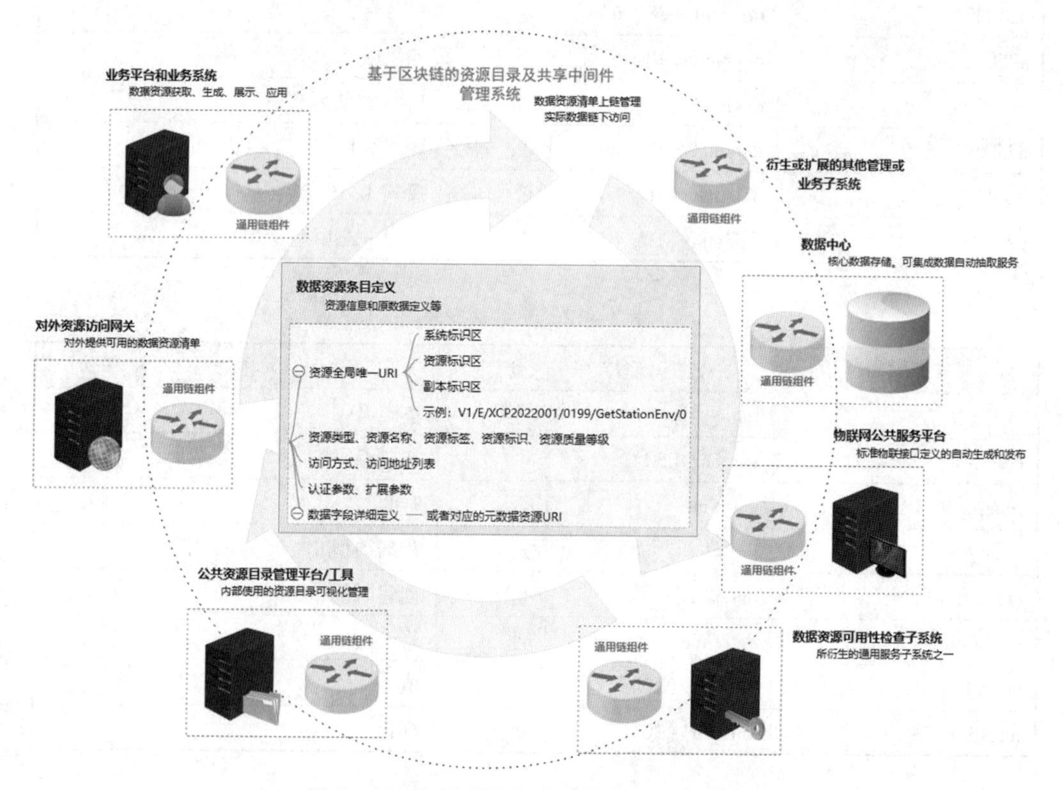

图 3 – 18　标准化数据资源管理的总体框架

资源目录及其基础设施为大气污染防控综合指挥中心提供基础的数据资源目录服务。基于公司自有区块链技术的资源链将是资源目录的最终载体。

资源目录相关服务的调用如图 3－19 所示，即基于接口抽象及依赖导则的原则和工具，实现后续不同服务载体的无缝切换衔接。

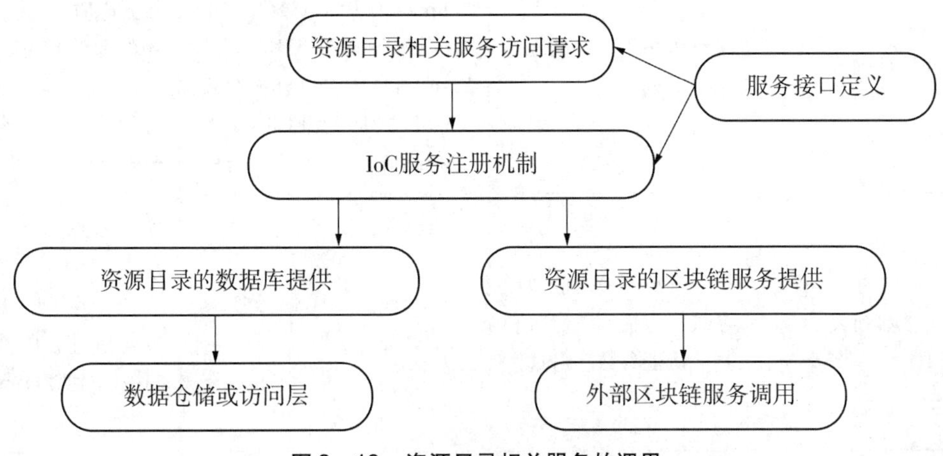

图 3－19　资源目录相关服务的调用

一、资源目录

用于对数据资源的标准化定义和管理，规范数据管理，梳理资源清单，并逐步构建信息化管理工具和平台。数据资源条目构成如表 3－13 所示。

表 3－13　数据资源条目构成

字段名称	描述	示例	备注
资源全局唯一 URI	资源的标识	V1/E/XCP2022001/0199/GetStationEnv/0	
资源类型	资源的类型	MYSQL	
资源名称	资源的友好显示名称	联网公共基础服务平台站点动环数据	
资源标签	用于检索	["RUC": "AQData", "DIT": "Original"]	内置标签如：资源应用类别，数据发布类型等
资源标识	64 位按位可扩展	1（资源已作废）	
资源质量等级	发布时的资源参考质量：为 0 时质量最高；为 10 时质量最低	5	0～10

续表3-13

字段名称	描述	示例	备注
访问方式	访问资源的方法	WebAPI	
访问地址列表	所有可用于访问的地址组成的列表	[{"UrlType": "Intranet", "Url": " http://10.10.2.123/", " EnMethod": "None"},{"UrlType": "Internet", "Url": "http://39.108.82.230/", " EnMethod": "Default"}]	其中地址类型为数据库时，Url为数据库连接字符串；Url可协商进行加密，提供额外安全性
认证参数列表	访问资源时使用的认证参数，包括预置参数和其他认证参数。可选	["UserName": "User", "Password": "123"]	预置参数：认证方式、用户名、密码、令牌、IP限制地址、IP限制掩码、HTTP请求类型等
扩展参数列表	其他资源条目所特有的可扩展参数。可选	[" Suffix": " . PSD", " Wildcard": "File *. psd"]	内置扩展参数包括：后缀名，用于本标准未定义的标准格式文件，指定其文件格式；通配符，用于资源目录（指定特定名称或后缀文件等）；表格名
数据字段列表	数据资源包括的字段、字段类型属性等元数据定义。可选，用于自动采集配置、快速报表开发等	—	对于数据库表、XML、Grpc等结构化数据或接口，可通过数据表定义XML或DTD等由程序自动获取生成
数据字段定义文件URI	数据字段的定义在单独作为资源条目的文件中定义，即位于资源目录中可检索获取到的XML、DTD、ProtoBuf等	—	同时存在“数据字段列表”时，以“数据字段列表”的定义为准

二、资源可用性记录

资源可用性子系统定时检查并发布可用性检查结果，可进行报警或供其他资源使用方得知资源现状，以决定资源的访问或使用策略。资源可用性记录条目构成如表3－14所示，资源可用性明细如表3－15所示。

表3－14　资源可用性记录条目构成

名称	代码	字段类型	必选/可选	备注
检查者	Checker	String	必选	—
检查开始时间	CheckStartTime	String	必选	UTC时间，格式：yyyy-MM-dd HH：mm：ss
检查结束时间	CheckEndTime	String	必选	
记录明细	Dtls	记录明细类	必选	—
记录明细．检查时间	CheckTime	String	必选	UTC时间，格式：yyyy-MM-dd HH：mm：ss
记录明细．资源URI	ResourceUri	String	必选	完整路径或带通配符 * 的路径
记录明细．可用性	AccessibilityState	可用性枚举	必选	具体定义见表3－15
记录明细．备注	Remark	String	可选	可用性的其他详情说明信息

表3－15　资源可用性明细

名称	枚举名	枚举值	备注
Unknown	未知	0	—
Normal	可访问	0x1	—
InWarning	出现报警	0x2	—
InError	出现异常	0x4	—
NotAccessible	不可访问	0x10	—

三、节点子系统标识

作为资源全局唯一URI中的子系统标识区，其在资源目录系统进行注册管理，保障唯一性，并作为可检索的数据上链。相关资源进行发布前，必须先行或同时将所属的子系统标识上链，在上链应用检查过程中，也应确保资源条目的相应节点子系统标识已完成共识并正确上链。节点子系统标识条目字段构成如表3－16所示。

表 3-16　节点子系统标识条目字段构成

名称	代码	字段类型	必选/可选	备注
全局唯一 URI	SubSystemUri	String	必选	标识全局唯一 URI
节点子系统名称	SubSystemName	String	可选	—

四、链上元数据

链上元数据是作为链上数据进行共识分发应用的用户组信息、用户信息、权限信息等元数据。安全相关的元数据自身上链，由区块链本身的共识机制和智能合约，确保权限认证的自治、安全、可靠。结合调用管道传输加密，可基于数字证书的身份验证和权限验证，确保资源目录访问和数据资源共享安全。

使用用户组对资源链的所有数据访问（包括资料目录、可访问记录等内容数据，也包括用户组、用户、角色、权限等元数据本身）进行权限认证，同时用户组权限也包括用户组所包含角色的权限。创世区块将包含必要的初始用户组，新增的用户组及其访问权限由发布者定义。用户组元数据构成如表 3-17 所示。

表 3-17　用户组元数据构成

名称	代码	字段类型	必选/可选	备注
用户组 ID	GroupId	Interger	必选	自增长
用户组标识	GroupIndentity	String	必选	全局唯一
用户组名称	GroupName	String	必选	—
角色 ID 拼串	RoleIds	String	可选	所属角色的 ID 使用全角逗号拼接

使用用户对资源链的所有数据访问（包括资料目录、可访问记录等内容数据，也包括用户组、用户、权限等元数据本身）进行身份和权限认证，用户隶属于某个用户组，同时用户权限也包括用户所属用户组及用户包含角色的权限。创世区块将包含必要的初始用户，新增的用户及其访问权限由发布者定义。用户元数据构成如表 3-18 所示。

表 3-18　用户元数据构成

名称	代码	字段类型	必选/可选	备注
用户组 ID	GroupId	Interger	必选	所属用户组
用户 ID	UserId	Interger	必选	自增长
用户标识	UserIndentity	String	必选	对密钥公钥进行双重 SHA256，注册时验证唯一

续表 3-18

名称	代码	字段类型	必选/可选	备注
用户名称	UserName	String	必选	—
角色 ID 拼串	RoleIds	String	可选	所属角色的 ID 使用全角逗号拼接
所属机构	Organization	String	可选	—
用户密钥公钥	PublicKey	String	必选	用于报文解密验签和身份验证

角色主要用于定义权限集合，角色可绑定到用户组或者用户，用于快速地按角色分配及组合权限。每个用户组或用户可以绑定多个角色，相应角色的权限发生变更后，即应用到绑定此角色的所有用户组和用户。角色元数据构成如表 3-19 所示。

表 3-19　角色元数据构成

名称	代码	字段类型	必选/可选	备注
角色 ID	GroupId	Interger	必选	自增长
角色标识	GroupIndentity	String	必选	全局唯一
角色名称	GroupName	String	必选	—

第四章　关键技术

第一节　区　块　链

一、概念

中华人民共和国工业和信息化部发布的《中国区块链技术和应用发展白皮书（2016）》中认为区块链是分布式数据存储、点对点传输、共识机制、加密算法等计算机技术在互联网时代的新型应用模式。区块链将携带加密数据的区块按照时间顺序进行叠加生成永久、不可逆向修改的记录链条，并对区块数据进行多副本的分布式存储；每个区块数据可以分为区块头和区块主体两部分，区块头储存前一个区块的时间戳等信息用于区块链的叠加，区块主体则是储存该区块的加密信息（章刘成等，2018）。

区块链的特点是去中心化、开放性、独立性、安全性、匿名性和不可篡改性（王元地等，2018）。区块链的去中心化的意义在于数据分布存储于每个参与者的数据库中，每个参与者均可参与记录、共同维护数据库，节约了大量中间成本。开放性，指数据库的内容对所有参与者公开，所有参与者都可通过公开接口查询到历史数据机理，保证信息的高度透明。独立性，即不需要第三方或人为的干预，而是采用对共识机制的认同完成区块链中的信任过程。安全性表现在区块链运用多种密码学技术对数据进行加密。匿名性，即参与者在信息传递的过程中无须公开身份，保护了参与者的隐私与安全。不可篡改性由时间戳和共识算法共同维护，保证数据的完整性、可追溯性以及不被外部篡改。

区块链经历了 3 个阶段，区块链 1.0 主要用于电子货币实现了可编程货币，区块链 2.0 加入了智能合约实现了可编程金融系统，区块链 3.0 实现了可编程社会（耿博耘等，2021）。目前，区块链 3.0 有六层技术结构（图 4－1），分别是应用层、合约层、激励层、共识层、网络层和数据层（王元地等，2018；袁勇、王飞跃，2016）。数据层在区块链的最底层，使用包含数据区块、链式结构、时间戳、哈希函数、Merkle 树、非对称加密算法等技术保障区块链数据的完整性和安全性。网络层包括网络的拓扑结构（P2P 网络）、传播机制、验证机制等内容，决定了分布式的通信模式。共识层包括网络节点之间的共识机制，其作用是决定新区块的产生规则和记账人的选取规则，如工作量证明机制（proof of work，PoW）、权益证明机制（proof of stake，PoS）、股份授权证明机制（delegated proof of stake，DPoS）、实用拜占庭容错算法（practical Byzantine fault tolerance，PBFT）等。激励层包括经济激励的发行机制和分配机制等，目的是激励参与者提供算力，但不是必须。合约层包括脚本代码、算法机制、智能合约等，决定了区块链上的运维规则、交易规则。应用层是区块链在各行业中的应用场景，如可编程货币、可编程金融、可编程社会等。

图4－1　区块链3.0的层次结构（王元地等，2018）

随着时间的推移，区块链技术被应用于更加多样化的领域。区块链的去中心化、开放性、独立性、安全性、匿名性和不可篡改性等特点，使其在环境监测领域有着极大的契合性。此外，国家在政策上大力支持区块链技术在环境监测中的应用。中华人民共和国生态环境部编制的《关于推进生态环境监测体系与监测能力现代化的若干意见（征求意见稿）》中提出需要推动区块链等高新技术在监测监控业务中的应用，促进智慧监测的发展。

目前在环境监测领域，监测数据的安全无法保障。首先，监测数据在本地存储、传输和上报的过程中，数据平台存储的各环节均可能被截获或篡改。其次，数据容灾能力不足。数据采集仪器在本地存储的监测数据损坏或者丢失之后无法重新找回。最后，监测过程缺乏完善监控机制。当数据采集的运行环境出现风险或者仪器的关键参数出现变化时，无法及时采取行动。因此，急需将区块链技术应用在监测领域以解决上述问题，实现对自动监测站的监测数据、仪器参数、环境工况、设备质控、非法访问、异常操作等全方位的数据监控与数据信息上链，保障数据端到端全流程的采集安全、传输安全、存储安全、共享安全。

二、区块链的技术原理

（一）对等网络

对等（peer to peer，P2P）网络是指在同一个网络中每台计算机以扁平的拓扑结构相互连通，每个网络节点有相同的网络权力共同提供网络服务，节点上的每一个用户都同时具备客户端和服务器的功能（王学龙、张璟，2010）。分布式的网状结构为P2P提供了最大的容忍性、动态适应性，使其具有高度结构化、高可扩展性、高可用性的优势，克服了集中式网络中的传输瓶颈以及单一节点失效引起的网络瘫痪问题。

P2P网络是区块链技术达到去中心化、分布式记录与存储的核心技术支撑和网络基础。根据网络结构的不同，P2P网络可以分为中心化P2P网络、全分布式非结构化P2P网络、全分布式结构化P2P网络、半分布式P2P网络（武岳、李军祥，2019）。中心化P2P网络中有一个“中心服务器”用于保存P2P网络节点的地址信息，每个节点向中心服务器索要待通信节点的地址信息。全分布式非结构化P2P网络中每个节点实现了真正的分布式连接，没有中心服务器对节点地址进行管理，网络结构图随节点的变化而变化。缺点是随着节点数量的增加，新节点无法得知P2P网络的位置而无法加入网络。全分布式结构化P2P网络在全分布式非结构化P2P网络模型的基础上采用分布式哈希表将不同节点地址规范为标准长度数据对节点地址进行统一管理，因此具有固定的网络结构图。半分布式P2P网络引入通过分布式连接的超级节点作为“中心服务器”维护网络节点地址，进行文件索引工作，充分结合了中心化和分布式模型的优点。

平台基于半分布式P2P网络结构，引入P2P地址服务器作为超级节点提供地址检索服务，集成STUN（NAT的UDP简单穿越）服务用于各个子站节点进行NAT（network address translation，网络地址转换）穿透。STUN服务主要用于获取节点的网络状况，其原理如图4-2所示。节点初始化时，自动发现并连接默认的超级节点，并包含新超级节点的加入及发现机制。超级节点在整个网络初始化并正常运转后，不再是必需的，整个网络可以在没有超级节点或服务器的情况下正常运作。

（二）分布式账本

分布式账本是一种在网络成员之间共享、复制和同步的数据库，主要记录网络参与者之间的交易，相当于一种共享账本。与传统的账本相比，分布式账本解决了因不同账本记录内容差异而导致的对账调账问题。在区块链技术中，由于没有中心服务器作为数据库，因此数据信息会在每个网络节点中备份。当每个节点都达成共识协议时，就会在每个节点中一起追加一份新的数据，同时已有的数据不能删除，最终导致数据总量越来越多，极大地考验节点的信息存储能力。

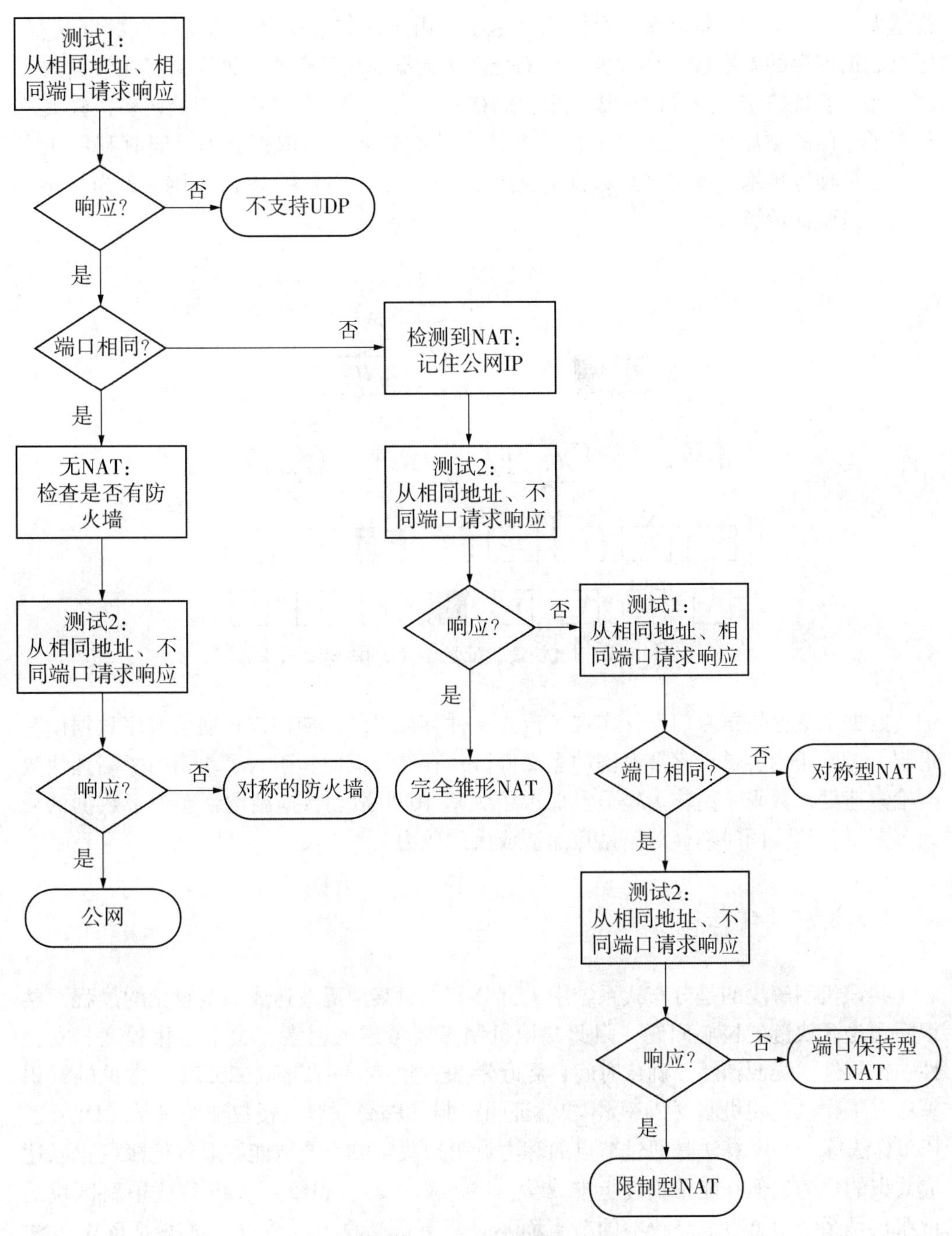

图4-2　STUN原理示意图

在物联网与智能化管理平台中，分布式存储技术方案要解决的难点在于节点监测数据的快速增长和节点数据采集仪器的软件、硬件资源的不平衡问题。可通过设计专门的存储格式规范和存储检索机制，实现监测数据的分布式存储。一方面，在各个网络节点仅保存包括 Merkle 树根的区块头数据，以支持快速的链验证。根据网络规模大小，即子站节点数，动态调整单个节点的区块内容对监测数据的存储比例。网络规模越大，产生的数据量越多，存储比例越小。由于参与数据存储的总节点数也变多，区块数据保存的副本数不会减少，并不会影响数据对比验证或数据恢复。在数据的存储方面，实现按字节对齐的区块数据存储格式，大大提高了数据的存储效率，极大地压缩了存储的磁盘空间。另一方面，支持高效的签名和加解密处理，同时利用块索引、哈希桶等技术，实现区块数据的文件流快递定位和高速读写。图 4 -3 为 Merkle 树及快速验证示意。

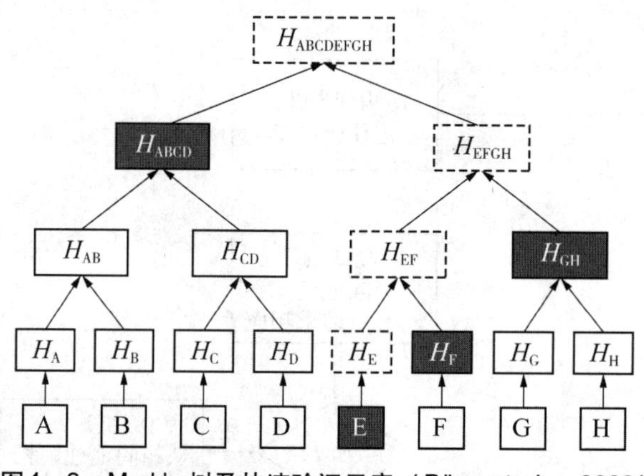

图4 -3　Merkle 树及快速验证示意（Bünz et al.，2020）

数据采集区块链专门设计实现了流式文件存储系统，使用仅扩展的时序数据读写机制，对区块内容进行字节对齐的多文件分片存储。同时，引入了块索引机制加快数据检索速度。数采子站作为轻节点保存了大概 10 个站点数据副本，实现了数据的异地多副本存储，同时不会对子站存储造成大的压力。

（三）共识算法

共识机制解决的是分布式系统中大部分节点对某个提案达成一致意见的过程。共识问题是区块链的核心问题，因此共识机制需要考虑的因素有去中心化程度、安全性、扩展性、资源消耗、确认时间、吞吐量和一致性（王启河，2022）。常见的共识算法有工作量证明机制（PoW）、权益证明机制（PoS）、股份授权证明机制（DPoS）、Raft 算法等。PoW 算法是通过节点的算力竞争来决定哪个节点能够取得记账权，以达成共识的目的，但在能量消耗上非常大（Garay et al.，2015）。PoS 算法中新区块的记账权是系统中具有最高权益的节点而不是具有最高算力的节点，解决了 PoW 算法资源浪费的问题（King and Nadal，2012）。DPoS 算法类似董事会决策过程，节点通过投票选出票数前 101 的节点进入董事会，董事会按照既定的时间表轮流获得新区块的记账权（Larimer，2014）。Raft 算法的本质是日志同步型算法，是工程上使用较为广泛的强一致性、去中心化、高可用的分布式协议（Ongaro and Ousterhout，2014）。图 4 -4 为 Raft 共识算法的状态转换原理，任何适合 Raft 算法的节点都处于领导者、跟随者和候选者 3 个状态中。Raft 算法中只有一个节点成为领导人，而其他的节点都是跟随者。作为领导人的节点负责处理所有客户端的请求，跟随者则被动地响应来自领导者或者候选人的请求。当跟随者接收不到消息时，就会变成候选人参与选举新领导人。

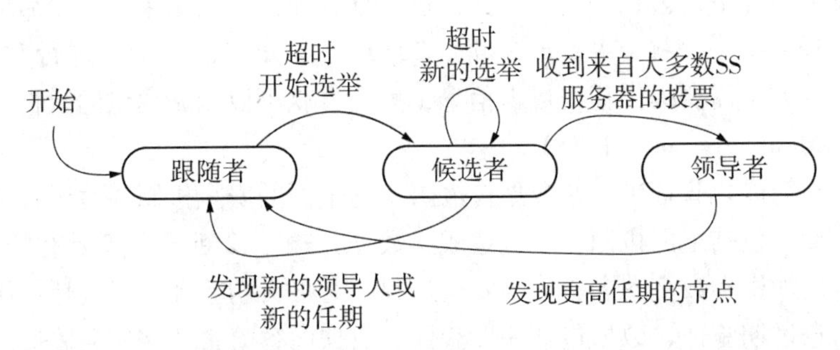

图4-4 Raft 共识算法的状态转换原理（Ongaro and Ousterhout，2014）

在物联网与智能化管理平台中，提案就是对各个子站节点监测数据的打包，需要达成的共识就是各子站对全部打包进区块链的数据的准确性和及时性都完全确定认可，同时保证已确认的数据不可推翻。为契合环境监测网络的实际情况和业务需求，设计实现了安全、快速、高效、稳定的共识算法。该共识算法是基于经典的分布式系统 Raft 算法的一种优化和改良，主要完善的内容有：

（1）允许参与的节点随时加入或退出，共识网络可弹性扩展收缩。

（2）添加验证过程一票否决机制，不允许区块链打包进存疑数据。

（3）完善打包节点的选举投票规则，针对其最近的区块打包质量进行反馈并决定是否投票。

（4）针对 P2P 网络和监测数据包特点优化数据日志同步机制。

（四）安全加密

区块链实现中大量使用了密码学和安全技术的最新成果，包括非对称加密算法、数字签名、同态加密和零知识证明等密码安全相关技术，用于设计实现区块链的机密性、完整性、可认证性和不可抵赖性。

非对称加密算法是使用相互适配但相互独立的一对公钥与私钥对数据进行上锁和解锁，原文通过公钥加密成密文，密文通过私钥解密成明文（耿博耘等，2021）。不对称的加密算法在区块链中主要应用于数字签名和身份验证，具有代表性的加密算法有 RSA 算法、DSA 算法、哈希算法等。

数字签名是对手写签名的一种电子实现，指签名者对消息进行处理，生成别人无法伪造的一段数字串，是签名者发送消息真实性的有效证明（Zhang，2011）。在区块链各节点以求达成共识的过程中，需要节点对接收的文件进行确认，目的是确认数据的正确性，保证数据的不可伪造、不可篡改。使用非对称加密算法进行数字签名时，公钥用于数字签名的验证，私钥用于数字签名的生成。由于信息不能过长，通常会利用哈希函数将不同长度的信息映射到规范的长度，然后对信息的哈希值进行数字签名。

将同态加密技术和零知识证明均用于对参与者隐私的保护中。同态加密技术可以在未知私钥的情况下对公钥加密后的数据进行计算而保证其结果与解密后的数据进行同样运算过程的结果一样（Wang et al.，2020）。零知识证明指在进行数据传递时，提供数据的一方不需要提供任何可靠信息，另一方就可以判断提供的数据的正确性和有效性（Goldwasser et al.，1985）。

物联网与智能化管理平台在数据传输层实施全面的安全机制。对于各节点间的数据交换和传输，包括组网机制、共识达成、数据传输、诊断日志等所有的传输报文，都将执行数据加密和数字签名验证等安全过程。对报文的验证项目包括：接入用户身份验证、消息过期验证、数据包唯一性验证、数据内容哈希数字签名验证。另外，使用非对称加密算法对传输报文实行全报文加密，在实现数据来源可验证的同时避免非法获取和篡改。对于每一个区块数据，在区块头部使用两次 SHA－256 的数字摘要算法进行数字签名，同时使用非对称加密技术对区块主体数据的监测数据值进行数据加密。并参考比特币的简单支付验证技术，使用结合 SHA－256 数字摘要算法和 Merkle 树的方法，实现区块链全链的快速验证。

（五）监控诊断

区块链和 P2P 网络均带有自监控和诊断机制，可获取网络变化、节点失效、资源消耗等情况，并进行自动弹性适配。P2P 网络中的节点通过定时交换节点信息诊断包，获取其他节点乃至整个 P2P 网络的运行参数和状况，并进行异常诊断和通信参数的自适应调整，实现网络运行的稳定高效。

在物联网与智能化管理平台中，可视化的诊断和监控管理界面可随时监控诊断网络节点和传输等各方面情况，并在必要时进行干预调整。监控并展示涉及的 P2P 网络、Raft 共识、链数据、节点存储等各子系统的运行状况和实时数据，典型的内容包括节点网络类型、连接网络拓扑、Raft 角色、节点内容存储、区块详细信息等。

三、区块链在平台中的应用

（一）数采区块链的实现

为满足环境监测领域对数据安全性、可验证性、可恢复性的要求，大气环境监测物联网与智能化管理平台建立了数采区块链。数采区块链将数据采集与质控仪（数据源）设置为区块链节点，一方面保护数据的加解密和验证等过程杜绝数据被外部截取或篡改，另一方面消除了通过外部接口与区块链进行交互的过程。当数采区块链参与共识的验证节点越多，区块链的运行就越安全和稳固；当数据存储的副本越多、分布越广泛，数据也将更安全。

数采区块链达到了技术安全、轻量高效、低硬件成本和可视化展示的效果。技术安全即不使用第三方平台自主研发数采区块链作为独立私链或联盟链包含节点准入机制、安全可控，没有后门和黑箱风险。轻量高效即针对环境监测行业和实际采集环境进行量身设计和实现，确保区块链接入极低的平台要求和极低的资源消耗，实现各个子站节点均实际参与到共识验证和数据安全体系中。低硬件成本即无须额外硬件投入，而是将区块链作为数据采集与质控联动系统模块。可视化展示即数据采集与质控联动系统模块提供可视化的诊断和监控管理界面，可用于查看诊断网络节点和传输等各方面情况，随时监控区块链网络状况并在必要时进行调整。监控展示涉及点对点网络、共识机制、链数据、节点存储等各子平台的运行状况和实时数据等。信息可在加入区块链的任意节点查看（包括子站端、平台端等），既包含整个区块链网络运作的网络状况、状态信息、交互过程、统计诊断等，也包含自身节点的内容存储、区块明细等。

数据采集与质控联动系统集成区块链后主要有以下三个方面的应用：

（1）全程加密上链。从数据来源处开始对监测数据进行签名加密，保证数据来源、传输、存储的可靠、可信、可验证，避免服务器数据库的数据在被人为误改或篡改的情况下，数据难以验证或恢复。结合数据实时监控，在监测到数据异常后进行报警，及时发现数据非法篡改。利用区块链实现各区块链跨链数据交换，可以保障在授权安全及加密的环境下实现自动的数据交换共享。

（2）数据自动恢复。区块链中各节点均保存有数据副本，且各个站点分散各地，实际上数据实现了多冗余副本的分布式存储，在中心服务器或子站本身数据损坏、误删等情况下，数据均可以安全恢复，且恢复的数据经由链校验及各节点副本相互验证确保数据正确无误。

（3）所有操作留痕。数采仪添加了对仪器关键参数变化的实时监控，变化时自动生成变更记录并提交到区块链，生成准确、不可篡改、不可抵赖的变更记录，实现仪器关键参数变更的实时预警和事后确认追责。实时监控数据采集的运行环境、监视异常的用户和软件操作，通过操作留痕对数据的非法访问或者使用提供安全预警并保留证据，例如U盘等USB存储设备插入、数据库被用户或其他软件打开以及工控机远程桌面、TV等远程工具被启用。相关记录数据上链，不可篡改、不可抵赖。

（二）区块链层次结构

目前，系统中区块链六层技术结构如图4－5所示，分别是区块链、存储层、传输层、共识层、应用层和可视化。

图4-5　平台区块链层次结构

（三）区块链功能实现

1. 区块链一张图

大气环境监测物联网与智能化管理平台中用一张图显示区块链最全的信息（图4-6），主要包括3个模块。

第一个模块包含：运行节点总数、区块高度、累计上链数据总数、本年上链数据总数及本月上链数据总数。

第二个模块包含：节点（站点地图），点击节点后会出现该节点的区块详情。状态正常的节点显示为绿色，异常的节点显示为红色，未运行节点显示为灰色。节点间相链关系也会在图中展示。运行正常的站点弹框显示近七天数据上链情况，点击查看详情会进入到该站点的节点数据详情页面。报警中的站点弹框显示报警情况，点击查看详情会进入该站点的安全监控页面。未运行站点无弹窗。

第三个模块包含：近一个月数据上链趋势、异常类型统计及异常记录。点击近一个月数据上链趋势小模块的查看详情会进入节点数据详情页面；点击异常类型统计小模块的查看详情会进入数据安全监控详情页面（图4-7）；点击异常记录小模块的查看详情会进入安全监控记录页面，异常记录可以切换标签页来筛选查看紧急、一般、正常级别的记录。

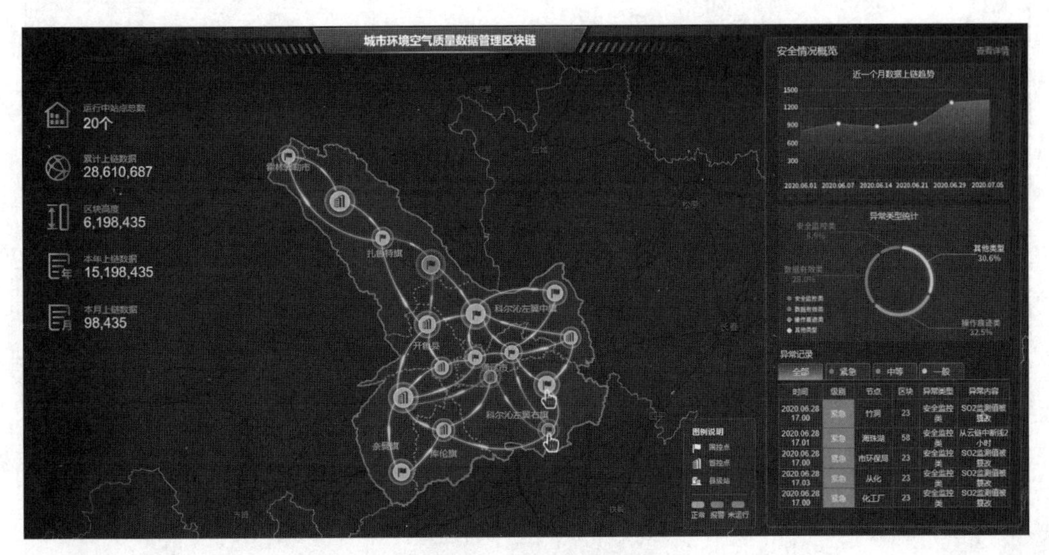

图 4 –6　节点地图示意

站点：　更新时间：2020-09-04　异常级别：全部　监控类型：全部　状态：全部　查询

告警时间	站点	监控类型	监控子类	告警内容	异常级别	当前状态	更新时间
2020-09-04 16:16:32	广东测试站	动环监控报警类	总管静压突变	总管静压突变	中等	已恢复	2020-09-04 16:16:32
2020-09-04 16:14:32	广东测试站	运行状况类	自动更新访问失败	自动更新访问失败	中等	已恢复	2020-09-04 16:25:42
2020-09-04 16:12:50	广东测试站	运行状况类	数据库读写监测到错误	执行数据库语句时遇到错误	中等	已恢复	2020-09-04 16:12:50
2020-09-04 15:12:50	广东测试站	运行状况类	数据库读写监测到错误	执行数据库语句时遇到错误	中等	已恢复	2020-09-04 15:12:50
2020-09-04 15:07:26	广东测试站	运行状况类	数据量发表堆积	【数据量发表堆积】数值：52185 项	中等	报警中	2020-09-04 16:14:36
2020-09-04 15:07:18	广东测试站	系统资源类	数据库有效IO占用	【数据库有效IO占用】数值：3859	中等	已恢复	2020-09-04 15:18:28
2020-09-04 14:26:00	广东测试站	数据有效类	O3污染物浓度值突变	O3污染物浓度值突变	紧急	已恢复	2020-09-04 14:26:00
2020-09-04 14:19:12	广东测试站	数据有效类	O3仪器状态异常	O3仪器状态异常	紧急	已恢复	2020-09-04 14:24:22
2020-09-04 14:12:50	广东测试站	运行状况类	数据库读写监测到错误	执行数据库语句时遇到错误	中等	已恢复	2020-09-04 14:12:50
2020-09-04 14:03:02	广东测试站	动环监控报警类	总管静压突变	总管静压突变	中等	已恢复	2020-09-04 14:03:02

图 4 –7　安全监控记录示意

2. 数据上链与备份

平台提供站点数据区块上链情况的图表可视化查看功能（图 4 –8），可以查看活动站点数、链内站点总数、上链数据总数、站点区块总数、最多副本数、历史并发峰值；可以查看最近 24 小时数据上链数量；可以查看最新区块与历史区块并查看区块详情。最新区块与历史区块包含的内容有：区块编号、时间、备份副本量、打包日期、区块获取密钥（哈希值）、数据状态及操作。

历史区块标签页包括条件选择：日期、数据类型（全部区块和数据区块）、查询按钮。区块详情弹框中包含区块编号、站点、最新时间戳、数据类型、数据值、监测项、数据单位及数据标识。

3. 数据安全监控

平台提供对安全监控类、数据有效类和操作痕迹类等数据监控防护过程的查看。安全监控类包括对各种远程控制软件和数据检测值的监控，提供如何对数据检测值进行校验保护的演示场景；数据有效类包括对 SO_2、CO、O_3、NO、$PM_{2.5}$、PM_{10} 监测设

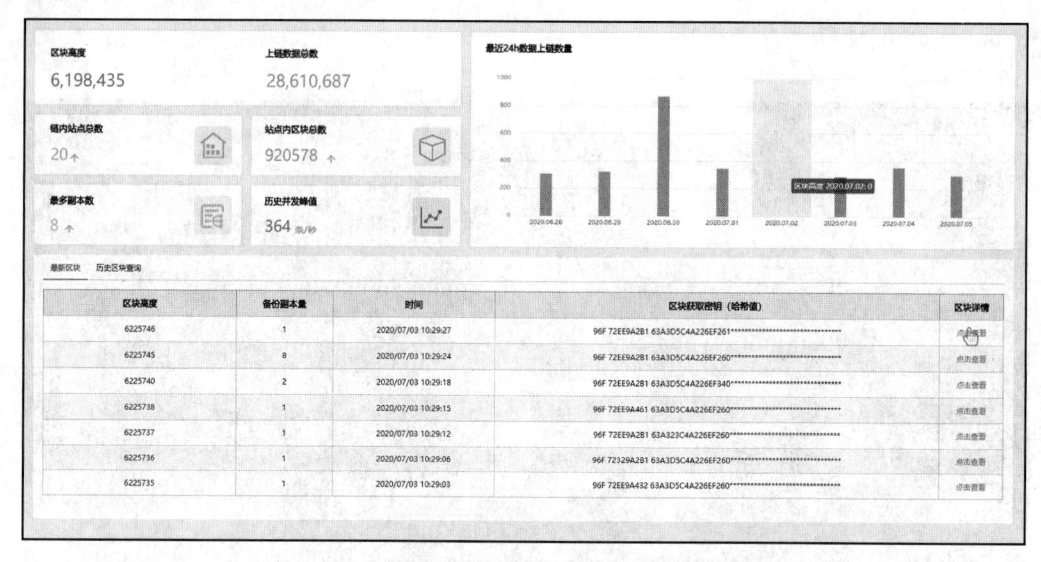

区块高度	备份副本量	时间	区块获取密钥（哈希值）	区块详情
6225746	1	2020/07/03 10:29:27	96F 72EE9A2B1 63A3D5C4A226EF261******************************	点击查看
6225745	8	2020/07/03 10:29:24	96F 72EE9A2B1 63A3D5C4A226EF260******************************	点击查看
6225740	2	2020/07/03 10:29:18	96F 72EE9A2B1 63A3D5C4A226EF340******************************	点击查看
6225738	1	2020/07/03 10:29:15	96F 72EE9A461 63A3D5C4A226EF260******************************	点击查看
6225737	1	2020/07/03 10:29:12	96F 72EE9A2B1 63A323C4A226EF260******************************	点击查看
6225736	1	2020/07/03 10:29:06	96F 72329A2B1 63A3D5C4A226EF260******************************	点击查看
6225735	1	2020/07/03 10:29:03	96F 72EE9A432 63A3D5C4A226EF260******************************	点击查看

图 4－8　站点数据区块与备份情况示意

备的仪器状态的监控；操作痕迹类涉及软件开关状、移动侦测态、工控机重启监控、工控机异常监控、USB 设备接入、数据库操作监控。

此外，平台提供分布式打包校验（图 4－9）、安全监控记录（图 4－10）、站点时间轴痕迹（图 4－11）3 个维度的监控。分布式打包校验包括手动校验以及后台设置好的定时校验，其中定时校验是后台设置好的，只在平台端展示；手动校验支持平台端操作。校验会显示打包校验时间、校验类型、校验结果、异常站点、异常区块、消息描述及操作，同时会对分布式打包校验异常区块数量进行统计，对异常区块数量多的站点会重点关注。安全监控记录可以查看所有监控类型下的监控子类和告警内容，并及时更新此告警的当前状态。站点时间轴痕迹以时间轴的形式展示某天某站点的所有痕迹记录。

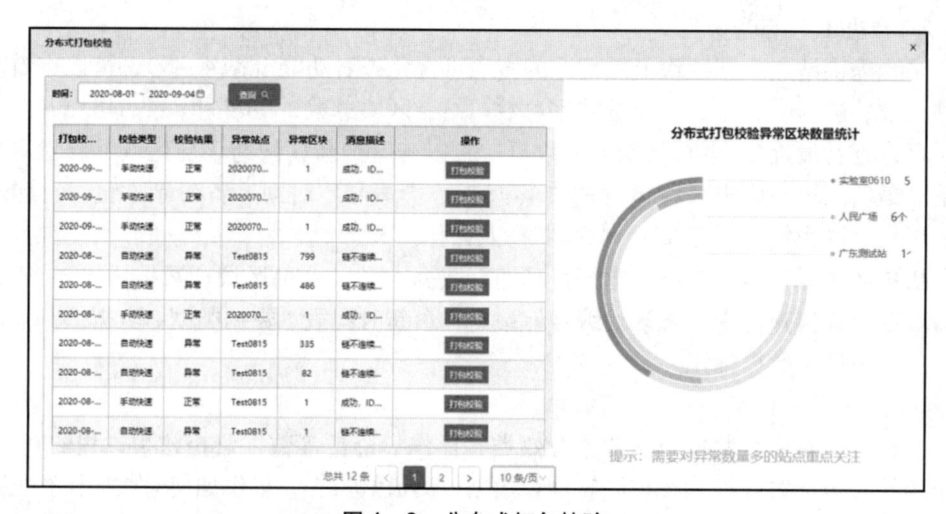

打包校...	校验类型	校验结果	异常站点	异常区块	消息描述	操作
2020-09-...	手动快速	正常	2020070...	1	成功，ID...	打包校验
2020-09-...	手动快速	正常	2020070...	1	成功，ID...	打包校验
2020-09-...	手动快速	正常	2020070...	1	成功，ID...	打包校验
2020-08-...	自动快速	异常	Test0815	799	链不连续...	打包校验
2020-08-...	自动快速	异常	Test0815	486	链不连续...	打包校验
2020-08-...	手动快速	正常	2020070...	1	成功，ID...	打包校验
2020-08-...	自动快速	异常	Test0815	335	链不连续...	打包校验
2020-08-...	自动快速	异常	Test0815	82	链不连续...	打包校验
2020-08-...	手动快速	正常	Test0815	1	成功，ID...	打包校验
2020-08-...	自动快速	异常	Test0815	1	链不连续...	打包校验

图 4－9　分布式打包校验

安全监控记录

站点：　更新时间：2020-09-04　异常级别：全部　监控类型：全部　状态：全部　查询

告警时间	站点	监控类型	监控子类	告警内容	异常级别	当前状态	更新时间
2020-09-04 14:26:00	广东测试站	数据有效类	O3污染物浓度值突变	O3污染物浓度值突变	紧急	已恢复	2020-09-04 14:26:00
2020-09-04 14:19:12	广东测试站	数据有效类	O3仪器状态异常	O3仪器状态异常	紧急	已恢复	2020-09-04 14:24:22
2020-09-04 14:12:50	广东测试站	运行状况类	数据库读写监测到错误	执行数据库语句时遇到...	中等	已恢复	2020-09-04 14:12:50
2020-09-04 14:03:02	广东测试站	动环监控报警类	总管静压突变	总管静压突变	中等	已恢复	2020-09-04 14:03:02
2020-09-04 14:01:00	广东测试站	数据有效类	CO污染物浓度值突变	CO污染物浓度值突变	紧急	已恢复	2020-09-04 14:01:00
2020-09-04 13:26:37	广东测试站	运行状况类	自动更新访问失败	自动更新访问失败	中等	已恢复	2020-09-04 13:37:47
2020-09-04 13:26:00	广东测试站	数据有效类	O3污染物浓度值突变	O3污染物浓度值突变	紧急	已恢复	2020-09-04 13:26:00
2020-09-04 13:12:50	广东测试站	运行状况类	数据库读写监测到错误	执行数据库语句时遇到...	中等	已恢复	2020-09-04 13:12:50
2020-09-04 13:09:34	广东测试站	数据有效类	PM2.5仪器状态异常	PM2.5仪器状态异常	紧急	已恢复	2020-09-04 13:19:40
2020-09-04 13:09:34	广东测试站	数据有效类	PM10仪器状态异常	PM10仪器状态异常	紧急	已恢复	2020-09-04 13:29:26

总共 55 条　1 2 3 4 5 6　10 条/页

图 4－10　安全监控记录

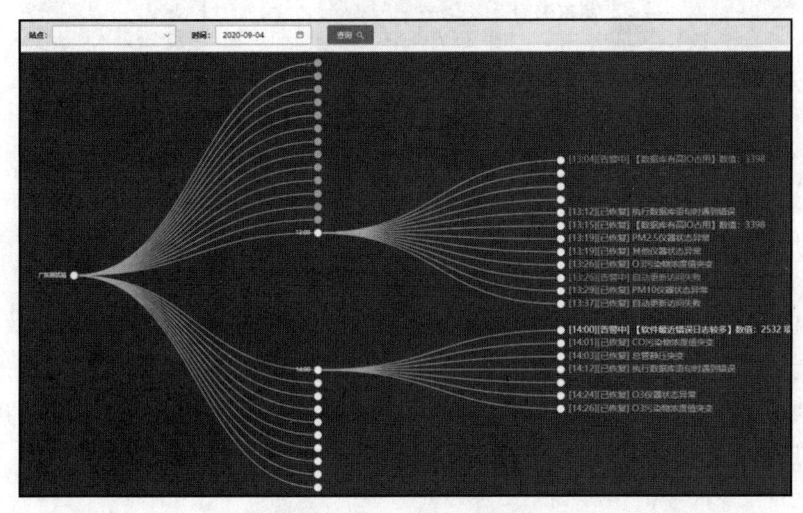

图 4－11　站点时间轴痕迹

第二节　MQTT 通信协议

一、概念和相关定义

MQTT（message queuing telemetry transport，消息队列遥测传输）通信协议是由 IBM（International Business Machines Corporation）提出的一种基于发布/订阅模式的轻量级物联网消息传输协议，运行在 IP（internet protocol，互联网协议）和 TCP（transmission control protocol，传输控制协议）上，属于应用层协议（刘焕，2019）。MQTT 协议的应用场景为硬件资源有限的设备和宽带有限的网络环境，通过使用极少的代码和带宽为设备提供实时可靠的消息服务，可广泛应用于物联网、移动互联网、智能硬件、车联网、电力能源等多个行业（Nurwarsito 和 Yulihardi，2020）。

如图 4－12 所示，基于发布/订阅模式的 MQTT 协议中主要存在 3 种角色，分别是发布者（Publisher）、代理（Broker）和订阅者（Subscriber）。其中发布者和订阅者都属于 MQTT 协议的客户端，代理则为 MQTT 协议的服务端。代理作为消息中间件，使发布者与订阅者之间的通信实现了时间和空间上的解耦。进行通信时，双方不需要同时在线，也不需要知道双方的 IP 地址和端口号，而是通过代理建立联系。发布者向服务端发布消息，订阅者在服务端上订阅消息，服务端向订阅者推送其订阅的发布者发布的消息。在发布/订阅模式中，一个发布者可以对应多个订阅者，提供了更大的网络扩展性和更动态的网络拓扑。在物联网平台中，监测和传感器等设备通过 MQTT 通信协议进行连接，便于管理以及后续的数据处理服务。

图 4－12　MQTT 的基本流程原理

（一）MQTT 客户端

MQTT 客户端指使用 MQTT 协议的程序或设备，通过网络连接到服务端。其主要功能包括：打开连接到服务端的网络连接，发布应用消息给其他相关的客户端，订阅以请求接收相关的应用消息，取消订阅以移除接收应用消息的请求，关闭连接到服务端的网络连接。

（二）MQTT 服务端

MQTT 服务端指部署在云服务端或边缘的设备，是发送消息的客户端和请求订阅的客户端之间的中介。其主要功能包括：接收来自客户端的网络连接，接收客户端发布的应用消息，处理客户端的订阅和取消订阅请求，转发应用消息给符合条件的已订阅客户端，关闭来自客户端的网络连接。

（三）MQTT 会话

MQTT 会话表示客户端和服务端之间的状态交互。会话可以存在于一个网络连接之间，也可以跨越多个连续网络连接存在。通常情况下，为简化流程，客户端创建 MQTT 连接并将新开始标志（Clean Start）设置为 1，将会话过期间隔设置为 0。即只处理连接上服务端之后才发布的消息，不会收到其连接之前由服务端发布的消息，并且需要每次连接上服务端时重新订阅其感兴趣的主题。通过持久会话的机制，可避免客户端掉线重连后消息的丢失，并且免去了客户端连接后重复的订阅流程。

这一功能在带宽小、网络不稳定的物联网场景中较为实用。因此，保持会话功能建议用在需要休眠的低功耗终端，以避免丢失休眠期间发布的消息，并避免唤醒后重新进行订阅，此时，会话过期时间应该视终端休眠时间而定，可设置为休眠时间的1.5倍。服务端会话状态包含等待传输给客户端的不同服务质量等级的消息报文。

（四）MQTT 报文

MQTT 报文即通过网络连接发送的信息数据包，由固定报头、可变报头和有效载荷三部分组成（刘善锋，2019）。固定报头存在于所有 MQTT 报文之中，主要用于描述报文类型。如表 4－1 所示，MQTT 协议规范定义了 14 种不同类型的 MQTT 控制报文。可变报头存在于部分消息类型中，其内容根据报文类型的不同而不同，主要用于表示协议名称、版本号、连接标志和心跳时间等内容。有效载荷是一个非常重要的数据组成部分，旨在于携带应用消息与数据，保证数据报文中涵盖的设备端 ID、用户信息、消息质量以及相关主题信息等重要数据的准确性与稳定性，但是，有效载荷并不是每一个 MQTT 数据都必须包括的，主要应用在 CONNECT、SUBSCRIBE、SUBACK、PUBLISH 这四大数据报文类型中（Puri et al.，2021）。在 CONNECT 消息类型中，有效载荷包括设备端 ID、遗嘱主题、遗嘱信息、用户信息；在 SUBSCRIBE 消息类型中，有效载荷主要包括主题名和消息服务质量；SUBACK 消息类型用于服务端对 SUBSCRIBE 所申请主题的反馈，有效载荷主要为服务端根据实际情况授予的消息服务质量；在 PUBLISH，有效载荷为二进制数据，具体内容由程序定义。

表 4－1　MQTT 协议报文类型

消息类型	描述
CONNECT	客户端向服务端请求连接
CONNACK	连接确认
PUBLISH	发布消息
PUBACK	发布确认
PUBREC	发布接收
PUBREL	发布释放
PUBCOMP	发布完成
SUBSCRIBE	客户订阅请求
SUBACK	订阅确认
UNSUBSCRIBE	客户取消订阅请求
UNSUBACK	取消订阅确认
PINGREQ	心跳请求

续表 4-1

消息类型	描述
PINGRESP	心跳响应
DISCONNECT	客户端与服务端断开连接

（五）MQTT 主题

MQTT 主题名是附加在应用消息上的一个标签，服务端已知且与订阅匹配。服务端发送应用消息的一个副本给每一个匹配的客户端订阅。

对于资源较为稀缺的嵌入式系统，MQTT 服务端和客户端可以实现主题别名，有效降低报文长度，减少传输开销和功耗资源等。主题别名的分配和绑定规则由客户端自行决定并进行分配。

（六）消息质量

MQTT 协议针对网络的实际情况以及服务要求提供了 3 种等级的消息服务质量（qualiby fo service，QoS），分别为 QoS 0、QoS 1 和 QoS 2，保证消息在不同的网络环境下传递的可靠性。

QoS 0 表示消息最多分发一次。消息的分发依赖于底层网络的能力，发送端最多发送一条消息，无须关心是否成功将消息发送至接收端。一方面，接收端不发送是否收到消息的响应；另一方面，发送端也没有任何重发机制进行重试。这种模式中消息可能送达一次也可能根本没送达。

QoS 1 表示消息至少分发一次以确保消息至少送达一次。此时，发送端包含了简单的重发机制，发送端在发送消息之后会等待接收端的确认字符，如果没收到确认字符则会重新发送消息。这种模式下消息可能重复发送，接收端至少能收到一次消息，但无法保证只收到一次消息。

QoS 2 表示消息分发一次且仅分发一次。在最高等级的消息服务质量下，发送端包含略微复杂的重发和重复消息发现机制，保证消息到达接收端并且只到达一次，保证消息不重复。若消息丢失和重复会出现错误。

（七）遗嘱标志

遗嘱标志指服务端在网络连接非正常关闭的情况下发布给客户端预定义的应用消息。遗嘱消息主要用于实现终端异常、断网等情况下的离线通知，通过订阅遗嘱主题，实现平台、网关或物联网终端对其他物联网终端掉线的实时监控和报警。同时根据实际的网络情况设定合适的遗嘱延时间隔，避免偶发网络不稳定造成频繁的离线报警。遗嘱标志的服务质量可以为 0 或 1。当遗嘱标志为 1 时，必须设置遗嘱保留和遗嘱服务质量，有效载荷中需要包括遗嘱主题和遗嘱消息的具体内容；当遗嘱标志为0时，可以忽略遗嘱保留和遗嘱服务质量。如果设备的离线报警较为关注或重要，可将遗嘱设置为保留消息。当存在任何保留消息时，包括任何遗嘱消息和其他应用消息，必须设置消息过期时间，建议的默认值为180秒。其中，遗嘱的消息过期间隔在CONNECT中设置，应用消息的过期间隔在PUBLISH中设置。

（八）心跳保持

客户端需要定时发送心跳包，用于保持通信连接并侦测离线，心跳间隔可以设置为1分钟到60分钟，默认为3分钟。低功耗终端，为降低功耗，可以加大心跳间隔，并在间隔期间，保持低功耗或者休眠状态。

（九）共享订阅

一个共享订阅包含一个主题过滤器（Topic Filter）和一个最高的服务质量等级。一个共享订阅可以与多个订阅会话相关联，便于支持大范围消息交换模式。一条主题匹配的应用消息只发送给关联到此共享订阅的多个会话中的一个会话。一个会话可以包括多个共享订阅，也可以同时包含共享订阅与非共享订阅。

在常规的单点订阅结构下，当订阅节点故障会导致QoS 0等级的消息丢失、QoS 1和QoS 2等级的消息堆积在服务器中，只能通过增加订阅节点解决问题。然而，增加订阅节点一方面会产生大量的重复消息浪费性能，当订阅节点需要自行去重时，更进一步增加了业务的复杂度；另一方面，当发布者的生产能力较强而订阅者的消费能力不够时，订阅者只能自行实现负载均衡，又一次增加了用户的开发成本。

MQTT服务端可以使用共享订阅解决以上问题，主要用于后期大量终端接入后的负载均衡。

二、MQTT的传输特性

（一）服务端重定向

MQTT服务端通过实现原因码0x9C（临时使用其他服务端）或0x9D（服务端已永久移动）的CONNACK或DISCONNECT报文，并在报文中设置服务端参考字段，可实现MQTT服务端的临时或永久重定向。

服务端重定向可以用于以下目的：服务端升级、负载均衡、服务迁移等。如果服务端返回的原因码为永久移动，则客户端需要更新并保存配置中的MQTT服务器地址，并在之后的连接和访问中应用新的地址。

（二）MQTT-SN

MQTT-SN（Sensor Networks）是MQTT协议的传感器版本。因为基于TCP协议的MQTT对某些传感器终端来说还是负载太重了，如微功耗数据采集系统。这些传感器可能只有几十个字节的内存，无法运行TCP协议。MQTT-SN相较MQTT对内存受限的微处理器做了适当的优化，使之能够运行在这种处理器上。

MQTT-SN一般运行在电池驱动的嵌入式终端中。即针对低功耗、电池驱动、处理存储受限的设备和不支持TCP/IP协议栈网络的终端而定制，例如常见的ZigBee设备，只要网络支持双向数据传输和网关，都可以支持较为上层的MQTT-SN协议传输，即MQTT-SN可以运行在MAC层之上，使用UDP/IP数据包协议实现。MQTT-SN的通信架构如图4－13所示。

MQTT-SN架构中多了一种节点，就是MQTT-SN网关。该网关的作用主要是协议转换，把下层的MQTT-SN协议转换为MQTT的协议格式。网关可单独存在，也可以被集成到MQTT服务器中，即可以部署在边缘端，或者和MQTT服务端一同部署在云端。

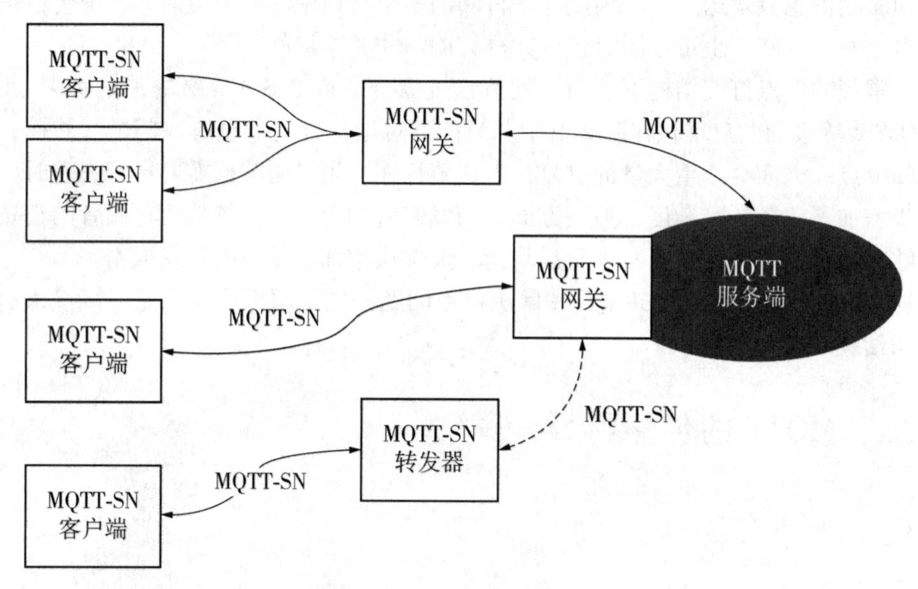

图4－13　MQTT-SN的通信架构（Stanford-Clark and Truong，2013）

（三）流量控制

为避免终端和服务端资源耗尽，保障终端和服务端可用，必须进行流量控制。目的是更加积极和充分地利用资源，MQTT的流量控制没有在发送速率的层面上进行限制，发送速率取决于响应速率和网络情况，如果接收端空闲且网络良好，那么发送端可以得到比较高的发送速率，反之则会被限制到一个比较低的发送速率上。

要实现流量控制，包括设置适当的接收最大数量、最大报文长度、主题别名最大值，以及服务端进行消息速率监测和控制。设置值视资源情况而定，客户端接收最大数量建议设置在10000以下，主题别名最大值设置在1000以下，服务端的设置值可参考以上的值，并可适当增加配额。最大报文长度主要用于嵌入式终端设置，数据采集系统及平台可以保持默认值。

（四）用户属性

MQTT报文中的用户属性主要用于自定义的协议扩展，即协议通用化的标识或信息传递，特定于报文或主题的信息和属性不在用户属性中传递。当前已定义的用户属性包括：二级序列化实体字符串格式（JsonFormat）、报文时间戳（Timestamp）、报文唯一ID（PackUId）、按位标志枚举（PackFlag）、报文属性签名（PackHeadSign）、报文内容签名（PackContentSign）、分包唯一标识（SplitUId）、分包总数（SplitCount）和当前分包数（SplitTick）。

由于MQTT的传输报文是基于JSON标准进行序列化编码和反序列化解码，会对作为字段的序列化串进行特殊处理，避免反序列化解析错误，二级序列化实体字符串格式的属性即可实现这一功能。在已定义的用户属性中，报文时间戳为报文生成时间，基于UTC，值为报文生成时间与1970－1－1相差的毫秒数，主要用于验证报文属性签名。报文唯一ID是为报文分配的唯一GUID，用于报文判重，还用于报文属性签名的加盐。按位标志枚举包括签名方式、加密方式等标志位，是物联网内容规范中定义的传输安全机制枚举的超集。分包唯一标识、分包总数和当前分包数主要用于超大数据包分包。

（五）客户标识

MQTT报文中的客户标识符使用物联唯一ID，在客户端调用登录接口时由注册服务端返回。客户端可以持久化保存此唯一ID，并应用于客户标识符，服务端需要验证客户标识符是否有效。

（六）订阅标识

MQTT服务端必须实现订阅标识，供终端用于事件回调（绑定）、审计和日志等。

客户端可以建立订阅标识符与消息处理程序的映射，在收到PUBLISH报文时直接通过订阅标识符将消息定向至对应的消息处理程序，远快于通过主题匹配来查找消息处理程序的速度。同时，基于订阅标识可达成唯一绑定。订阅标识符也用于物联网网关的实现。

（七）增强认证

MQTT 内置的用户名密码认证方式安全等级过低。在基于用户名和密码这种简单认证模型的协议中，客户端和服务器都知道一个用户名对应一个密码，在不对信道进行加密的情况下，无论是直接使用明文传输用户名和密码，还是给密码加个哈希的方法都很容易被攻击。故需要进行认证安全性的扩展和增强。

扩展认证使用 MQTT 标准 AUTH 报文实现，客户端与服务器通过交换 AUTH 报文来交换认证数据。认证的基础交互规程符合原生标准规范，平台使用 SCRAM-SHA－1 标准实现扩展认证，增强认证可以实现客户端和服务器的双向认证，即服务器可以验证连接的客户端是否是正确的客户端，客户端也可以验证连接的服务器是否是真正的服务器，从而提供更高的安全性。认证仅在 CONNECT 时使用，无须在连接过程中（连接保持时间内）进行重新认证。

三、MQTT 在平台中的应用

（一）MQTT 特性支持

表 4－2 列举了平台端、嵌入式终端、网关对 MQTT 特性的支持情况。

表 4－2　不同设备对 MQTT 特性的支持情况

特性	备注	嵌入式终端	网关	平台
心跳或心跳应答	—	可选	支持	支持
服务端保持连接时间	—	可选	可选	可扩展
QoS 0	—	支持	支持	支持
QoS 1	—	可选	支持	支持
QoS 2	—	无须	无须	可选
PUB QoS	—	支持	支持	支持
SUB QoS	—	可选	可选	支持
遗嘱	—	可选	可选	支持
遗嘱延时间隔	—	—	—	支持
遗嘱保留	—	—	—	可扩展
请求/应答模式	—	可扩展	支持	支持
最大报文长度	—	支持	支持	支持
接收最大数量	—	支持	支持	支持
消息限流	—	—	—	支持
用户属性	—	支持	支持	支持

续表 4－2

特性	备注	嵌入式终端	网关	平台
Sys 系统诊断主题	—	—	—	支持
主题别名	—	支持	支持	支持
主题别名最大长度	—	支持	支持	支持
通配符订阅	—	可扩展	可扩展	支持
订阅标识符	—	支持	支持	支持
共享订阅	—	可扩展	可扩展	可扩展
TLS	—	可扩展	支持	支持
内置用户名密码验证	—	支持	支持	支持
增强认证	—	可扩展	支持	支持
兼容 MQTT 3. 1. 1	—	可扩展	可扩展	可扩展
兼容 MQTT SN	—	可扩展	可扩展	可扩展
会话保持	—	可扩展	可扩展	支持
会话过期间隔	—	可扩展	可扩展	支持
客户端分配客户标识符	—	支持	支持	—
服务端分配客户标识符	—	—	—	支持
服务端重定向	—	支持	支持	支持
消息保留	—	—	—	支持
发布保留（Retain As Published）	—	—	—	可扩展
消息过期间隔	—	可扩展	可扩展	支持
订阅桥接	—	—	—	可扩展
客户端断开通知	—	可扩展	支持	—
服务端断开通知	—	—	—	可扩展
载荷格式和内容类型	—	可扩展	可扩展	可扩展
客户端黑名单	—	—	—	支持
客户端权限（ACL）	—	—	—	可扩展

（二）核心机制

1. 请求/响应模式

基于 MQTT 协议可实现请求和响应的同步机制，进而在标准 MQTT 协议之上可实现同步通信。基于此机制，平台可对外提供标准的 API 服务接口，通过 API 服务接口应用平台对设备终端进行的相关实时反控功能，应该使用此模式实现。设备端只需要按照约定的主题和格式回复 PUBLISH 消息，服务端进行判别处理，即可同步获取设备端的响应结果。

例如，公共物联网平台对于设备实时数据提取和指令操控的同步调用，本质上是基于 MQTT 协议实现的请求和响应模式，实现了同步通信。基于此机制，当公共物联网云平台本身及对外提供标准的 API 服务接口，需要对设备终端进行实时反控时，一般均使用此模式实现。设备端只需要按照约定的主题和格式回复 PUBLISH 消息，服务端进行判别处理，即可同步获取设备端的响应结果。实现请求应答模式的主要子系统及其交互序列如图 4 – 14 所示。

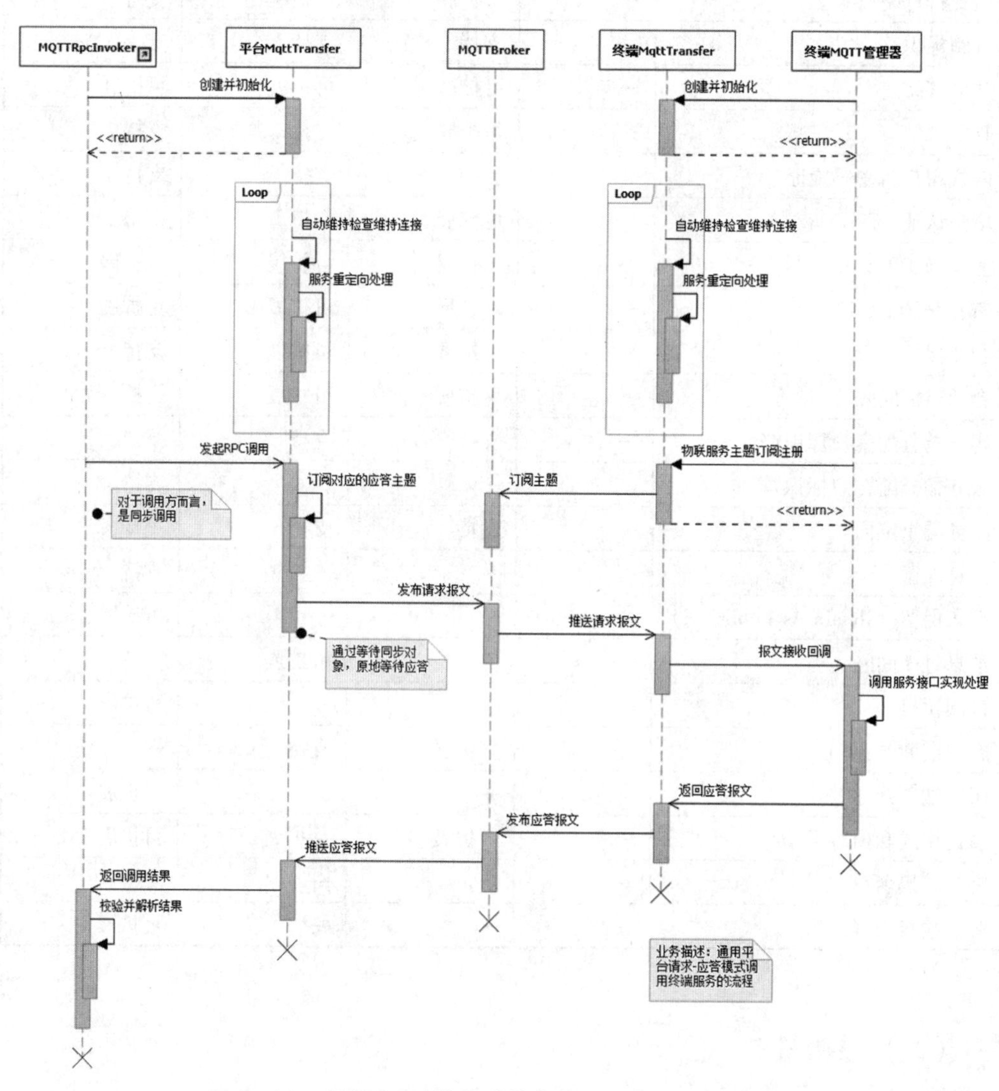

图 4 – 14　实现请求应答模式的主要子系统及其交互序列

2. 网络连接管理

MQTT 协议要求基础传输层能够提供有序的、可靠的、双向传输（从客户端到服务端以及从服务端到客户端）的字节流。TLS 是一种安全传输层协议，位于 TCP 和 MQTT 之间，实现了双向解耦，目的是为互联网通信提供安全及数据完整性保障，使应用层协议能透明地运行在 TLS 协议之上。TLS 协议负责对创建加密通道进行协商和认证，使应用层协议传送的数据在通过 TLS 协议时都会被加密，从而保证通信的私密性。

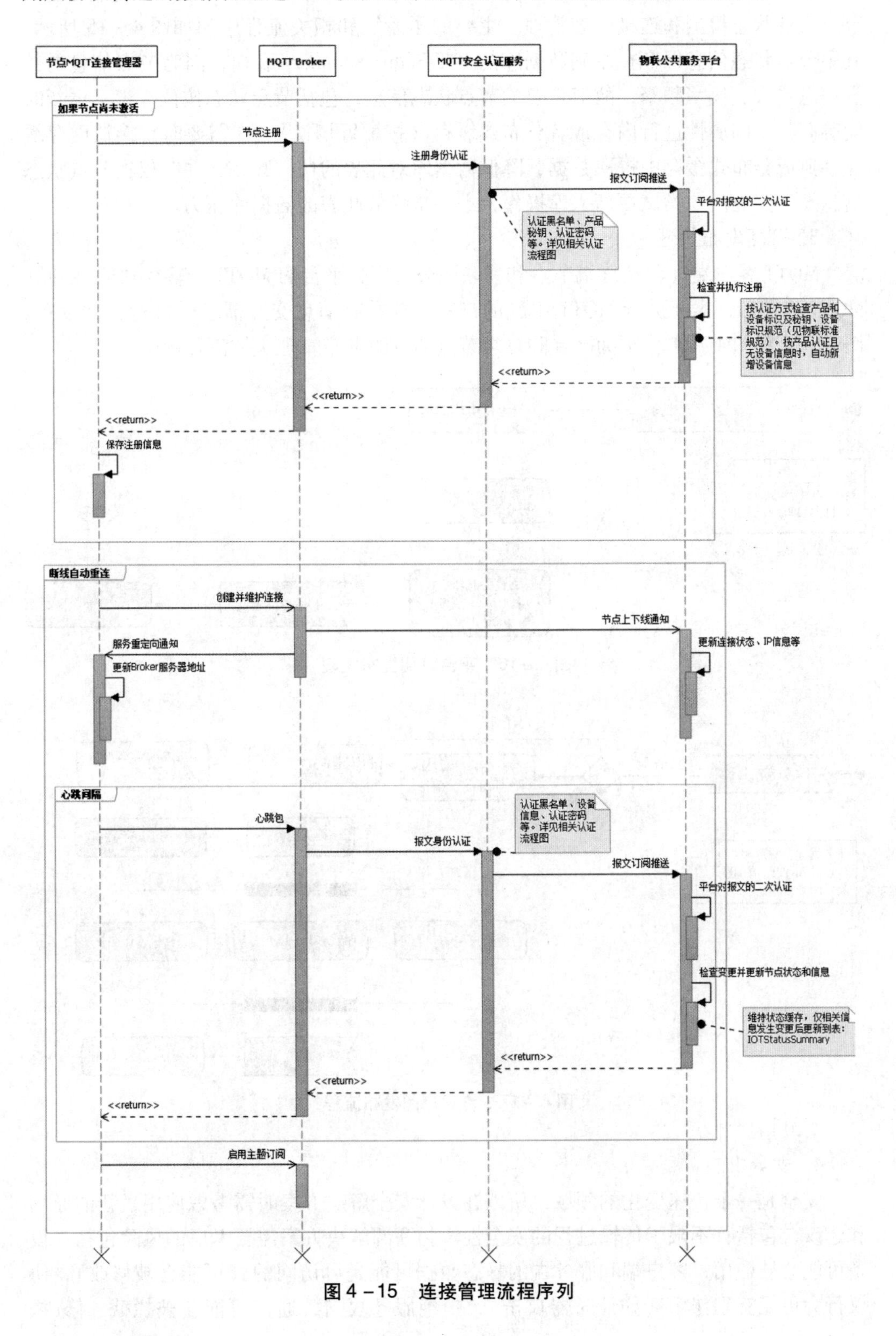

图 4－15　连接管理流程序列

平台通过捕捉终端节点上下线消息，并定时下发基于同步通信的心跳包，对终端节点实现状态检测和连接状态管理。主要的子系统和相关流程序列如图 4－15 所示。其中节点状态信息保存在基础数据库的 IOT Status Summary 表内，因为节点信息的数据信息量大、读写频繁，故对重要的节点状态信息，包括节点状态按位标识、更新时间等高频访问属性进行内存或者分布式缓存（按配置切换），在需要时直接从内存缓存字典或分布式缓存中提取数据，降低数据库对此表的访问频率，同时仅在节点状态信息发生变更后才尝试更新入库操作，进一步降低此表的数据库压力。

3. 订阅发布管理

MQTT 客户端（包括终端节点和物联网公共服务平台的 MQTT 传输模块）在建立 MQTT 连接后，需要进行 MQTT 主题的订阅，并在有消息交互需求时进行报文发布。图 4－16 和图 4－17 分别为平台和终端节点的订阅发布管理主体流程步骤。

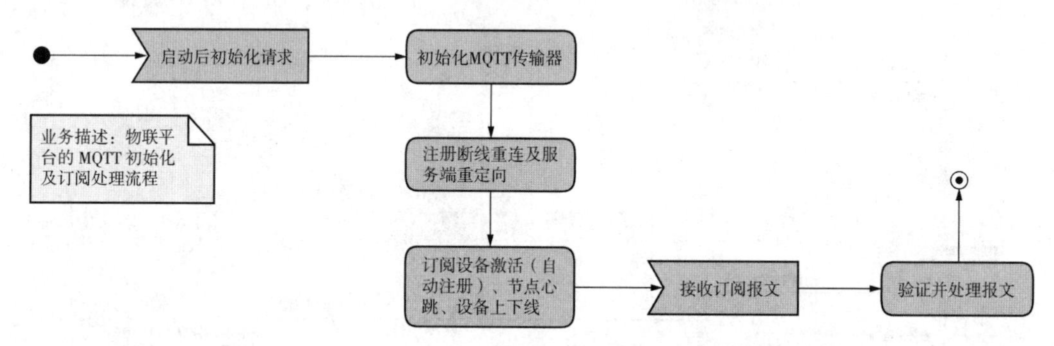

图 4－16　平台订阅发布流程

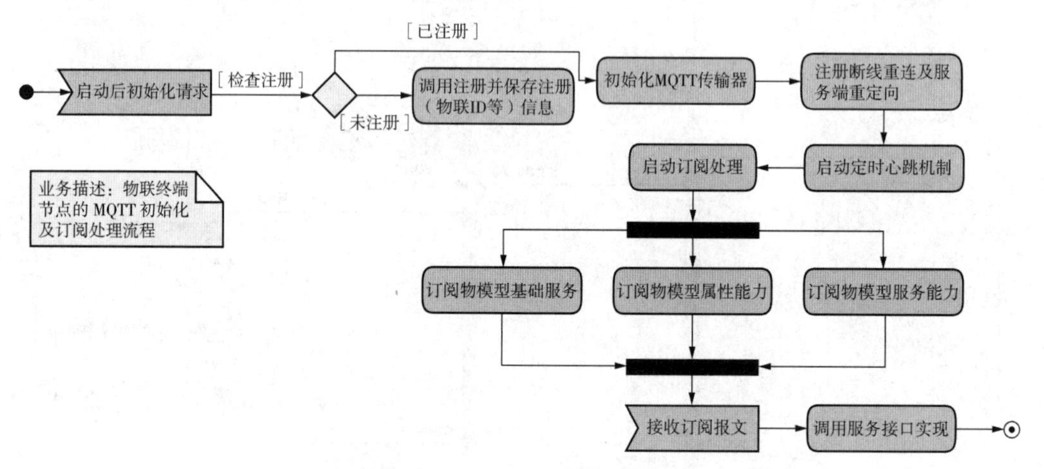

图 4－17　终端订阅发布流程

4. 安全机制

安全是一个快速变化的领域，所以在设计安全解决方案时需考虑使用最新的原则和建议，包括且不限于传输过程的安全性。物联网解决方案需要考虑的风险包括：设备可能会被盗用，客户端和服务端的静态数据可能是可访问的（可能会被修改），协议行为可能有副作用（如计时器攻击），拒绝服务攻击，通信可能会被拦截、修改、重定向或者泄露，虚假 MQTT 控制报文注入，中间人攻击和重放攻击，TLS 降级攻击等。

由于 MQTT 通常部署在不安全的通信环境中，为应对安全风险，在物联网公共基础服务平台中，为 MQTT 传输协议的实现提供以下这些安全机制：MQTT 连接认证；MQTT 报文验证；资源访问授权认证。其中，连接认证的主体流程如图 4－18 所示。

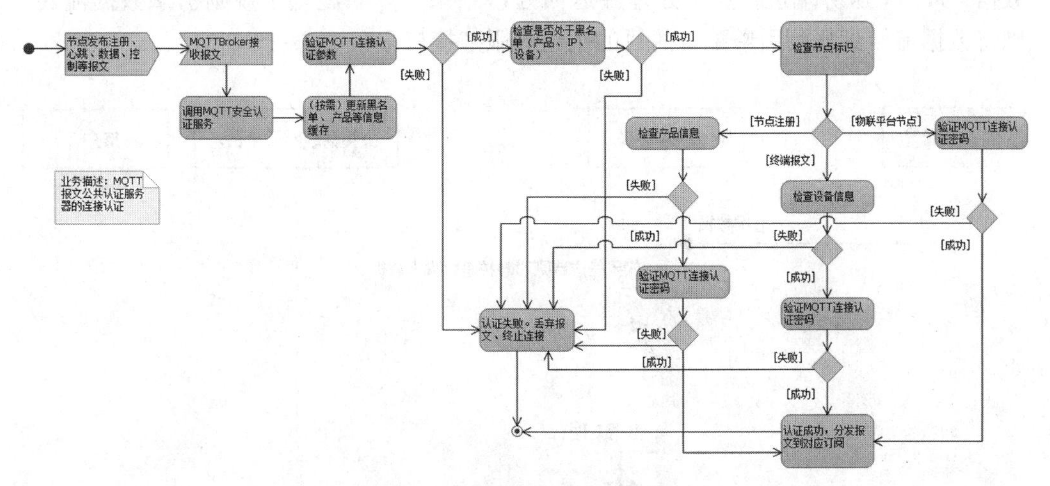

图 4－18　连接认证的主体流程

连接认证过程中，主要涉及对 MQTT 连接认证参数、黑名单（产品、IP、设备）、产品标识密钥、设备标识密钥的验证。

报文验证基于 MQTT 报文中的用户属性作协议扩展，即作为协议公共通用的标识或信息传递，特定于报文或主题的信息和属性不在用户属性中传递。

（三）传输流程

1. 上线流程

设备上线流程，可按照设备类型，分为直连设备与子设备接入流程。直连设备直接上云，子设备通过物联网关上云。主要包括设备注册、上线和数据上报 3 个流程。

按照不同的认证方式实现直连设备接入，流程如下：

（1）按设备标识认证。提前烧录设备 ProductKey，结合符合物联网标识规范的唯一对象标识 DeviceKey，设备自动调用注册接口，上线，然后上报数据。

（2）按产品密钥认证。提前烧录 ProductKey、ProductSecret，结合符合标识规范的唯一对象标识 DeviceKey，设备自动调用注册接口，上线，然后上报数据。

（3）按设备密钥认证。提前烧录 ProductKey、DeviceSecret，结合符合标识规范的唯一对象标识 DeviceKey，设备自动调用注册接口，上线，然后上报数据。

（4）按 X. 509 证书认证。提前烧录 ProductKey、数字证书，结合符合标识规范的唯一对象标识 DeviceKey，设备自动调用注册接口，上线，然后上报数据。

子设备上线流程与直连设备类似。子设备接入流程通过网关向平台发起，子设备上报报文给网关，网关添加拓扑关系，复用网关的通道上报数据；平台下发报文时，同样通过网关转发到子设备。

2. 设备上报

设备上报流程如图4－19所示，终端设备使用透传或非透传格式数据的主题上报数据，MQTT服务端进行业务处理并返回处理结果。如果配置了规则引擎数据流转，则将数据流转到规则引擎配置的目的主题或服务接口中。

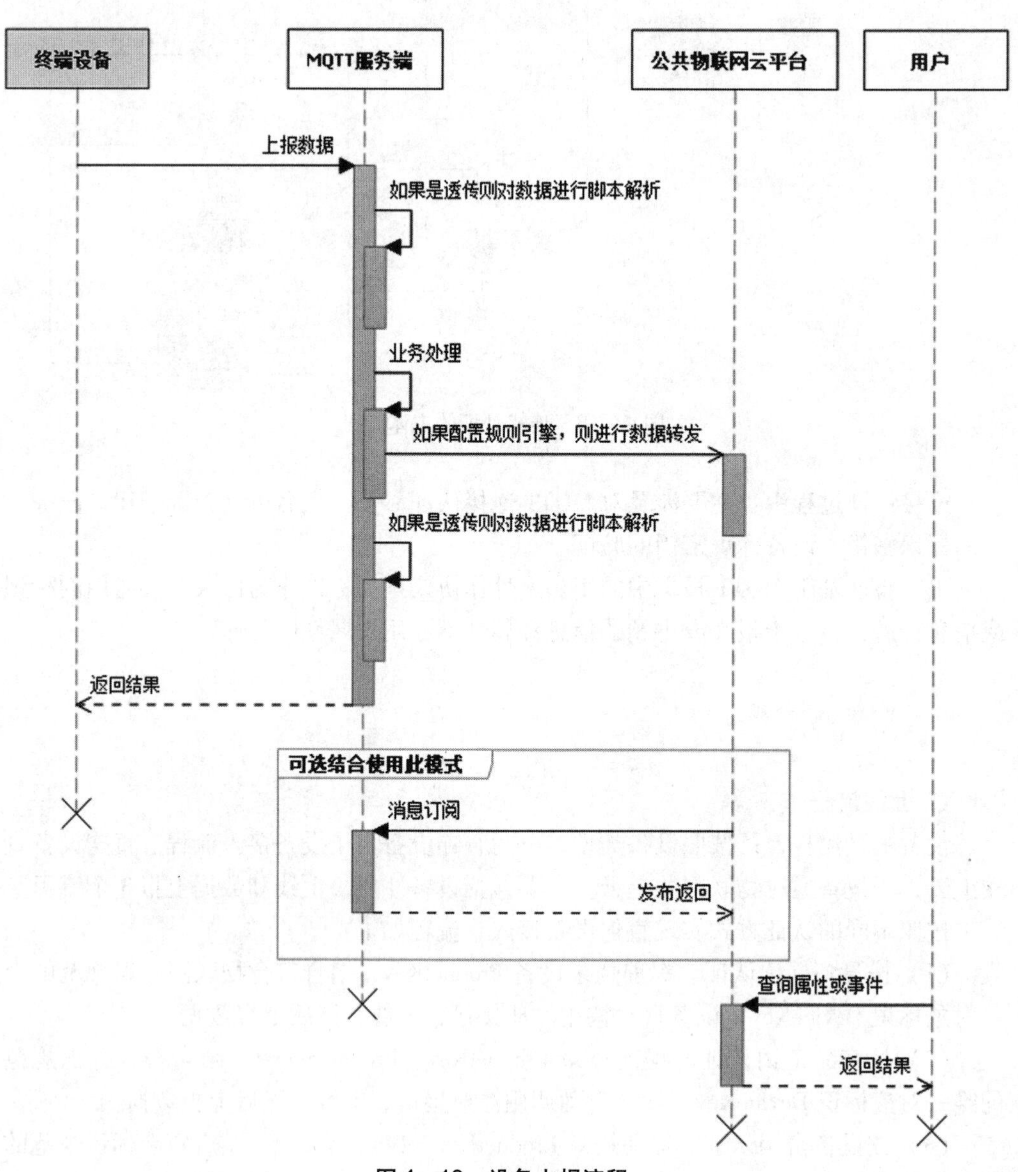

图4－19　设备上报流程

3. 异步调用设备

异步调用设备流程如图 4－20 所示，用户通过异步接口设置属性或调用服务，MQTT 服务端对提交的参数进行校验，校验过后采用异步调用方式下发数据给设备，并返回调用操作结果。若没有报错，则结果中携带下发给设备的消息 ID。设备收到数据后，进行业务处理并返回处理结果给 MQTT 服务端。如果配置了规则引擎数据流转，则将数据流转到规则引擎配置的目的主题或服务接口中。

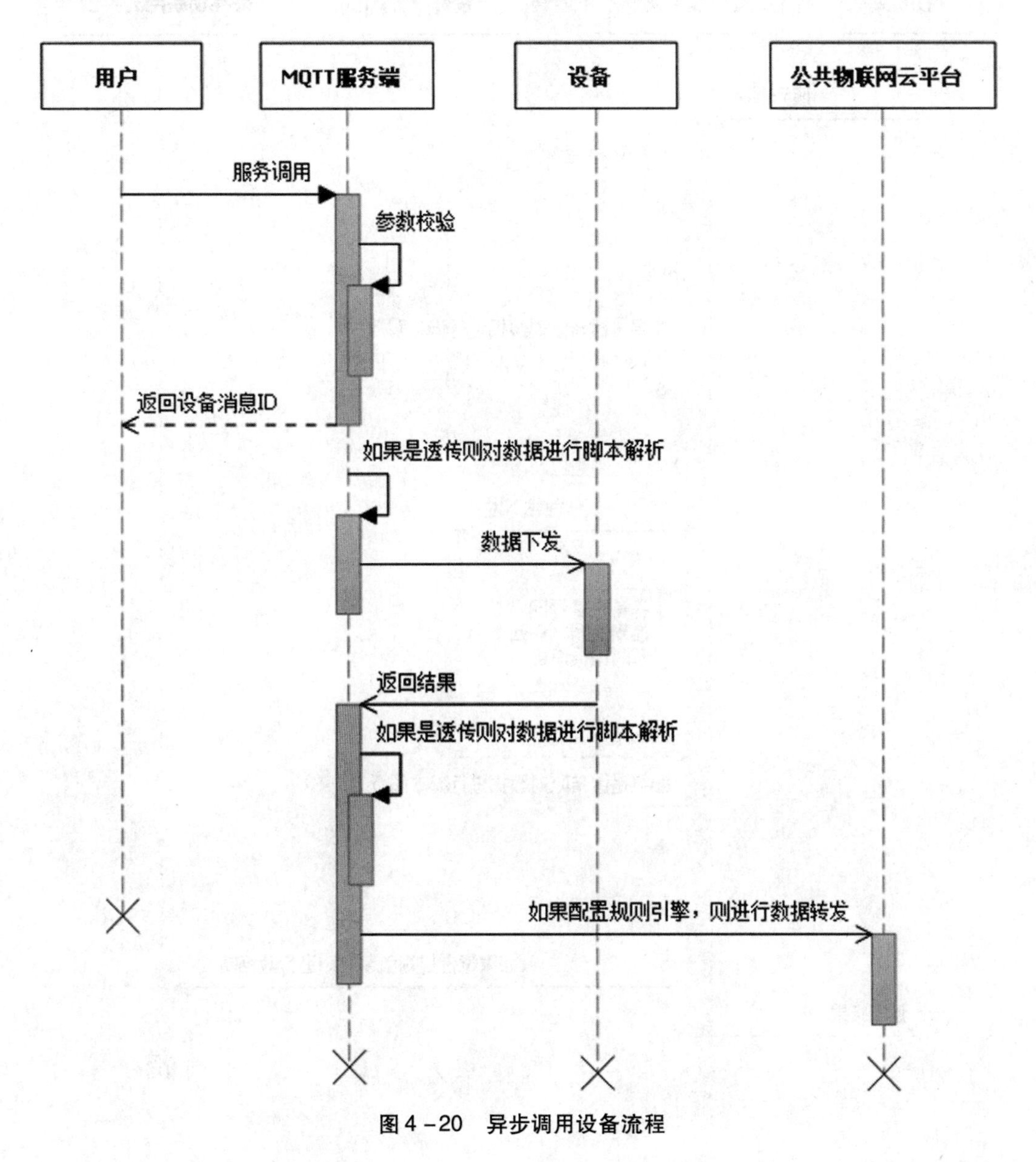

图 4－20　异步调用设备流程

4. 同步调用设备

同步调用设备流程如图 4－21 所示，用户通过同步接口设置属性或调用服务，MQTT 服务端对提交的参数进行校验，校验过后使用同步调用方式调用请求/应答模式的主题，下发数据给设备，并同步等待设备返回结果。设备完成处理业务后，返回处理结果；若超时，则返回超时的错误信息。如果配置了规则引擎数据流转，则将数据流转到规则引擎配置的目的主题或服务接口中。MQTT 服务端收到设备处理结果后，返回结果给调用者。

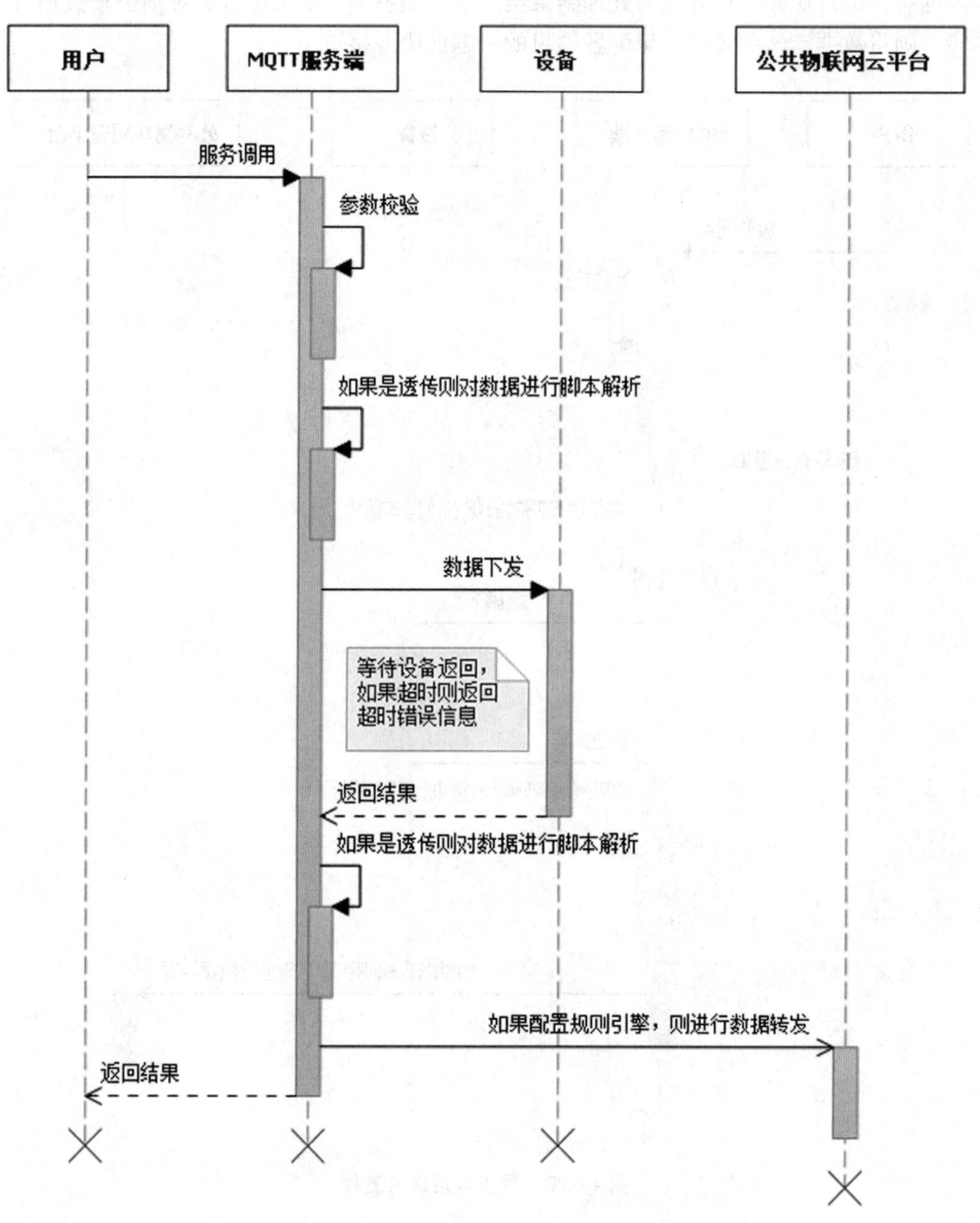

图 4－21　同步调用设备流程

（四）节点管理

基于MQTT传输的标准机制，平台对节点提供MQTT数据接口，可对上层提供API接口，实现动态感知（节点资源、动力环境、安全监控、自动巡检）、远程运维（质控、设备调试、数据库调试、文件库管理）等功能（图4－22）。

对于通过MQTT方式连接到平台的节点，节点状态信息的数据来源以心跳包为主，心跳包是MQTT传输的标准机制，在平台处可依据品类、产品、项目、省市、编号、物联ID、节点标识搜索符合条件的相关节点，并查看相关节点的物联标识、节点类型、设备名称、当前版本、子设备数、领域项目、地理位置、站点编号、IP地址、设备标识，节点资源等。

物联唯一ID	节点类型	设备名称	当前版本	子设备数	领域项目	省	市	站点编号	经度	纬度	IP地址	设备标识	节点状态	操作
00004232...	智能终端	水质控仪	6.1.5.0	7				4ECBE48...	91.071956...	29.557763...	58.62.134...	None	Online, Ru...	编辑 删除
00003854...	智能终端	噪声监测仪	6.1.5.0	5				HZS20A2...	91.1852638	29.2672702	223.113.1...	None	Online, Ru...	编辑 删除
0000e0e7...	智能终端	核辐射监...	6.1.5.0	0				5E16897E...	90.871451...	29.482397...	58.62.134...	None	Online, St...	编辑 删除
0000370b...	智能终端	噪声监测仪	6.1.5.0	7				XCZS202...	101.5	25.5	39.144.12...	None	Online, Ru...	编辑 删除
00001e89f...	智能终端	噪声监测仪	6.1.5.0	3				NM20220...			111.55.14...	None	Online, Ru...	编辑 删除
00006b54...	智能终端	噪声监测仪	6.1.5.0	4				1921680200	102.5	25.5	113.111.1...	None	Online, Ru...	编辑 删除
000064e6...	智能终端	噪声监测仪	6.1.5.0	0				00FF7031...	90.973938...	29.331512...	111.193.2...	None	Running, I...	编辑 删除
00007727f...	智能终端	烟气质控仪	6.1.5.0	0				7824AF9F...	91.092100...	29.470509...	113.111.11...	None	Stop, War...	编辑 删除
000021ee...	物联网关	空气数采...	6.1.5.0	2				D45D64F...	91.279863...	29.330751...	113.119.1...	None	Running, I...	编辑 删除
00003e70...	物联网关	水数采（...	6.1.5.0	6				D45D64F...	91.3388828	29.3725103	113.119.1...	None	Running, I...	编辑 删除
0000a2afa...	智能终端	烟气质控仪	6.1.5.0	3				2302002	91.190513...	29.535070...	58.62.134...	None	Running, I...	编辑 删除

图4－22　MQTT节点管理

（五）服务端监控

在客户端发送的报文超出消息速率限值等配额的情况下，服务端可以断开客户端连接，包括超出配额、登录异常、消息异常、格式无效等情况下均可断开客户端连接。此外，接收端遇到异常必须正确捕捉和处理（包括日志），不能扩散或影响其他的报文或其他的客户端。

同时，服务端实现需要监控客户端的行为，检测潜在的安全风险。例如，重复的连接请求、重复的身份验证请求、连接的异常终止、主题扫描（请求发送或订阅大量主题）、发送无法送达的消息（没有订阅者的主题）、客户端连接但是不发送数据等。当服务端发现违反安全规则的行为，可以断开客户端连接，同时基于IP地址或客户端标识（设备标识或者产品标识）实现动态黑名单列表，进行临时或持久的封禁。

平台选用EMQX作为MQTT代理实现对MQTT报文的订阅、接收、分发等队列和管理机制，对MQTT代理主机的各项指标进行监控，及时查看并排除相关报警和风险。通过EMQX集群化部署，集成了主机监控、主机告警、客户端总览、主题总览和订阅总览功能。

主机监控内容包含了节点信息、运行统计和度量指标（图4－23）；主机告警功能显示当前告警信息以及历史告警信息；客户端总览状态下可查阅所有客户端的用户名、IP地址、心跳时间、会话过期间隔时间、订阅数量、连接状态等信息；主题总览包括不同节点订阅的主题信息；订阅总览包括不同客户端订阅的主题以及服务质量信息。

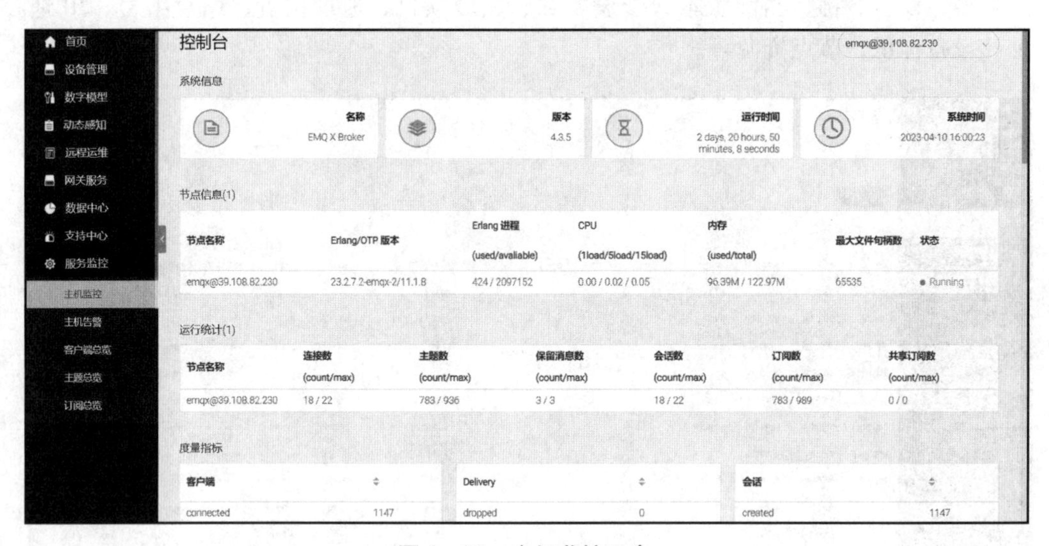

图4－23　主机监控示意

（六）服务端诊断

大气环境监测物联网平台实现了对全局MQTT传输网基础的流量监测、异常监测、客户端节点监控等实时监控、诊断和审计，实现了诊断信息和相关日志的持久化存储。其实现原理是，物联网基础公共服务平台通过订阅Sys系统诊断主题，获取EMQX发布的相关系统监控诊断和异常日志信息，并进行数据的过滤、判定和规则分析，其中诊断主题包括各个代理的运行状态、各个主题/路由/消息/流量统计、终端节点上下线事件，同时对平台所在服务器进行系统资源、异常告警等实时监控并生成报警信息。

报警信息处理：对于生成的非重要且不需要统计分析的报警信息，直接存储在平台文本流水日志内；对于生成的重要或需要统计分析的报警信息，写入平台数据库的系统运行日志表作持久化存储。另外，对需要进行实时通知的告警，同时写入平台数据库报警记录表，并通过报警中心进行报警展示或消息推送。

第三节 组态技术

一、概念

组态控制技术最早来源于英文单词“Configuration”，含义是“设定”“设置”“配置”等意思。组态控制技术的出现使用户在对计算机及软件的各种资源进行配置时，不需要编写程序而是通过软件工具采取“搭积木”的方式根据自身需求实现所需软件的特定功能，极大地方便了用户的工作（马国华，2001）。组态软件一般包括系统组态、实时数据库组态、控制组态、图形组态、通信组态、报表组态和人机界面七部分内容，具有控制、监测及管理的综合能力。

在组态控制技术成熟之前，工控领域的用户只能通过编写程序和购买专用工控系统两种方式构建自己的应用系统，然而这两种方式都不能很好地解决用户的需求（欧金成等，2002）。一方面，通过自行编写程序或委托第三方编写人机接口软件应用进行开发的可靠性偏差，且当项目需要修改时还需重新编译导致效率低延长了开发周期。另一方面，通过购买专用的工控系统完成自动化控制，用户对购买的工控系统没有选择余地，往往与项目的需求不相符，封闭的系统很难与外界进行数据交互，使系统在后期的升级以及功能的增加上受到严重限制。

组态软件的兴起与发展解决了上述工控领域的难题。组态软件作为用户进行数据采集与过程控制的专用软件，其灵活的组态方式能够帮助客户通过以太网、串口或专门通信对仪器、仪表等设备构建自动控制系统监控功能。组态软件的本质是一款集成的可视化工具，通过提供一个可视化的设计与开发环境协助用户完成可视化页面的搭建以及为各类场景提供可视化服务，使用户在实际应用时可以根据自己的需求进行二次开发。因此，组态软件是虚拟世界与现实世界进行沟通的重要角色。

计算机技术的飞速发展带动了组态软件的不断完善。首先是在20世纪70年代，微处理器的出现带动工控领域出现了新型的基于计算机的控制系统。微处理器在提高计算能力的同时，降低了控制器的硬件成本并缩小了体积。1975年美国Honeywell公司推出的世界上第一套集散控制系统，使组态逐渐被广大的自动化技术人员所熟知（李建伟、郭宏，2007）。之后，可编程逻辑控制器的出现壮大了组态软件的发展空间。到了20世纪80年代中后期，基于个人计算机构建的工业控制系统具有相对较低的成本，易于学习和使用，开始进入市场并发展壮大（刘耀，2004）。随着个人计算机技术向工业控制领域的渗透，组态软件在新型的工业自动控制系统中越来越显示出其重要性。用户通过组态软件，可以构建最适合自己的应用系统。新型的工业自动控制系统适应性强、开放性好、易于扩展、经济性高且开发周期短，取代了传统的封闭式系统。

二、组态软件

目前，国内外的组态软件有几十种之多，随着计算机技术的发展，组态软件在社会信息化进程中必不可少。现有的组态软件基本都具有图形组态功能和脚本语言，可以提供多种数据驱动程序，有着强大的数据库和丰富的功能模块。国外组态软件有美国的 InTouch、Fix、implicity，澳大利亚的 Citect，德国的 WinCC，以色列的 WizCo 等。常用的国产组态软件有 MCGS、Kingview、微控可视组态等。本节将对几种常见的组态软件进行介绍。

（一）InTouch

InTouch 软件是美国 Wonderware 公司研发的，是世界第一款组态软件，是组态软件的鼻祖，包括 InTouch 应用程序管理器、Window Maker 和 Window Viewer 这 3 个主要部分。InTouch 应用程序管理器用于组织创建的应用程序。Window Maker 是 InTouch 的开发环境，可以使用面向对象的图形来创建触控式显示窗口。Window Viewer 是图形窗口运行时的环境。InTouch 软件支持多种功能，包括通用的 ActiveX 控件、OLE 图形等。其提供广泛的通信协议转换接口 I/O Server，能方便地连接到各种控制设备，实现基于用户最大限度的开放性。InTouch 软件强大的网络功能使其可以与本机和其他计算机中的应用程序实时交换数据，同时支持 SQL 语言实现与其他数据库的连接。

（二）Fix

Fix 是美国 Intellution 公司开发的分布式 Client/Server 结构组态软件，可为工控人员提供熟悉的人机互动界面以及完整的控制系统。Fix 软件提供了强大的组态功能，内置微软 VBA 脚本语言支持对任意数据源的访问，同时支持第三方 ActiveX 控件技术。其拥有安全容器专利，能保证系统性能稳定。

（三）Citect

Citect 是澳大利亚的一款组态开发软件，其操作方式主要面向程序员。Citect 软件拥有强大的数据库管理系统和较好的控制算法，但 I/O 硬件驱动相对较少。Citect 提供了类似 C 语言的脚本语言，让用户可以进行二次开发，同时引入了符号、精灵及超级精灵的功能。系统开发人员可以根据行业特色或用户需求事先设定好特定功能的精灵模板文件，方便系统实施人员或客户使用，从而节约工程人员的时间。

（四）WinCC

WinCC是德国Siemens公司研发的一套以实时数据库为核心、围绕实时数据库实现各种数据存储功能的组态软件。WinCC具有强大的脚本编程范围，包含了C翻译器和大量的ANSI－C标准函数。因此，WinCC具有很强的开放性，但使用中需要注意存储器的分配，否则容易导致运行崩溃。WinCC软件内嵌OPC，可以对分布式系统进行组态。

（五）Kingview

Kingview（组态王）是北京亚控自动化软件有限公司开发的，是国内较有影响力的组态软件，广泛应用于小型自动化市场。组态王提供了资源管理器式的操作界面，将汉字作为关键字的脚本语言，其人机交互界面对用户友好。它具有适应性强、开放性好、易扩展性、经济性高、开发周期短等优点。设备具有很强的兼容性，几乎可以连接所有设备和系统。此外，系统提供了多种硬件驱动程序，具有多次或重复仿真运行的控制能力以及较强的交互能力。

（六）MCGS

MCGS软件是北京昆仑通态自动化软件科技有限公司开发研制的工控组态软件，可以稳定运行于Microsoft Windows 95/98/Me/NT/2000/xp等多种操作系统，具有多任务、多线程的功能。该软件采用VC++编程作为源程序，通过OLE技术为用户提供VB编程接口，同时提供丰富的设备驱动构件、动画构件、策略构件等，让用户可以定制特定的系统并实现随时扩充系统功能的效果。MCGS具有延续性、可扩充性、封装性和通用性等优点。当现场或需求发生变化时，使用MCGS软件开发的应用程序在进行产品的更新和升级时不需做大幅度的修改。使用MCGS软件，用户不需要掌握很多编程技巧就可以完成一个复杂系统要求的所有功能。MCGS组态软件具有网络版、通用版和嵌入版3个版本以满足不同场景下的需求。

三、组态在平台中的应用

系统提供实时动态组态展示，并提供组态编辑器，实现用户可拖拽式编辑；支持数值绑定、流程状态绑定、元件事件交互；支持滚轮缩放、鼠标拖动、小地图概览导航等功能；支持元件添加积累，向不同场景和领域扩展。

（一）技术架构

组态前端主要基于 HTML5、fabric - 4. 6. 0. js、Layui 2. 6. 8，包括 BS 组态展示和 BS 组态编辑页面。组态实时展示时，使用 HTML5 Canvas 进行渲染。Canvas 是一个高性能、通用的标签，可直接通过 JS 脚本来进行绘图。具体地，对画布元素绘制的通用基础方法进行封装，包括绘制图片、绘制文本、绘制矩形、绘制圆角矩形、绘制多边形、绘制椭圆、绘制直线等方法，并在此基础上进行绘制流程动作组合，可实现不同具体元件的前端展示绘制。

组态后端基于微软跨平台框架 . Net Core 3. 1，前端通过 WebAPI 向后端发送请求并返回所需要绘制的元件信息，包括页面配置、页面布局、元件位置、元件样式、元件构成、元件属性等用于前端展示和交互的信息。

（二）组态显示

组态包含两种渲染模式，即前端渲染和后端渲染。前端渲染为基于 HTML5 Canvas 的渲染模式；后端渲染指元件绘制不在浏览器端进行，而在平台端执行，平台端将元件渲染到位图画布上，再将位图转化为 JPEG 图像流，传输到浏览器端进行直接轮换展示。当前主要以前端渲染的方式为主，此方式可以有效降低服务器压力和网络流量。后端渲染作为一种备选机制，小地图生成可以选用后端渲染的方式完成。

前端渲染需要平台后端与页面前端的交互协作，其中平台后端涉及的主要子系统模块和流程交互如图 4 - 24 所示。与平台后端对应，页面前端涉及的主要子系统模块和流程交互如图 4 - 25 所示。

（三）数值绑定

数值绑定主要用于全部设备、传感器、管路等元件的数据、状态、报警等信息的绑定，并进行实时展示和刷新。数值绑定包括多种绑定方式，并可以扩展。其包括最常见的元件配置属性以绑定污染物因子或动力环境监测项，或根据设备名称和设备编号进行简单绑定，这些实现方式主要由组件本身或组件所属的大类自行定义实现。另外，一个比较重要的方式是实现标准信息提示接口 ITips 的信息绑定和展示，ITips 集成自 IBindMatch，实现了按照类别和标识键值的绑定和匹配。

（四）流程状态绑定

组件的流程状态，指通过相同元件不同颜色、样式和动画来展示仪器、管道、气路等在不同的流程状态下的状况。流程状态绑定的基接口为 IFlowState，在此基础上可以泛化不同的流程状态绑定类型，例如可流通元件基类 FlowElementBase，主要用

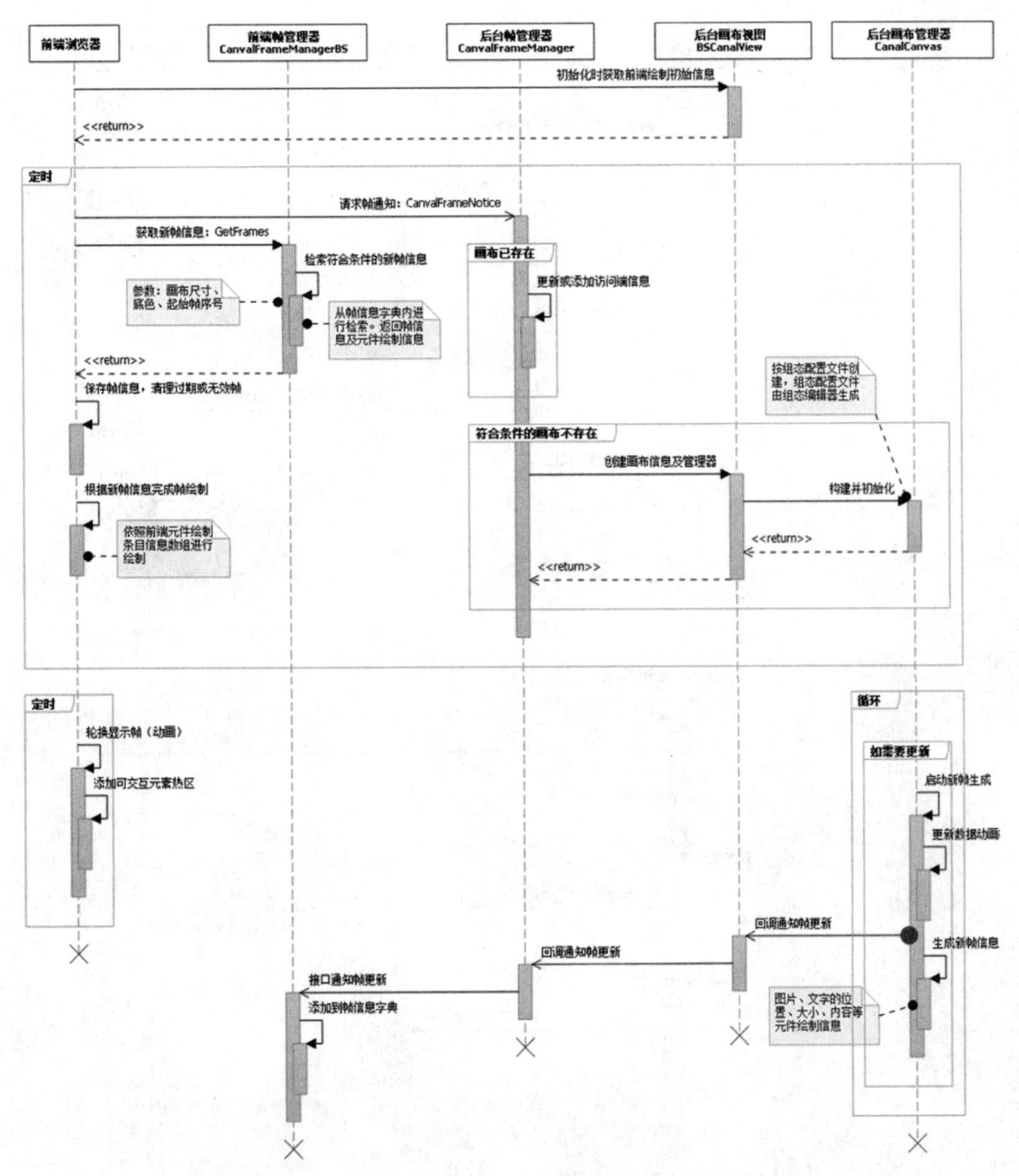

图 4－24　平台后端涉及的主要子系统模块和流程交互

于水管气路等元件的流通状态；池元件基类 PollElementBase，主要用于五参数池、喷淋塔等的池空、上水、池满等流通状态。状态绑定分别由元件的可设置流通状态 FlowState 对象以及可设置池状态 PollState 进行可视化配置。

（五）动画效果

某些组态元件具有动态效果，比如箭头、排气扇等，组态元件的动态效果由前端画布信息切换和后端缓存机制实现。前端使用多个（当前为 4 个）HTML5 Canvas，

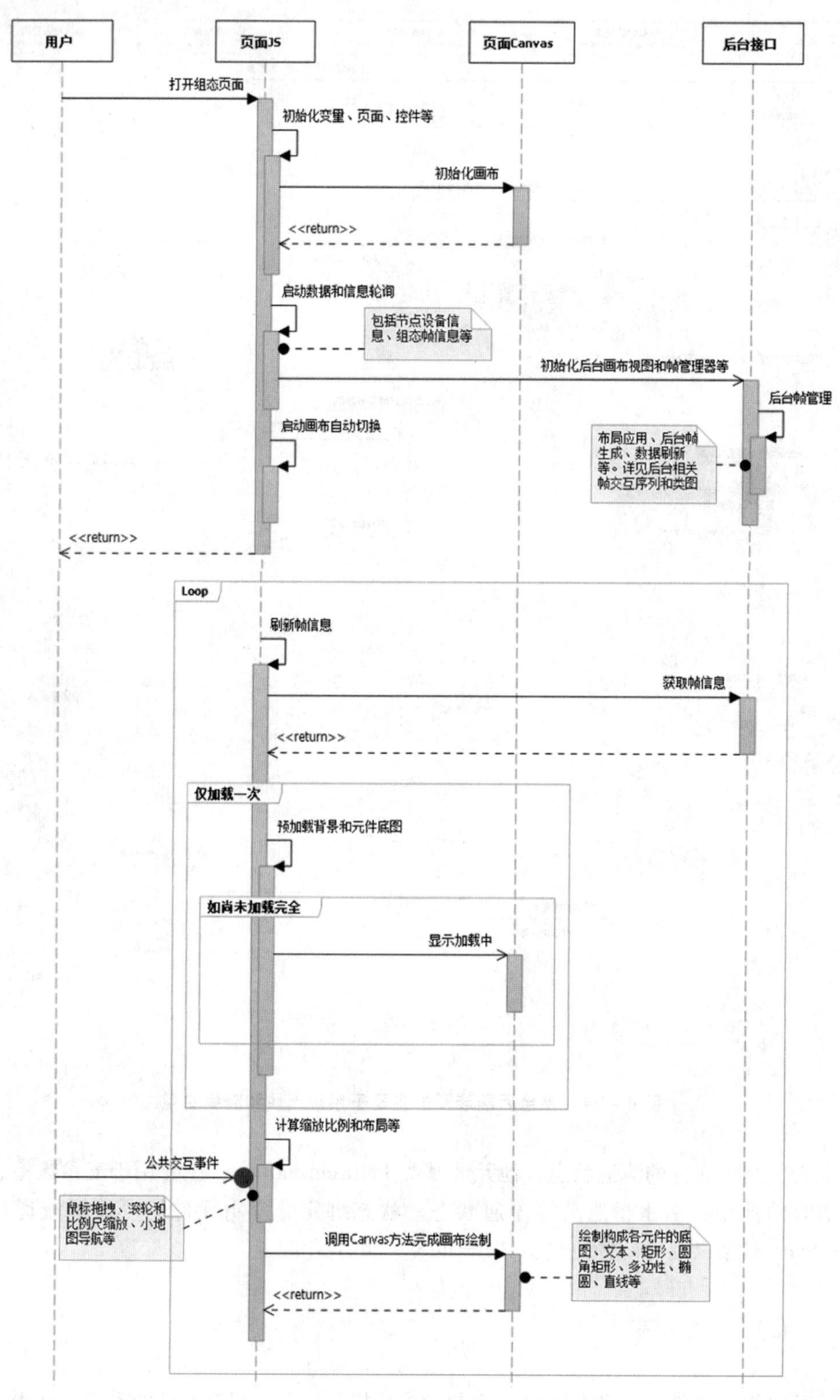

图4－25　页面前端涉及的主要子系统模块和流程交互

通过不断切换四帧画布信息来达到动画的效果，因此对于各动画分解帧，应在每轮（当前为四帧）切换时形成动画画面循环。

组态使用的缓存机制主要包括图片缓存和帧缓存。图片缓存主要在前端渲染时使用，降低每次刷新的网络传输，并加快前端绘制速度。即画布初始化时，提前预加载对应分组目录下的图片，包括元件样式图片和画布背景图，添加到图片缓存，供后续使用。帧缓存包括帧信息缓存和 Canvas 画布缓存，帧信息缓存指后台画布管理器仅在元件数据状态等发生变化后，重新计算绘制布局和内容等，缓存机制还包括需要处理帧创建、刷新、失效、过期等流程。Canvas 画布缓存则用于维持当前有效的动画帧，帧信息缓存变化后，将传导并更新到前端帧管理器中的 Canvas 画布缓存帧。

如果使用后端渲染，则缓存机制还包括画刷缓存和字体缓存等。其机理是通过字典缓存使用过的字体和画刷，以便于后续重复使用，避免频繁创建和销毁，但需要注意的是，这些 GDI 资源无法跨多线程同时使用，故需要加锁或使用其他同步机制，或由上层调用保障线程安全。当前在后端渲染的实现过程中，后台画布管理器在进行后端帧生成时，绘制入口方法已经加锁，故不需要缓存本身再加锁。

（六）元件事件交互

元件事件交互主要实现单击事件交互，元件单击事件具有开关控制和监测详情调取的功能。由元素单击事件实现接口 IElementClick 定义，包括对应元素和单击事件回调函数的定义。开关单击事件实现类 SwitchClick 和监测详情单击事件实现类 DevDetailClick 均继承自 IElementClick 接口，并具体定义实现元件事件的交互行为动作。

（七）公共交互功能

组态页面的公共控件交互，包括信息提示方式（默认、明细、概览、热点等）切换、滚轮缩放画面、鼠标拖动画面、小地图概览与导航等。

在 BS 展示页面，画布可以根据实际的大小进行自动缩放，也可以通过鼠标滚轮进行缩放，同时，在界面上可点击相关按钮进行复位和锁定；小地图则用于地图概览和快速定位。

（八）组件扩展

支持按领域和场景进行组件的分组管理，并支持元件添加积累，向不同场景和领域扩展。对于组件的定义和构建标准及扩展机制的理解，对于当前已实现的主要元件大类的了解，可参照图 4－26。当前平台已实现的具体元件类别共 86 种。

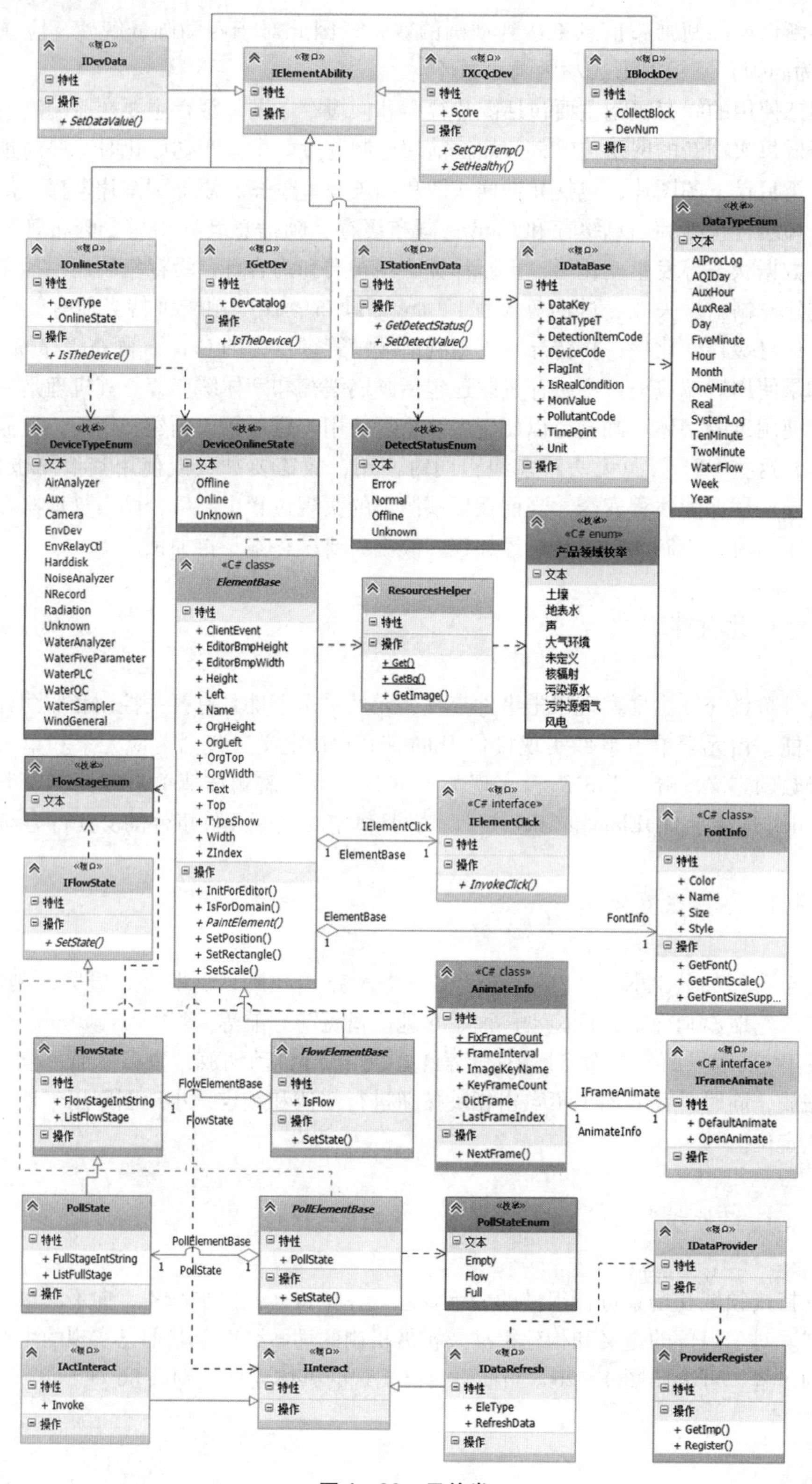

图 4－26　元件类

其中，ElementBase 为元件基类，所有元件均继承于此，同时 ElementBase 可继承自元素能力接口 IElementAbility，用于元件能力的定义。IElementAbility 泛化为多种能力，包括可设置在线状态接口 IOnlineState 的能力，可设置动环数值接口 IStationEnvData 的能力以及设置设备可寻接口 IGetDev 的能力等，可按照此机制进行元件能力的扩展。帧动画接口 IFrameAnimate 则是元件实现动画效果的配置实体，可利用 AnimateInfo 等工具类完成动画帧绘制工作。

元件交互接口 IInteract 主要用于元件的前端交互，泛化为元件数据刷新 IDataRefresh、元件动作交互 IActInteract 等多种接口，完成刷新监测设备数值、刷新动环数值、刷新信息提示、刷新流程状态、开关单击动作交互等前端元件的交互功能与后端实际设备或节点能力接口间的数据和指令对接。

所有元件按分组进行管理，并进行节点领域对应和筛选，即不同应用领域的节点，仅可以选用该领域对应支持的元件分组。

（九）组态编辑器

系统提供组态编辑器，实现可拖拽式编辑，根据不同场景，可通过配置画布，拖拽元件库里的元件并编辑元件来搭建一个组态可视化编辑平台。运维人员可直接手动编辑各界面元素的内容、布局和展示，适用于站房设备变更情况。组态元素的尺寸、位置、显示样式、所属层级等均可调节。组态编辑界面由菜单栏、组态元件库、画布、配置功能键组成（图 4－27）。软件已预置多种组态元件供选择，站房内的采样装置、监测仪器、配套设备、监控设备、连接管路均可从组态元件库直接拖拽至画布中调整位置添加，组态元件旁可拖拽编辑文本标识。

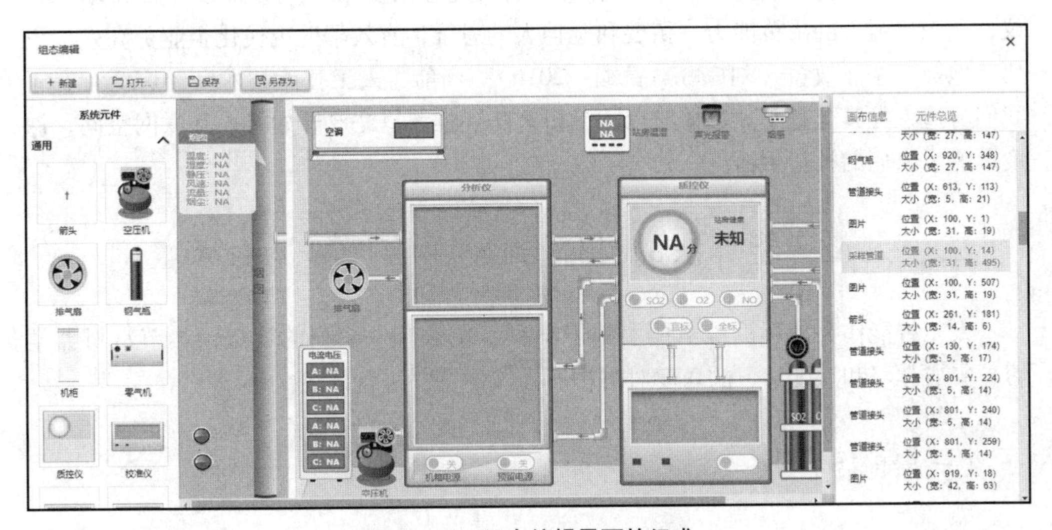

图 4－27　组态编辑界面的组成

第四节　人工智能算法

一、概念

人工智能指智能机器人如计算机执行的与人类智能有关的功能，如识别、判断、证明、学习等思维活动，其基本思想和内容是研究人类智能的活动规律（刘宗保，2011）。计算机的出现提供了模拟人类思维的工具，实现了对庞大数据量的高效处理，替代了人类劳动力甚至部分思维能力。1956 年，以麦卡赛、明斯基、罗切斯特和申农等为首的一批杰出的年轻科学家首次提出了“人工智能”的概念（刘俊一，2018）。人工智能出现之初，科研者使用随机规划、动态规划、图论与网络流等优化方法解决工程问题。随着达尔文进化论的提出，科研工作者提出了一系列模拟生物活动规律的人工智能算法，如模拟生物进化论的遗传算法、模拟蚂蚁群体觅食的蚁群算法以及模拟人类大脑的神经网络。

人工智能算法，即通过高效计算设备按照设定程序算法对输入数据集中分析处理，并依据输出结果解决特定问题的准确描述或清晰的有限指令。人工智能算法的出现彻底打破了经典逻辑计算算法的设计思想，融合了社会科学和自然科学的知识，极大地发展了人工智能。由于人工智能算法在数据处理过程中不再使用传统的计算方法和设备，而是使用高性能的计算设备高效快速地得到精准的数据结果，获得了极大的可靠性，方便了工程人员对系统的操作。人工智能算法令计算机达到了模拟人思维和智能的效果，可为人们提供关于数据应该如何处理以及结果应该采取什么行动的建议，从而增强人的决策能力，拓展和延伸人的思维，有效帮助现代化企业更高效、更快速地提升企业效益（刘广峰、黄霞，2016）。当前，人工智能技术已经广泛存在于我们身边，尤其是基于大数据支撑的分析算法和推荐算法已开始接入互联网空间，深度影响了人们的社会生活。

二、人工智能算法的具体分类

人工智能作为计算机科学技术的子学科，包含有一系列的算法，本节从机器学习、集成学习和深度学习的角度对书中所涉及的算法进行概述。

（一）机器学习

机器学习是一种能够赋予机器开展学习的能力进而完成编程无法完成的功能的方法，主要通过对海量数据进行挖掘和分析，发现数据间的统计规律。其主要算法理论来自统计学、概率论和逼近论等多个复杂学科。

1. K值近邻算法

K值近邻算法是监督学习中的经典分类算法，主要是对标注好的数据集进行分类（Kanungo et al.，2002）。采用多个 k 维树的方法求取输入样本的方差，找到划分的特征点后，将超平面分为多个部分，不同部分对应不同标注相应的类别，从而达到训练分类的目的。

K值近邻算法的基本思想是：设定数据集中的一个对象 D，计算出同它 k 个最相邻对象的集合 $E = \{e_1, e_2, \cdots, e_k\}$，如果集合 E 中大部分对象都属于同一类别，那么判定 D 也属于该类别。

2. 朴素贝叶斯

朴素贝叶斯是一种文本型线性分类器，是基于贝叶斯公式建立的，贝叶斯公式如下：

$$p(a \mid b) = \frac{p(b \mid a)p(a)}{p(b)} \tag{4-1}$$

式中，$p(a \mid b)$ 表示在给定事件 b 的基础上事件 a 发生的概率。朴素贝叶斯公式的“朴素”在于假定“不同特征事件之间是相互独立的”，此时朴素贝叶斯的公式为（4-2）：

$$p(a,b,c \mid d) = p(a \mid b,c,d)p(b \mid c,d)p(c \mid d) = p(a \mid d)p(b \mid d)p(c \mid d) \tag{4-2}$$

上述公式可以解释为当事件 a、b、c 之间相互独立时，在给定事件 d 的基础上同时发生事件 a、b、c 的概率等于发生事件 a 的概率、发生事件 b 的概率和发生事件 c 的概率之积。尽管在生活中相互独立的事件并不存在，但朴素贝叶斯算法在小型样本的分类中依然有较好的效果。朴素贝叶斯主要用于新闻分类、文本分类、患者分类等。

3. 支持向量机

支持向量机（support vector machines，SVM）是一种分类方法，其基本思想是使用结构风险最小化理论在特征空间中构建最优超平面，使得训练模型得到全局最优，并且在整个样本空间的期望以某个概率满足一定上界。

SVM 主要有 3 类模型：线性可分、线性和非线性。线性可分指当数据线性可分时，通过硬间隔最大化可以在二维平面内学习得到一条清晰分开两个数据集的线性分类器。线性指当数据可以近似线性可分时，通过软间隔最大化可以在二维平面内得到一条能够分开两个数据集的线性分类器。非线性指数据不能线性可分时，通过非线性转换将输入向量映射到高维空间中，可在该空间构造最优决策函数以获得平面分类器。

在实际应用中，SVM 不仅可用于二分类，也可用于多分类，主要应用于垃圾邮件处理、图像特征提取及分类、空气质量预测等领域。

4. 逻辑回归

逻辑回归是基于线性回归进行改进的一种分类算法，常用于二分类。逻辑回归的原理是用逻辑函数（Sigmoid）把线性回归的结果（$-\infty$，$+\infty$）映射到（0，1）。

线性回归是通过拟合最佳直线建立自变量和因变量的关系对数据集进行分类，线性回归函数的数学表达式如式（4－3）所示。

$$y = \theta_0 + \theta_1 x_1 + \theta_2 x_2 + \cdots + \theta_n x_n = \boldsymbol{\theta}^{\mathrm{T}} \boldsymbol{x} \tag{4-3}$$

式中，x_i 是自变量，y 是因变量，θ_0 是常数项，$\theta_i(i = 1,2,\cdots,n)$ 是待求系数，不同的权重反映了自变量对因变量不同的贡献程度。线性回归对规律的数据集比较有效。如果出现较多离群值数据，就会大大降低线性回归的效果。因此，逻辑回归在线性回归的基础上加入了逻辑函数，目的是解决数据离群的问题。逻辑函数的表达式为：

$$g(y) = \frac{1}{1 + \mathrm{e}^{-y}} = \frac{\mathrm{e}^{y}}{1 + \mathrm{e}^{y}} \tag{4-4}$$

逻辑回归根据已知的一系列因变量估计离散数值，将数据拟合成一个逻辑函数来预估一个事件的概率 $g(y)$：

$$g(y) = \frac{1}{1 + \mathrm{e}^{-y}} = \frac{1}{1 + \mathrm{e}^{-(\theta_0 + \theta_1 x_1 + \theta_2 x_2 + \cdots + \theta_n x_n)}} = \frac{1}{1 + \mathrm{e}^{-\boldsymbol{\theta}^{\mathrm{T}} \boldsymbol{x}}} \tag{4-5}$$

逻辑回归通过引入概率论中的最大似然函数方法，求得类似神经网络的权值和偏移量参数，进而达到训练分类的目的。逻辑回归主要用于预测和判别，常用于医学领域的流行病预测。

5. 判别分析

判别分析又称为线性判别分析（linear discriminant analysis，LDA），产生于 20 世纪 30 年代。判别分析要求分类的对象要有明确的类别空间，在分类确定的条件下，根据多种因素对研究对象的影响获得事物的特征值进行判别分类的多元统计分析方法。判别分析通常是在知道一定数量样本的类别的情况下，根据样本资料按照一定的原则总结出分类的规律性，通过建立判别公式来指导今后的分类。基于这样的特点，判别分析常和聚类分析联合使用。

判别分析通常都要设法建立一个判别函数，然后利用该函数进行判别，判别函数主要有两种，即线性判别函数和典则判别函数。线性判别函数是指对于总体，如果各组样品互相对立，且服从多元正态分布，就可建立线性判别函数。而典则判别函数则是原始自变量的线性组合，通过建立少量的典则变量就可以比较方便地描述各类之间的关系。常见的判别方法有距离判别法、贝叶斯判别法、费歇尔判别法等。

（二）集成学习

集成学习是将多种机器学习方法组合成一个预测模型的元算法，目的是减少各个模型的方差、偏差，或者改进预测的效果（李宝琴等，2020）。集成学习通过集成多个基分类器，可获得比单个分类器更加优越的泛化性能，易于吸收其他算法的优点。

1. Bagging

Bagging 算法是并行集成学习的经典算法，可并行生成多个相互之间不存在依赖关系的基分类器。Bagging 算法根据均匀概率分布从样本中有放回地重复抽样得到多个训练子集，然后根据训练子集通过特定的学习模型训练得到多个基分类器，最后将基分类器整合得到一个组合分类器。组合分类器通过多数投票法整合多个基分类器的预测结果，最后得到未知类样本的分类结果。

由于 Bagging 使用有放回抽样的方式创建基分类器，在抽样过程中可能会出现样本遗漏的情况。假设每次抽样的样本数量为 k，当 k 接近于无穷大时，原始样本中未被采样的概率通过式（4-6）计算得到 $\frac{1}{e}$，即原始样本中有大约将近 1/3 的样本从未被抽取过。

$$p = \lim_{k\to\infty}\left(1 - \frac{1}{k}\right)^{k} = \frac{1}{e} \tag{4-6}$$

Bagging 的分类性能主要取决于基分类器的稳定性。如果基分类器的性能不稳定，则 Bagging 有助于降低训练数据随机波动导致的误差；如果基分类器的分类性能稳定，则组合分类器的误差主要是由基分类器的偏倚所引起的。在这种情况下，Bagging 可能不会对基分类器的分类性能有显著改善。Bagging 算法在实际使用中与其他分类、回归算法结合，在提高准确率和稳定性的同时，通过降低结果的方差可以避免过拟合的发生。

2. Boosting

Boosting 是串行集成学习中的典型算法之一，可串行生成多个相互之间存在强烈依赖关系的基分类器。Boosting 算法起源于 PAC 学习模型中强学习和弱学习两个概念（Valiant，1984）。弱学习算法的识别错误率小于 1/2，其计算过程简单但得到的结果只比随机分类好点；强学习算法的识别准确率很高并能在多项式时间内完成学习，这种算法的结果非常接近真值但计算过程复杂。Boosting 算法的本质是通过集成的方式提升弱学习算法的分类性能，可通过简单的算法求得真值，而不需要直接寻找强学习算法。

Boosting 算法通过改变样本分布进行学习训练，其流程如下：算法通过串行的方式根据训练子集训练一系列的弱学习算法作为基分类器，每个训练子集在 Boosting 开始前给予不同的权重；然后依据某种规则在每次迭代结束后根据前一个基分类器分类的正确概率都自适应地改变训练子集的权重，使后一个基分类器纠正前一个基分类器所犯的错误。通过聚集每轮提升得到的基分类器，得到最终的组合分类器。Boosting 的每个基分类器都根据上一个基分类器的结果决定训练子集的权重，因此各个基分类器之间相互依赖。

Adaboost 算法是最具代表性的 Boosting 算法之一，其主要实现步骤是：首先对数据集中的每个训练样本分配相同的权重；然后在每次迭代的过程中对于被基分类器分类错误的训练样本增加权重，反之则减少权重；最后，通过基分类器之间的序列集成方式对分类模型的分类偏差进行修正，组合成强分类器模型。

3. 不平衡数据分类算法

前面提及的 Bagging 和 Boosting 两种算法主要面向相对平衡的数据，即认为样本中每种类别的样本数量是相当的，因此在处理不平衡的数据时分类性能不佳，不擅长处理类别不平衡问题。类别不平衡问题是指在分类问题中各类别样本数量的分布不平衡，即某些类别的样本数量远小于其他类别（叶志飞等，2009）。通常样本数量少的类别为小类，样本数量多的类别为大类。在类别不平衡问题中，小类样本是关注的重点，其错误分类的代价相比大类样本较大。随机欠采样法可有效解决两类类别的不平衡问题，但容易忽略潜在有用的大类样本信息。Liu 等（2008）根据不平衡数据的分布特性，结合随机欠采样技术和 Boosting 的优势，提出了 Easy Ensemble 和 Balance Cascade 两种针对不平衡数据的分类算法。Easy Ensemble 和 Balance Cascade 的本质是利用集成技术充分挖掘随机欠采样方法所忽略的潜在有用的大类样本信息，减少大类样本重要信息丢失的可能性。

Easy Ensemble 算法使用 Booststrap 采样方法对大类样本集进行采样，生成了多个和小类样本一样数量的大类样本子集。再将大类采样得到的样本子集与小类样本集的全部样本组合在一起，以 Adaboost 为基分类器通过 Bagging 的集成学习方法利用训练子集对基分类器进行训练，最后形成一个强分类器。

Balance Cascade 算法的基本架构与 Easy Ensemble 算法相同，不同之处在于每训练一个 Adaboost 基分类器后就将正确分类的样本去掉，将错误分类的样本放回到原样本空间中，可通过迭代该方法调整阈值来筛选出分类错误的样本并将其保留，调整阈值使得模型的错误率达到一定的标准。

（三）深度学习

深度学习是一种特殊的机器学习形式，其概念最早由 Hinton 于 2006 年提出，指基于样本数据通过一定的训练方法得到包含多个层级的深度网络结构的机器学习过程（Hinton and Salakhutdinov，2006）。大多数深度学习方法使用神经网络架构，通过深层神经网络将数据底层特征组合成高层特征进行表示，并用于分类、预测等任务。“深度”二字源于神经网络隐含层的层数，隐含层的层数越多，神经网络的拟合能力越好，越能够学习到原始数据中更为深层的特征。

芯片处理能力的提高和深度学习算法的进步，使得深度学习在理论和应用上不断取得突破。常见的深度学习神经网络算法有卷积神经网络、循环神经网络、深度置信网络、生成对抗网络。

1. 卷积神经网络

卷积神经网络（convolutional neural network，CNN）是目前最流行的深度神经网络之一。CNN 属于有监督的神经网络，由多层的单层卷积神经网络组成，其中前层网络的输出作为后层网络的输入。CNN 的层次结构主要包括数据输入层、卷积计算层、ReLU 激励层、池化层、全连接层。卷积层具有局部连接、权重共享等特性。在训练 CNN 时，采用卷积、池化以及函数映射等操作逐步提取出原始图像中的特征，然后将得到的特征图与期望的标签进行对比，通过计算得到误差值，再通过反向传播法（BP 算法）将误差值逐层反馈给前面的每个节点，实时更新卷积核的权值，直到训练结束。

CNN 适用于样本数量大且对精度要求较高的非线性时间序列的预测，可以进行大型图像的识别，广泛应用于人工智能程序、计算机视觉、自然语言处理、灾难气候发现以及医药发现等领域（于进勇等，2018）。研究人员为了改善模型的复杂度，提出了很多基于 CNN 的神经网络模型，例如 AlexNet、DenseNet、GoogLeNet、LeNet、ResNet、VGG-Nets 和 ZF-Net 等。

2. 循环神经网络

循环神经网络（recurrent neural network，RNN），是一种在时间上的递归神经网络，主要用于序列数据的特征提取。相较于其他神经网络，RNN 的结构更加符合生物神经元的连接方式，在序列的演化方向上递归地连接所有节点。后一层网络会对前一层网络的信息进行记忆，并添加到当前层的计算中，因此 RNN 具有记忆性、参数共享和图灵完备的特点。由于 RNN 擅长学习序列数据的非线性特征，广泛应用于例如语言识别、机器翻译、音频分析等领域。

常见的 RNN 模型有长短时记忆（long short term memory，LSTM）网络、门控循环单元（gate recurrent unit，GRU）、双向长短时记忆（bi-directional long short term memory，BiLSTM）网络等。

3. 深度置信网络

深度置信网络（deep belief networks，DBN）是一种非监督快速学习方法，由多层无监督的受限玻尔兹曼机（restricted Boltzmann machines，RBM）和一层有监督的前馈反向传播（back propagation，BP）网络组成，可以用来进行精细化和网络预训练。RBM 通过学习数据的概率分布提取抽象特征，因此以 RBM 为基本结构单元的 DBN 是一种随机性的概率生成神经网络模型，具有表达目标特征的能力。

DBN 建立模型分为无监督的训练和有监督的微调训练两个阶段，在无监督的训练阶段，通过无监督的贪婪逐层训练法，使每层的 RBM 网络模型都得到充分训练，逐层学习每层数据的条件概率分布，提取多种概率特征。然后，在有监督的微调训练阶段，使用带标签的数据并利用 BP 算法对分类器进行有监督的训练，再从上向下对无监督训练得出的参数值进行微调。

4. 生成对抗网络

生成对抗网络（generate adversarial network，GAN）是一种通过对抗过程估计生成模型的框架。该框架主要由生成和判别两种神经网络模型组成。生成模型的主要任务是从随机均匀分布中捕获数据分布，然后合成输出数据。判别模型以正式数据或者合成数据作为输入，然后估计训练数据的概率将样本为真的概率输出。GAN 的主要功能是生成对抗样本，用于训练网络，适用于图像生成任务如图像建模。

5. 目标检测算法

目标检测，即对图像中的指定目标进行识别。随着卷积神经网络的广泛应用，与深度学习结合的目标检测技术是当前计算机视觉领域的研究热点之一。目前，基于深度神经网络的目标检测算法主要有两种类型，分别是基于区域提取的两阶段检测模型和直接进行位置回归的单阶段检测模型。

两阶段目标检测的核心是 CNN，常见的两阶段检测算法有 RCNN、Fast-RCNN、Faster-RCNN 等。通过 CNN 的骨干网提取图像特征，从特征图中找出可能存在的候选区域，然后通过滑动窗口在候选区域中进一步判断目标类别和位置信息，达到区域提取的效果。基于 CNN 的目标检测大大降低了计算的时间复杂度。

单阶段目标检测从检测的实时性对算法进行优化，典型的检测方法包括 SSD、YOLO 系列等。其中，YOLO 系列是 Redmon et al.（2016）提出的基于回归的两阶段检测算法，使网络结构更简单。2020 年推出了第五个版本的 YOLO v5 网络，其中包含了 4 种不同检测版本（Zhu et al.，2021），分别是 YOLO v5s、YOLO v5m、YOLO v5l、YOLO v5x，YOLO v5s 网络是深度和特征图宽度都最小的网络，后面的网络依次加深、加宽，可通过参数来控制网络的深度与宽度，十分灵活。YOLO v5 网络在目标检测领域有非常好的性能，主要原因有：

（1）输入端采用 Mosaic 数据增强，增加了检测数据集的多样性和网络的鲁棒性，且采用了自适应锚框方法和自适应图片缩放方式，有效提升了检测精度和检测速度。

（2）主干网络采用 Focus 结构和 CSP 网络，Focus 结构的切片操作可以很好地提取特征图，CSP 网络可以增强网络的学习能力，在减少模型参数的同时还可以保证检测的准确性，降低了计算成本。

（3）Neck 网络主要采用了 SPP 模块和 FPN + PAN，能更充分地提取融合特征，在 Backbone 和输出端中插入了 Neck 层。SPP 网络使用不同尺度最大池化，再将得到的不同尺度的特征图进行 Concat 操作。

（4）在输出端 Bounding box 的损失函数为 GIOU_Loss，可以提升预测框回归的速度和精度，且采用非极大值抑制的方式，提升了重叠目标框的检测效果。

三、人工智能算法在平台中的应用

（一）现场异常行为监测

利用人工智能算法检测现场异常情况，实现流程如下：使用 YOLO v5 目标检测和 Deepsort 目标跟踪算法，识别并跟踪人体及运动。再通过运动匹配度和外观匹配度的加权得到综合匹配度，权衡匈牙利算法的权重，获取人体运动目标的行动轨迹，得到带有人体检测框信息的连续视频帧。最后对检测框中的连续人体行为特征进行识别，从而判断是否发生了特定行为。为了更好地利用时序特征提高检测精度，先使用 CNN 对原视频帧中包含人体的检测框区域进行特征提取，然后使用基于注意力机制的双向 LSTM 算法处理连续帧之间的时序信息，从而对特定行为如看手机、抽烟等行为进行检测和识别。

（二）烟气/扬尘监测

首先使用像素匹配和混合高斯模型动态去除视频背景；再使用 LBP 提取烟雾特征值，同时使用光流法提取特征纹理的向量轨迹；最后利用视频流的时间连续性，使用 LSTM 神经网络对特征和轨迹进行基于模式匹配的烟气或扬尘判定。

（三）排水/排污识别监测

结合多种视频和图形处理技术，完成多种 AI 算法的端到端管道集成，包括 XG-Boost、金字塔 LK 光流、Kalman 滤波、深度残差神经网络等算法模型，可提供实时自动的排水监测、判定和报警，包括是否正在排水判定、流动轨迹捕捉、排水量估算、污水色度和浊度判定等，能够提供智能的监测报警及自动取证留证。

（四）喷淋水识别

首先监测视频流前后帧间的像素变化，监测到相应变化后触发进一步的处理；然后使用 LBP 提取图像变化区域的水雾特征值，同时使用光流法提取特征纹理的向量轨迹；最后根据视频流的时间连续性，使用 LSTM 神经网络对特征和轨迹进行基于模式匹配的喷淋判定。

（五）未关门生产监测

基于 SIFT 算子进行 FLANN 匹配，并引入区域识别和校正机制，实现在线的实时门状态检测；使用 Adaboost 基于图像内提取的 Haar 特征构建并训练强分类器，结合识别区域的色域特征，实现在线的设备配电箱状态等的判断。最后将两者结合，判断是否存在未关房门进行生产作业等行为并进行报警。

（六）机械噪声识别监测

首先融合声纹时域特征和频域特征进行特征工程，其中使用卷积循环神经网络（convolutional recurrent neural network，CRNN）提取声音的连续波纹特征，频域特征则使用梅尔滤波器模拟人对频率的感知。将两种特征进行特征融合后，送入用于分类的神经网络，识别出是否是机械、人类活动或交通噪声等，其中对于机械噪声，要细化识别出是否是锤击、钻孔、爆炸、刮擦、泵水、喷水等声音，用于辅助判断现场的生产运作等情况。

第五章　空气质量自动监测智能化站房

第一节　数字孪生五维模型

一、数字孪生五维模型方法

为了加强对环境空气监测站的管理，确保监测数据的真实性和有效性，运用数字孪生技术建设智能化的空气监测站房，以实现全网质控的自动化。数字孪生技术通过利用物理模型、传感器以及过程运行数据，在虚拟世界对物理实体进行仿真模拟反映其全生命周期过程（程祖国、罗敏，2020）。应用数字孪生技术的第一步是构造智能化站房的数字模型。Grieves and Vickers（2017）最初定义了三维的数字模型，包括物理实体、虚拟实体以及二者之间的连接。陶飞等（2019）在三维数字模型的基础上增加了孪生数据和服务两个新维度，创新性地提出了数字孪生五维模型（图5－1），使其具有更好的实用性和扩展性。

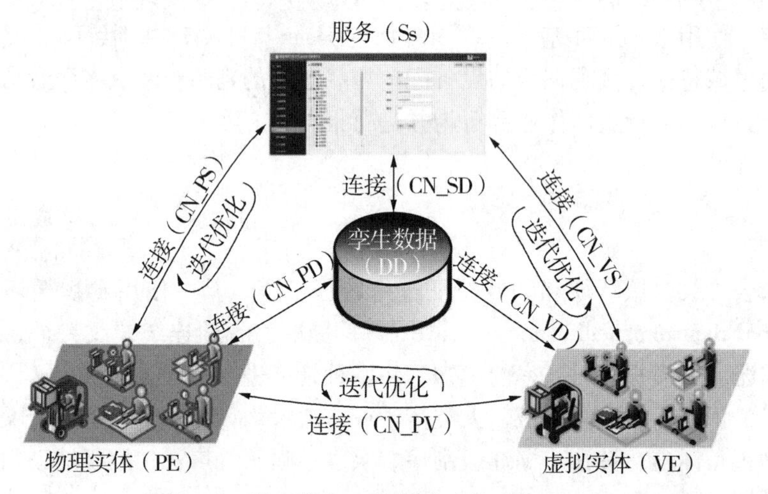

图5－1　数字孪生五维模型（陶飞等，2019）

二、智能化站房模型组成部分

参照数字孪生五维模型对空气质量监测站房进行数字孪生构建，改善站房运维方式，实现站房智能化，确保站房安全有序运行。在智能化站房中，数字孪生五维模型的五要素分别为物理站房、虚拟站房、服务、孪生数据和连接。

物理站房：物理实体是现实中可以操作的物理产品，是数字孪生技术的基础。其在完成本身正常的功能输出外，还需要收集运行系统所需要的参数以及环境变量信息来驱动信息世界的虚拟实体模型。为了在虚拟空间创建智能化站房的数字孪生五维模型，需要对站房内的温湿度、总管温湿度、总管静压、钢气瓶压力、烟雾报警、水浸报警、声光报警、动力电压电流、断电报警和开关量状态进行实时采集。通过在站房布设传感器，可对站房的运行状态充分感知并进行动态监测。

虚拟站房：虚拟实体是物理实体在信息世界的映射，是构建数字孪生五维模型的基础，可从多维度、多空间尺度和多时间尺度对物理实体进行刻画和描述。智能化站房中，通过数字化建模建立物理站房相对应的虚拟模型，虚拟站房可以模拟站房中的监测仪器工作状态、站房温湿度、总管温湿度、总管静压、钢气瓶压力等全方位事物在真实环境下的行为。

服务：服务依靠算法、模型、数据、知识等支撑，对系统运行场景和站房状态进行决策，从而实现对物理实体的远程控制。智能化站房中，基于虚实结合的数字孪生，提供的服务包括站房设备的监控、诊断、报警，设备远程控制，设备远程校正和升级等。

孪生数据：孪生数据是数字孪生系统中按照系统定义的规则而存在和运作的数据。孪生数据主要包括物理实体数据、虚拟实体数据、服务数据、知识数据以及融合衍生数据。在智能化站房中，孪生数据是站房设备、环境、仪器数据等汇聚成的站房数据。

连接：连接能够完成各组成部分之间的互联互通，将物理实体、虚拟实体以及服务作为节点，节点通过连接形成数字孪生的拓扑结构。智能化站房中，站房设备运维的各类活动不但存在于物理空间，而且存在于虚拟空间，使得关键参数的变更维护可追溯，确保数据质量的准确性、真实性和有效性。

第二节　分析仪器的数字模型

虚拟站房的构建是智能化站房模型的重要组成部分，如何将实体站房中的各种监测仪器在虚拟空间中进行刻画和描述模拟是实现智能化站房的关键一步。其中，构建了监测仪器的全生命周期的数字模型，可以根据其生命周期提前知道监测仪器发生故障的时间点，有利于避免未发现监测仪器故障而对监测数据产生的影响。因此，为了预判空气质量监测仪器发生故障的时间，预防数据资产损失，建立了基于边缘计算和反向传播神经网络（简称“BP 神经网络”）的环境监测仪器故障预测方法。使用该算法可提前预知设备环境状态出现不良的问题，运维人员可及时获取预测预警信息，对设备进行预防性维修，使监测设备能长期连续可靠运行并保障较高的数据获取率，减少仪器设备发生故障的频次，延长使用寿命，提升运维针对性。

一、环境监测仪器故障预测流程

环境监测仪器故障预测方法主要针对监测仪器中的光传感器和光电倍增管，其预测步骤流程如图 5－2 所示。

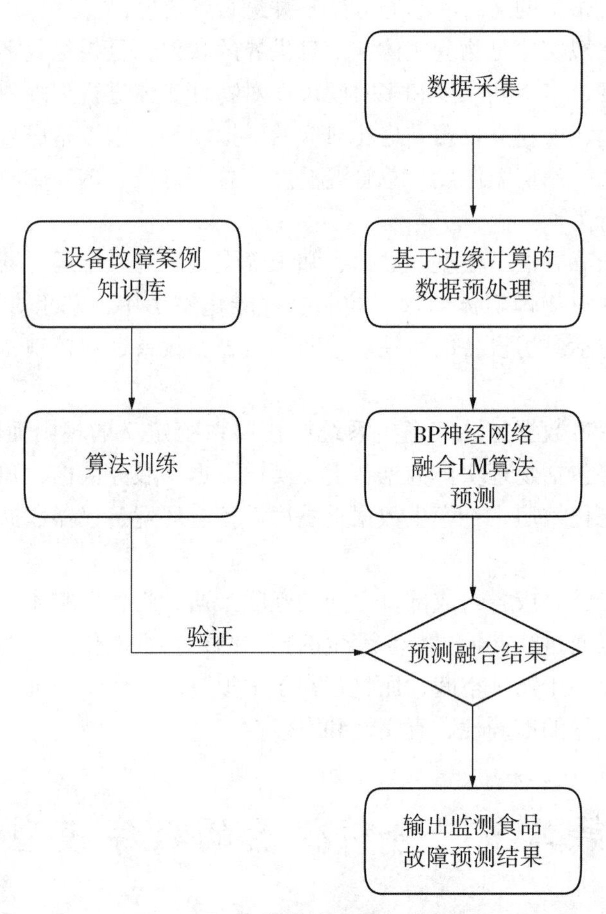

图 5－2　仪器故障预测方法流程

第一步，获取监测仪器运行状况的仪器状态数据，包括常规污染物的仪器电路各测试点的电压、电流和波形的数据，气路检漏和流量检查的数据，对光学部件和光路进行检查的数据，对计算器进行各项控制功能、通信工作状态、键入和显示、A/D 和 D/A 转换精度及线性度等进行性能指针检查的数据。

第二步，将采集到的数据基于边缘计算进行数据预处理。首先整合网络、计算和存储 3 个基础模块和虚拟化服务。网络模块是将软件定义网络（software defined network，SDN）应用于边缘计算，计算模块则是异构计算（heterogeneous computing，HC）作为边缘侧计算硬件架构，存储模块是将时间序列数据库（time series database，TSDB）作为存放时序数据的数据库，将身份溯源 ID、传感器（采集）、线性变换

（滤波）、节点注册、传输（Modbus 和 MQTT）、配置、远程控制、远程升级按 Topic 定义能力实现基础资源的标准化管理。从传感器中读取环境信息，随后向执行器中写入由环境变化引起的响应操作。通过虚拟实体表征控制系统中的传感器、执行器、同级控制器和系统，并描述它们之间的关系。在边缘侧对所述仪器状态数据进行分析、整理、计算和编辑，同时在云端对所述边缘侧传递来的数据进行建模分析，得到仪器状态数据的建模序列和仪器状态数据的预测值。一方面对物联传感设备采集的数据进行预处理，将无用的数据进行过滤，降低传输的带宽；另一方面将时间敏感型数据的分析应用移至边缘侧，保证数据中心可靠性，满足生成速度的需求。

第三步，利用 BP 神经网络融合 LM（Levenberg-Marquarelt）算法对监测仪器进行预测。BP 神经网络模型结构示意如图 5－3 所示。将所述仪器状态数据的建模序列作为 BP 神经网络融合 LM 算法的输入训练集，在得到期望误差的 BP 神经网络后，将所述仪器状态数据的预测值输入到训练好的所述 BP 神经网络融合 LM 算法，得到基于传感器多特征预测值的特征层的环境监测仪器预测融合结果。BP 神经网络融合 LM 算法的函数为：

$$\hat{z}(t) = Y + K\frac{\beta}{\alpha^{\beta}}t^{\beta-1} \tag{5-1}$$

式中，t 为仪器状态数据，$\hat{z}(t)$ 为拟合的测量值，α 和 β 分别为比例参数和形状参数，$\frac{\beta}{\alpha^{\beta}}t^{\beta-1}$ 是双参数威布尔分布的故障率函数，参数 K 用于将拟合的测量值缩放到任何范围，参数 Y 用于指示形状参数在合理区间时的值。

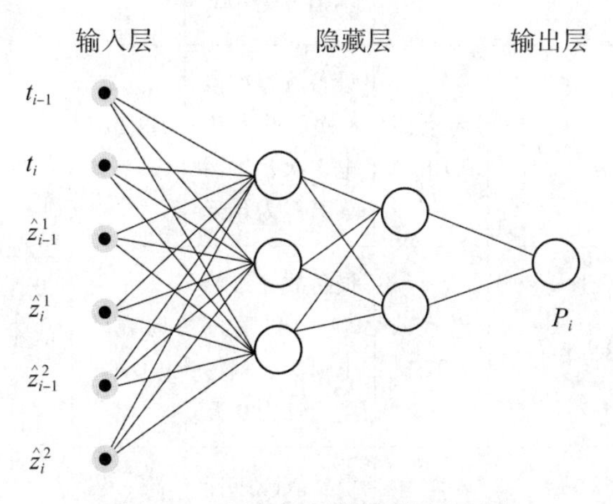

图 5－3　BP 神经网络模型结构示意

最后，对设备仪器故障大数据进行分析验证。将设备故障维修数据、设备校准数据、运维痕迹数据、设备告警数据和设备监测数据作为验证数据构建验证集。基于所述验证集和所述预测融合结果生成设备故障知识库并进行分析和验证。将所述 BP 神经网络融合 LM 算法进行训练，并选择训练均方误差最小的新神经网络，得到修正后的预测融合结果和监测仪器故障预测结果。

二、预测案例

使用环境监测仪器故障预测方法对广东从化街口、从化良口、广州麓湖和广东商学院4个站点的 SO_2 监测仪器的光传感数据（表5－1）和CO监测仪器的光电倍增数据（表5－2）进行实验预测。LM算法根据仪器状态数据和案例知识库数据拟合出仪器重要参数的周衰减率，比较仪器重要参数的量值范围，预测仪器可能出现故障的时间。当 SO_2 监测仪器的光强参数衰减后低于30%光强能量，光传感器就会产生故障；同理，当CO监测仪器的倍增管高压参数低于－600 V时，光电倍增管由于电压过低导致设备故障。

预测结果显示，从化街口的 SO_2 监测仪器预计140天后可能会出现光传感器故障；从化接口的CO监测仪器预计105天后可能会出现光电倍增管电压过低故障。

表5－1　光传感数据的实验预测结果

站房监测仪器	基础数据（紫外灯光强/mv）	LM算法	案例知识库数据	预测融合结果	故障结果	输出
从化街口（SO_2 监测仪器）	90	周衰减0.01%	设备故障维修4次、站房停电2次、重污染天气为0天	周衰减0.05%	一般下降低于30%光强能量，设备出现故障	设备140天后可能会出现光传感器故障
从化良口（SO_2 监测仪器）	89.833	周衰减0.015%	设备故障维修8次、站房停电5次、重污染天气为0天	周衰减0.1%		设备70天后可能会出现光传感器故障
广州麓湖（SO_2 监测仪器）	89.917	周衰减0.01%	设备故障维修2次、站房停电0次、重污染天气为0天	周衰减0.04%		设备175天后可能会出现光传感器故障
广东商学院（SO_2 监测仪器）	90.25	周衰减0.02%	设备故障维修10次、站房停电5次、重污染天气为0天	周衰减0.06%		设备105天后可能会出现光传感器故障

表5-2　光电倍增数据的实验预测结果

站房监测仪器	基础数据（紫外灯光强/mv）	LM 算法	案例知识库数据	预测融合结果	故障结果	输出
从化接口（CO 监测仪器）	645.267	周衰减 0.001%	设备故障维修4次、站房停电2次、重污染天气为0天	周衰减 0.005%	一般光电倍增管高压低于-600 V时，设备出现故障	设备105天后可能会出现光电倍增管故障
从化良口（CO 监测仪器）	645.258	周衰减 0.005%	设备故障维修8次、站房停电5次、重污染天气为0天	周衰减 0.001%		设备483天后可能会出现光电倍增管故障
广州麓湖（CO 监测仪器）	645.367	周衰减 0.008%	设备故障维修2次、站房停电0次、重污染天气为0天	周衰减 0.003%		设备161天后可能会出现光电倍增管故障
广东商学院（CO 监测仪器）	645.3	周衰减 0.003%	设备故障维修10次、站房停电5次、重污染天气为0天	周衰减 0.008%		设备63天后可能会出现光电倍增管故障

第三节　前端感知

前端感知，即通过前端感知设备全面实现前端感知层网络化和数字化，建设一套以数据采集、站房实时监控、远程质控和智能控制为目标的前端智能感知体系，为数据的“真、准、全、快、新”提供依据。

大气环境监测物联网与智能化管理系统涉及的前端感知设备，包括钢气瓶压力传感器、采样总管静压和温湿度传感器、站房温湿度传感器、智能空调控制、质控同步插座、智能电表、CO 泄漏检测仪、水浸探测器、烟雾探测器、断电监测仪、智能门禁、球机等。

钢气瓶压力传感器用于实时监测 SO_2、NO、CO 钢气瓶余量情况，并与质控联动仪连接上传钢气瓶压力数据。采样总管中的传感器实时采集静压和温湿度数据，并将其上传至系统，用于监测采样总管的工作状态。站房温湿度传感器用于实时监控站房运行环境。物联网感知技术站房感知设备如图5-4所示。红外线智能空调控制用于

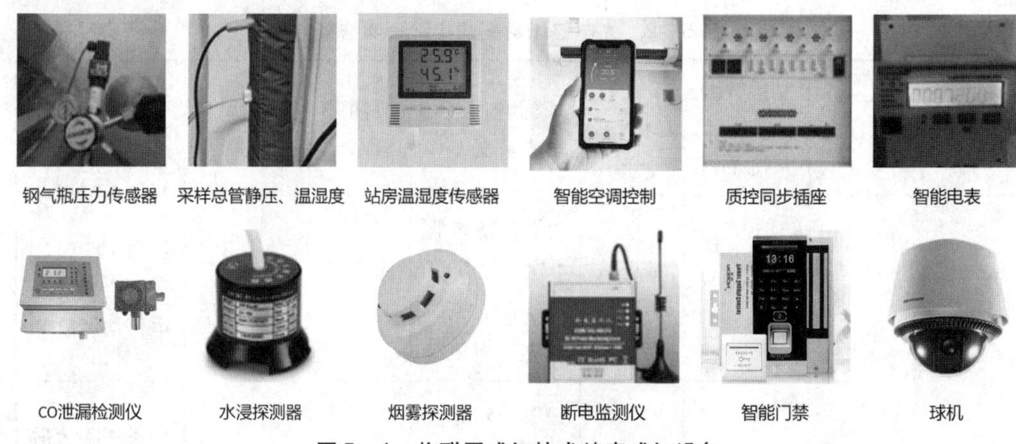

图5-4　物联网感知技术站房感知设备

远程开关空调、远程调节站房温度；质控同步插座用于支持零气发生器和动态校准仪的提前预热，与质控联动仪一起远程执行质控任务；智能电表用于监测配电网运行状态，通过通信功能与系统进行联网，实现网络化管理，如远程负荷控制、反窃电管理、用电异常监测、用电数据分析等；水浸探测器用于监测站房是否发生漏水情况，一旦发生水浸立即报警并上传到系统中，防止水浸造成的危害和损失；烟雾探测器用于监测站房内烟雾情况，以便及时发现站房火灾事件；断电监测仪用于监测站房断电情况，并上报系统，及时处理断电情况；智能门禁用于管理站房的通行权限，通过人脸识别、指纹识别和 App 远程开门等方式管理门禁，阻止陌生人通行并将识别记录上传系统；球机用于监控站房周围环境情况，实现自动变焦、自动巡航、自动识别功能。

第四节　智能化采样总管

一、建设目的

采样管是环境空气自动监测站采样系统的重要组成部分，可直接影响监测质量与仪器寿命，但是目前市场上没有重视采样管运行状态的监测与调控，联网平台或数据采集设备无法读取采样管的状态和参数，不能及时发现采样异常状态并及时进行处理。因此，基于《环境空气气态污染物（SO_2、NO_2、O_3、CO）连续自动监测系统安装验收技术规范》（HJ 193—2013）、《环境空气气态污染物（SO_2、NO_2、O_3、CO）连续自动监测系统运行和质控技术规范》（HJ 818—2018）和《环境空气气态污染物（SO_2、NO_2、O_3、CO）连续自动监测系统技术要求及检测方法》（HJ 654—2013），结合物联网发展方向和站房智能化改造方向，研发基于物联网的智能化采样管，实现对采样管运行状态（实时采样流量、压力、温度、湿度、加热温度、加热功率、采样泵运转情况等）的自动化监控，自主判断采样异常状态并及时报警，且自动调节采样流量。

二、产品介绍

大气环境智能采样总管主要应用于环境空气采样，通过引入嵌入式控制系统，搭载7寸可触控LED显示屏，实现采样参数可视化。依托智能物联网技术，大气环境智能采样总管支持采样状态远程监控，利用人工智能算法识别异常状态、自动报警，简化了烦琐冗杂的运维检修流程；支持采样流量、采样温度自动调节，兼容市场上大部分的大气监测系统，全面提升了采样智能化水平，为大气环境监测提供保障。

（一）技术要求

（1）采样装置一般包括两种结构，结构示意图参见图5－5和图5－6。

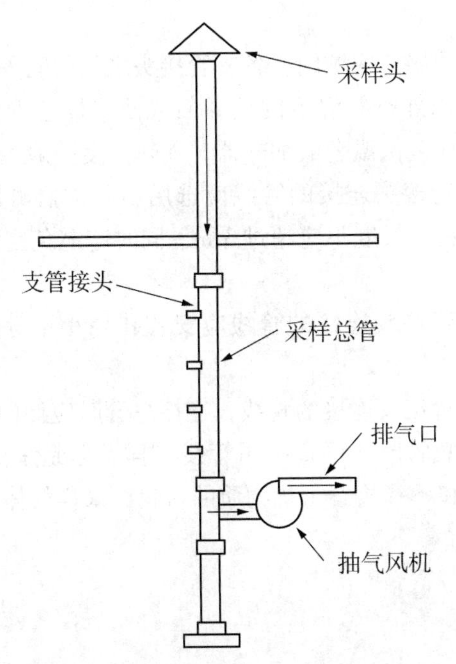

图5－5　采样装置结构示意图（1）

（2）采样装置应连接紧密，避免漏气。采样装置总管入口应防止雨水和粗大的颗粒物进入，同时应避免鸟类、小动物和大型昆虫进入。采样头的设计应保证采样气流不受风向影响，稳定进入采样总管。

（3）采样装置的制作材料，应选用不与被监测污染物发生化学反应和不释放有干扰物质的材料。一般以聚四氟乙烯或硼硅酸盐玻璃等为制作材料，对于只用于监测NO_2和SO_2的采样总管，也可选用不锈钢材料。

（4）采样总管内径范围为1.5～15 cm，总管内的气流应保持层流状态，采样气体在总管内的滞留时间应小于20 s，同时所采集气体样品的压力应接近大气压。支管

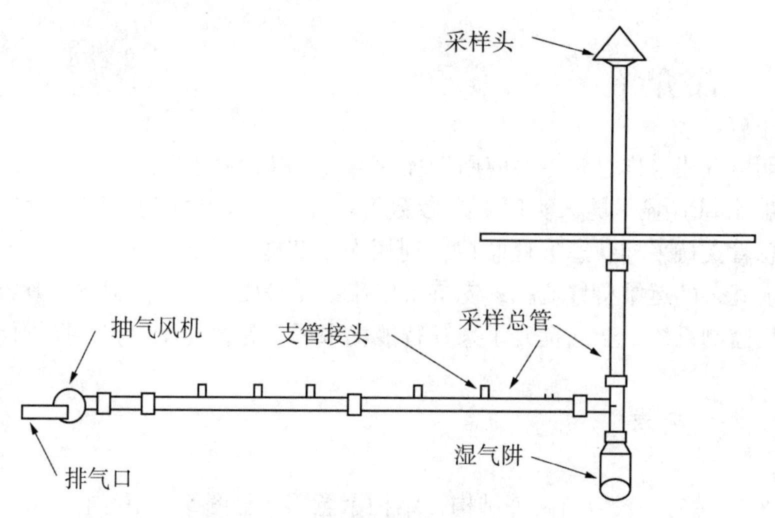

图5-6 采样装置结构示意图（2）

接头应设置于采样总管的层流区域内，各支管接头之间的间隔距离要大于8 cm。

（5）为了防止因室内外空气温度的差异而致使采样总管内壁结露对监测污染物产生吸附，采样总管应加装保温套或加热器，加热温度一般控制在30～50 ℃。

（6）分析仪器与支管接头连接的管线应选用不与被监测污染物发生化学反应和不释放有干扰物质的材料；长度不应超过3 m，同时应避免空调机的出风直接吹向采样总管和支管。

（7）分析仪器与支管接头连接的管线应安装孔径小于等于5 μm的聚四氟乙烯滤膜。

（8）分析仪器与支管接头连接的管线，连接总管时应伸向总管接近中心的位置。

（9）在不使用采样总管时，可直接用管线采样，但是采样管线应选用不与被监测污染物发生化学反应和不释放有干扰物质的材料，采样气体滞留在采样管线内的时间应小于20 s。

（二）硬件设计

根据采样管的技术要求，对图5-5所示的采样管结构进行优化升级设计。在保证气密性的前提下，采用快拆式连接设计方便运维人员对主体结构快速拆解进行检修，降低运维成本。在屋顶连接处做了特殊防渗漏结构设计，保障了屋内设备的安全。整个采样总管由三节组成（图5-7）：上节为单纯管路+采样头，无附加传感器，可根据实际采样高度进行定制化加工；中间节为竹节管，设计长度为1.5 m，内部安装各类传感器和采样支路接口；下节为支撑节，主要用于采样管调节高度和起支撑作用，在支撑节上设计采样泵连接口。本设计主要是针对竹节管进行改进设计，详细的设计如下：

（1）室外部分为采样头，在采样头上加装温湿度传感器，用以监测大气环境温湿度，作为动态加热的前端感知设备。

（2）在采样管管内嵌入温湿度传感器，用以监测采样管内部环境。

（3）在竹节管夹层嵌入加热带，对采样管进行动态加热，防止采样管内部出现冷凝水，加热最高功耗为 60 W，温度控制范围为 30 ～ 50 ℃。

（4）在采样总管中嵌入流量传感器，实时监控采样流量。

（5）采样泵选用调速泵，根据实际环境调节采样流量。

（6）设计采样总管控制器，内部安装控制主板与数据采集系统进行通信，同时增加显示屏，显示采样管的实时采样状态参数。

（7）对外通信为串口或 LoRa，配备 7 寸可触控 LED 显示屏，实时显示采样参数。

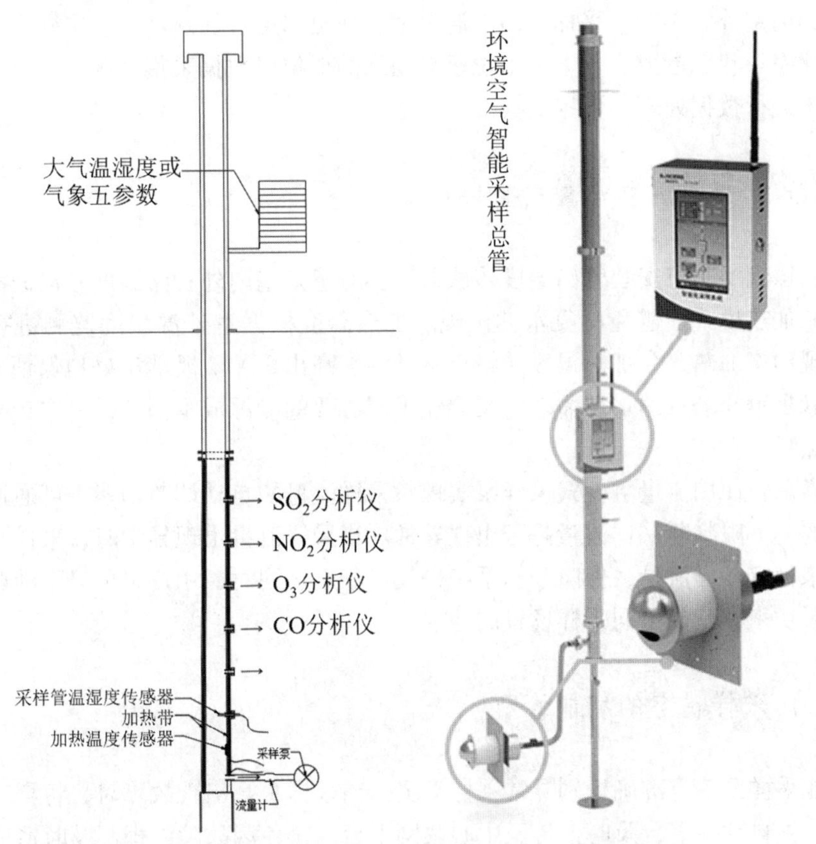

图 5－7　采样总管结构（左）和智能采样总管模型（右）

（三）数据采集收集系统设计

（1）数据采集收集系统的首页显示采样总管状态参数。

（2）数据采集收集系统可以设定参数（温度、流量等）上下限，超限则进行报警。

（3）数据采集收集系统能够设定采样状态的相关工作参数，如加热状态参数和采样流量等。

（4）人工智能算法可自主识别采样异常状态，如堵塞、泄露、加热异常等问题，并及时上传异常状态，辅助数据审核与分析。

三、应用场景

（一）采样状态可视化

在保留原有采样管功能的情况下，引入嵌入式控制系统，搭载7寸可触控显示屏，将采样参数集中显示于控制界面，实现采样管状态远程监控与控制。总管控制器将采集到的室外温湿度、采样管内部温湿度、加热温度、加热功率、采样流量、气泵转速或功率等状态参数实时上传给位于自动站的上位机数据采集系统，由上位机数据采集系统进行数据处理和数据上报。

（二）采样温度和流量的自动调节

在采样管中间节安装管路温度传感器，实时感知室内外管路温度。根据室内外温度差判断加热模式，避免冷凝水的出现。加热温度根据室外温湿度监测进行实时调整，实现动态加热，令加热温度始终比室外温度高出5 ℃。既能很好地保证采样温度稳定，满足不同场景的加热需求，又避免了不必要的能源成本消耗，是本产品的一个创新亮点。

采样总管使用流量可变式采样泵实现对采样流量的自动调节功能。可通过设置采样流量的上下限判断采样流量是否出现异常。当采样流量出现异常时，采样泵通过调整功率来稳定采样流量，保障分析系统进气量稳定。同时，用户也可以手动调节采样流量及泵功率，满足不同采样场景的需求。

（三）采样状态的智能诊断

智能采样系统可准确识别异常采样工况，当采样总管出现故障时，将自动识别故障种类，并自动报警，及时上传至中心联网平台，避免因故障处理不及时造成长时间监测数据缺位、无效等现象，较好地提高了现场运维效率。

1. 采样管加热异常

采样总管在现场运行过程中出现的加热异常情况，容易导致样气冷凝影响监测数据的有效性。平台端支持实时查看采样加热温度与加热功率，并以折线图的形式直观显示加热温度和加热功率的动态变化（图5－8）。人工智能算法通过获取的加热温度和加热功率自主判断采样管的加热状态，对热电设备采样管温度异常、温度断崖式突升突降、采样管加热故障、设备运行不稳定等异常情况上传报警，避免因加热异常导致数据有效性问题。

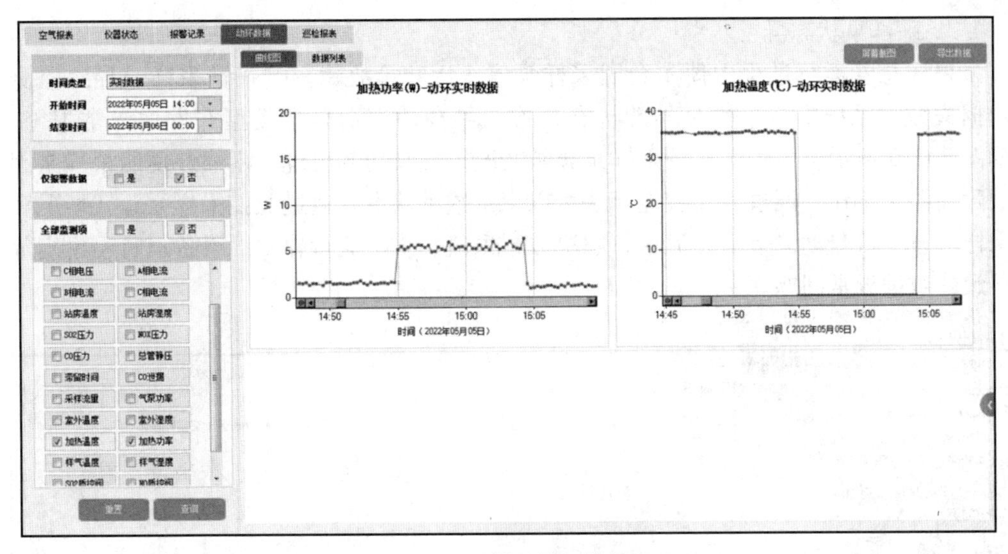

图5－8　采样总管加热情况

2. 采样流量异常

出现恶劣天气极易导致采样总管气流倒灌，进而影响环境空气采样的正常进行。因此，为了保障不同站点采样流量的一致性，需要排除干扰，稳定采样流量。智能化的采样总管在采样泵前端安装流量传感器，实现对采样流量的实时监测。用户可在平台端查看采样泵功率与采样流量的实时运行状态，便于及时掌握采样流量状态并采取应对措施。

当采样流量超出标准范围时，人工智能算法可自动识别采样流量异常类别并发送异常报警（图5－9）。前端在接收到报警信息后可通过自动调节采样泵的转速或功率，稳定采样流量，保证不同站点采样流量的一致性。

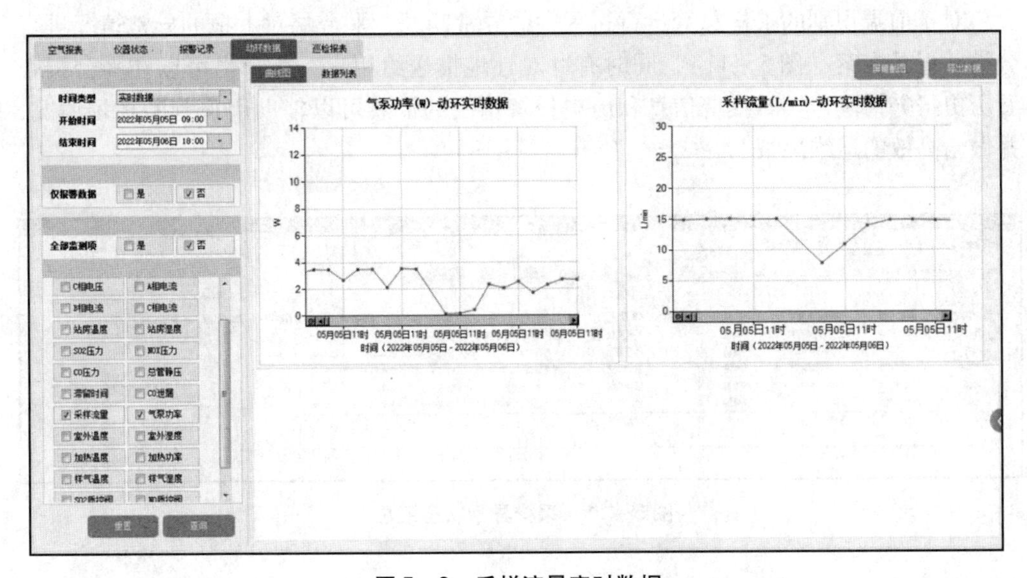

图5－9　采样流量实时数据

3. 采样泵状态异常

采样总管运行过程中偶尔会因采样泵停止运转等故障影响正常采样，导致监测数据失效。系统支持采样泵异常状态自检，可自动识别异常类型并发送异常报警。如图5－10所示，显示了一种采样泵异常情况，气泵功率出现了零值，说明采样泵因故障而停止工作，通过人工智能算法可以识别这种状态。通过监控采样泵运转情况和采样流量，可自动调节采样流量，解决数据恒值、采样流量异常、设备运行不稳定等导致的数据异常问题。

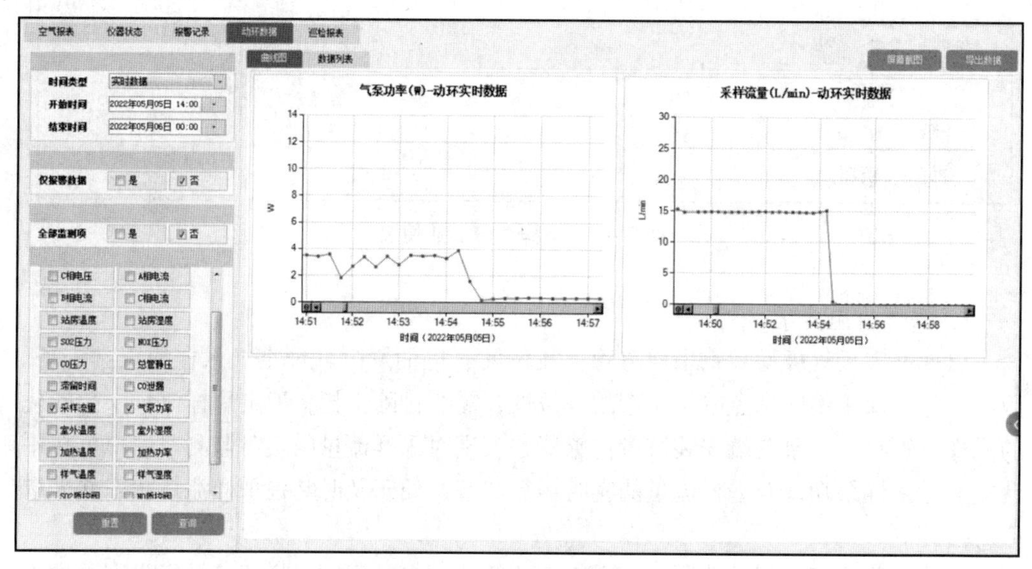

图5－10　采样泵异常

4. 采样异常状态汇总

对于前端识别的采样总管运行过程中的异常问题，平台端对上报的异常情况进行分类并记录在案（图5－11），同时有针对性地推送给用户。用户也可以在平台端查看历史报警情况。实时报警信息和历史报警情况的汇总可以辅助用户判断现场情况，并做出高效的运维决策。

统计报表

空气报表　仪器状态　报警记录　动环数据　巡检报表

报警时间：2022-04-04 至 2022-05-06　子类别：【全部】　状态：报警中　查询

事件类型	报警类别	报警子类别	严重级别	严重程度	来源	描述	报警状态	报警时间	恢复时间	忽略时间	联动照片	操作
警报	系统其他类	未设置工控机自动校时	中等的	60	系统其他	未设置工控机自动校时	报警中	2022-04-18 09:51:18				忽略
重要	动环监控报警类	烟感探测器	严重的	80	动环监控	【烟感探测器】火警	报警中	2022-04-18 16:01:30				忽略
警报	数据有效类	CO监测数据获取率低	严重的	80	监测数据	CO监测数据获取率低	报警中	2022-04-28 16:44:10				忽略
警报	数据有效类	CO监测设备离线	严重的	80	监测数据	CO监测设备离线	报警中	2022-05-05 11:12:04				忽略
警报	数据有效类	其他监测设备离线	严重的	80	监测数据	其他监测设备离线	报警中	2022-05-05 11:12:04				忽略
警报	动环监控报警类	采样管加热异常	中等的	60	动环监控	加热失效	报警中	2022-05-05 11:15:08				忽略
警报	动环监控报警类	采样管堵塞	中等的	60	动环监控	风扇功率过高	报警中	2022-05-05 11:15:09				忽略
警报	运行状况类	软件最近错误日志较多	轻微的	40	运行状况	【软件最近错误日志较多】数值	报警中	2022-05-05 11:22:17				忽略

图5－11　采样异常状态汇总

第五节　质控联动仪

一、建设目的

目前，国家环境空气监测网城市站系统的建设规模越来越大，国家城市空气质量监测站点从1436个增加至1614个。为了积极响应国家生态环境部开展“十四五”国家城市环境空气质量监测点位优化调整工作，加强对环境空气监测站的运行环境监控以及监测数据的质量控制能力，将5G、物联网、大数据、人工智能等高新技术应用于环境空气监测站的管理中，构建了大气环境自动监测质控联动系统。大气环境自动监测质控联动系统对环境空气站站房环境、采样过程、质控流程等进行全方位一体化的精准监控，可实时掌握监测数据异常与站房环境状态异常，从而提高监测点位监测数据的真实性、有效性，保障数据质量，实现站点质控的自动化操作。

二、产品介绍

（一）质控联动运行保障体系

大气环境自动监测质控联动运行保障体系包含大气环境自动监测质控联动仪系统、数据管理中心端系统以及移动应用端（图5－12）。

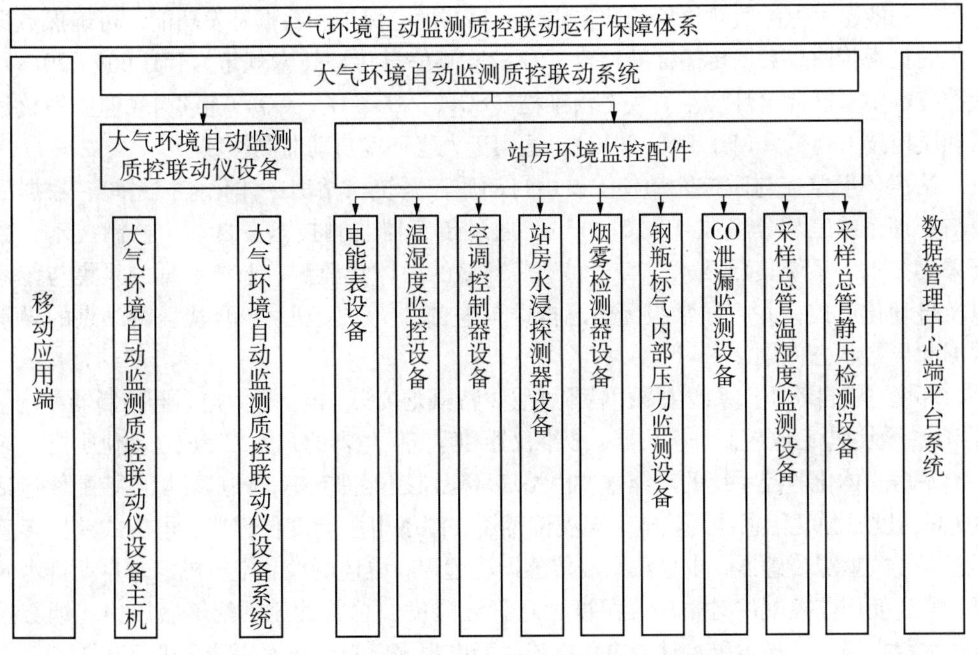

图5－12　大气环境自动监测质控联动运行保障体系

大气环境自动监测质控联动仪系统是由大气环境自动监测质控联动仪设备及站房环境监控配件组成，通过大气环境自动监测质控联动仪设备，实现各类物联传感设备的远程网络化控制、管路与阀门的自动切换、钢瓶标气的压力检测、零气发生器的远程提前预热等自动化功能。站房环境监控配件即各种传感器，其作用是获取站房运行状态数据，实现电力电路、站房室内温湿度、空调状态、UPS 供电系统、漏水、采样总管温湿度、采样总管静压等的远程监控。

数据管理中心端平台包含传感器获取的站房运行环境数据、监测设备仪器的运行状态数据以及质控和运维的痕迹数据。一方面，数据管理中心端平台可以让用户及运维人员实时了解站房运行环境的温湿度、采样总管的温湿度、采样总管压力、站房内的电流电压、站房烟雾水浸报警等情况，加强对站房运行环境的监控。另一方面，平台对数据进行分析管理，为数据采集监测及运维和管理业务的大数据关联分析打下良好的数据基础。

移动应用端可以查看监测数据和站房运行环境数据，接收报警信息。移动应用端的功能包括全局信息预览、站点详情查看和站房运行环境数据查询。运维人员或相关人员通过移动应用端可以随时随地查看站房，了解站房情况，并根据站房运行的情况做出预判措施。

（二）站房环境监控与质控联动仪

依据空气监测的特点并结合空气在线质控的工作需要，站房环境监控与质控联动仪采用 64 位高速处理、超低功耗、工业主板嵌入式设计，在提高产品性能的同时降低了功耗，可保障仪器的稳定运行。该站房环境监控与质控联动仪具有自动质控和站房一体化监控功能，可保障监测仪器的数据质量；具有掉电保护和数据补发功能，可确保数据采集的正常传输。数据传输标准符合《环境监测信息传输技术规定》（HJ 660—2013），质控技术要求符合《环境空气气态污染物（SO_2、NO_2、O_3、CO）连续自动监测系统运行和质控技术规范》（HJ 818—2018），适用于大气环境自动监测领域。

站房环境监控与质控联动仪主要由自动质控系统、站房一体化监控系统、数据采集与处理系统三部分组成（图 5 - 13），通过传感器监测技术、自动化控制技术、数据采集技术、系统集成技术，实现对站房环境的一体化监测、监测数据的采集与传输以及自动化质控，并将异常报警信息报送至平台，及时发现大气环境监测站点的异常数据和异常状态问题。

环境空气自动质控系统主要由特氟龙管、特氟龙接头、电磁阀、电磁阀控制器和流量计组成，通过电磁阀控制分析仪器、校准仪器和零气发生器的开关，完成自动化质控。

站房一体化监控系统的功能主要由站房环境监控配件支撑，站房环境监控配件包括 PID 高精度温湿度传感器、热电阻温度传感器、湿敏电阻湿度传感器、电容式差压传感器、离子式烟雾传感器、电极法水浸传感器、远程断电监测仪和空压机定时自动排水阀等。通过使用监控配件对站房温湿度、总管温湿度、总管静压、钢气瓶压力、烟雾报警、水浸报警、声光报警、动力电压电流、断电报警、自动排水等情况进行感知。

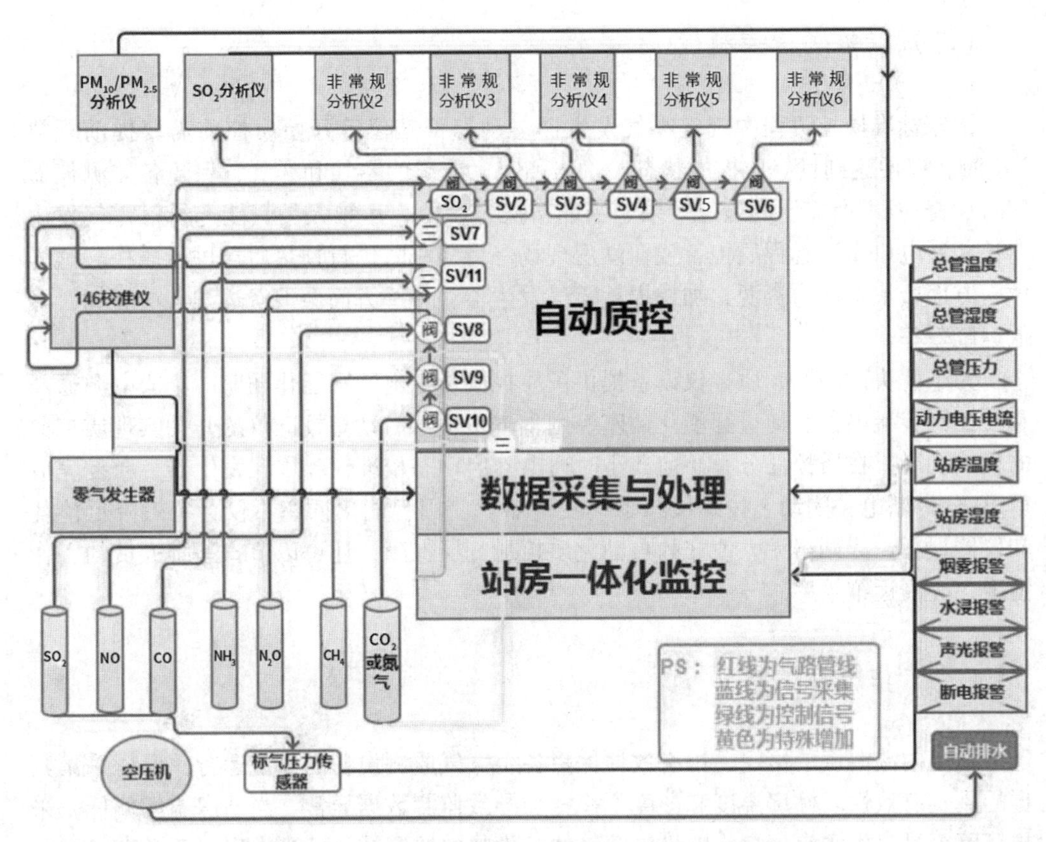

图 5－13　大气环境自动监测质控联动仪逻辑示意

数据采集与处理系统包括数据采集器、VPN 传输和联动智能告警。

三、应用场景

（一）钢气瓶压力监测

当钢气瓶余量未知时，运维人员可能使用压力偏低的标气进行质控任务，可能会导致实际标气流量不达标的情况，从而影响质控的准确性导致监测数据质量不佳。

因此，质控联动仪连接 SO_2、NO、CO 钢瓶阀门的高精度检测压力传感器，通过传感器上传的压力指标实时监测钢气瓶的气体余量。当监测的压力值低于压力正常范围值或压力值在短时间内剧烈变化时，质控联动系统将会进行报警并把报警信息传输到平台端，还可通过短信、移动应用端等形式告知运维人员。通过实时监测钢气瓶压力，避免钢气瓶余量不足或气体泄漏问题，运维人员能实时了解标气耗损情况，提高运维质量。

（二）仪器远程控制

国家标准质控流程中规定零气发生器、动态校准仪等开始质控前需要提前预热2小时，以便达到良好质控的状态，输出稳定、准确的零气和样气，保障各监测仪器零跨检查/校准所需要的最好效果。当前实操过程中，运维人员只能选择对零气发生器长期通电以实现远程质控，或在站房现场等待2小时进行预热后再进行质控。这样做一方面会浪费电力资源，加快损耗零气发生器；另一方面会浪费运维人员时间，降低运维效率。

为了解决此问题，质控仪设备提供了质控同步供电的智能化插座，集成电源通断和质控同步继电器。通过智能化插座控制零气发生器、动态校准仪的开关实现质控前的预热功能，在质控任务开始前2小时通电开启动态校准仪和零气发生器，质控完成后10分钟断电关闭动态校准仪和零气发生器。使用智能化插座不仅会有效降低能耗和仪器损耗，为站房无人值守的自动化质控加一层保障，还可以节省运维人员的工作强度，提高运维效率。

（三）站房温度调节

站房内温湿度的恒定，可有效地保障各个大气监测设备的稳定运行，保证采集数据的真实有效性。站房温度和湿度不稳定会导致监测数据异常，当站房温度偏低，采样管路容易产生水汽，会影响臭氧等气体污染物的监测结果；当站房温度升高，会影响 $PM_{2.5}$、NO 浓度的监测结果。站房温度和湿度不稳定导致的监测数据异常，需运维人员调节站房空调达到标准站房的运行环境。但运维人员需要到达站房、进行现场排查后才能发现，导致运维人员在往返站房的路程上消耗大量时间。

质控联动仪通过接入站房温湿度传感器，实时监控站房温湿度，同时支持在平台端远程查看站房温湿度情况。当站房温湿度出现异常情况时，可通过设备配合监控主机完成普通红外空调的远程控制，对站房内的空调进行远程调控，保证温湿度达到标准站房的运行环境要求，保证监测数据的有效性，保障数据质量。

（四）站房故障报警

大气环境自动监测质控联动仪通过站房环境各类监控传感器来感知数据采集设备的稳定性。当站房环境状态出现不良的问题（如站房内温湿度过高、采样总管运行状态不良、站房停电、钢气瓶余量不足等）时，运维人员可及时通过邮件、移动应用端等方式获取报警信息。运维人员在感知到站房的故障点后，可以在最短的时间内通过系统监控的数据、室内摄像头等进一步确认问题，以便尽快远程或前往现场处理相关问题。

如图5－14所示为系统对告警信息的处理流程，子站端的监测仪器发生相关告警事件后，质控联动仪会对该事件进行告警并向平台端推送告警信息。平台端在接收到告警信息后会对告警事件进行分类管理，然后针对不同的用户角色通过移动应用端或者短信有针对性地推送告警信息。不同角色的用户端接受与其工作相关的告警信息，同时也是用户反馈告警事件处理情况的平台。

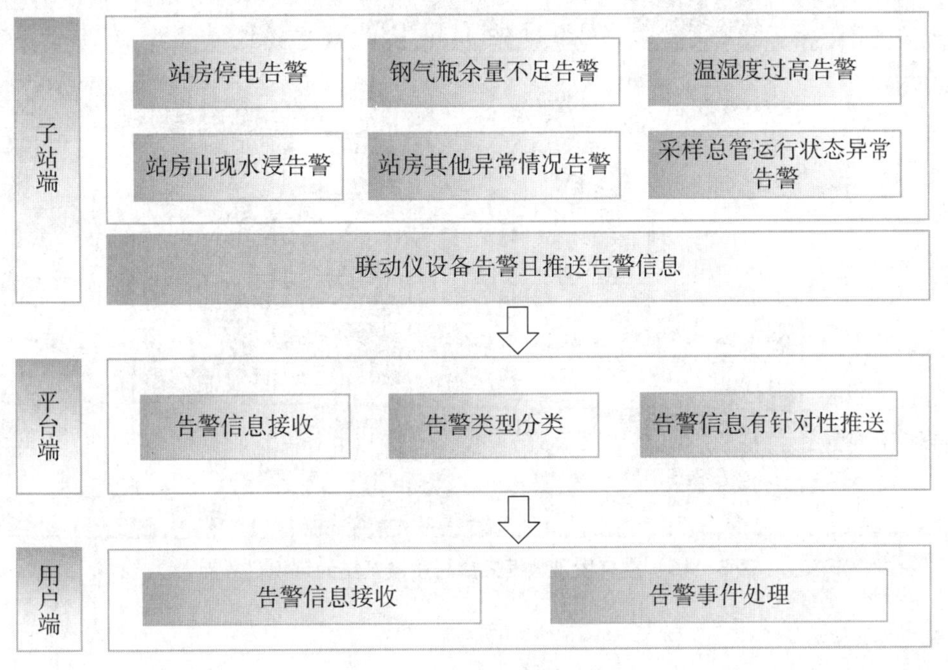

图5－14　告警信息处理流程

第六节　数据采集系统

数据采集传输系统是环境空气监测数据联网工作的重要组成部分，担负着监测数据采集及联网报送的重要任务。数据采集系统的采集内容包括空气质量六参数（CO、$NO/NO_2/NO_x$、O_3、SO_2、PM_{10}、$PM_{2.5}$），气象五参数（风速、风向、气温、湿度、气压），以监测设备监控站房环境的常规运行数据（站房温湿度、总管温湿度、采样总管静压、站房电压、站房电流），并通过可视化的界面详细展示。数据采集周期可根据需求配置（如5 s、10 s、15 s、20 s、30 s、60 s），数据采集系统根据采集周期通过各个分析仪器采集实时数据。数据采集的内容包括读取仪器性能诊断（报警）信息与站房条件监控信息，系统会自动判别、生成监测数据标识符号，并将所得数据入库保存。数据的传输过程应用区块链技术，实现子站各类数据的加密分布式传输与存储、后台数据篡改对比监控、数据节点诊断恢复等功能，进一步保障数据的完整性、安全性、可恢复性。可视化界面参考虚拟站房的概念，设计实现了全站房实时动态组态界面及编辑器，通过动态实时的动画展示站房采集仪器的运行状态、传感器、管路、监测数据状态、监测仪器的运行状态和报警提示等信息（图5－15）。针对设备连接不良和质控任务运行状态中的面板状态做样式区分。数据采集传输系统主要包括六大模块：设备管理、统计报表、设备质控、数据回补、报送管理和系统设置。

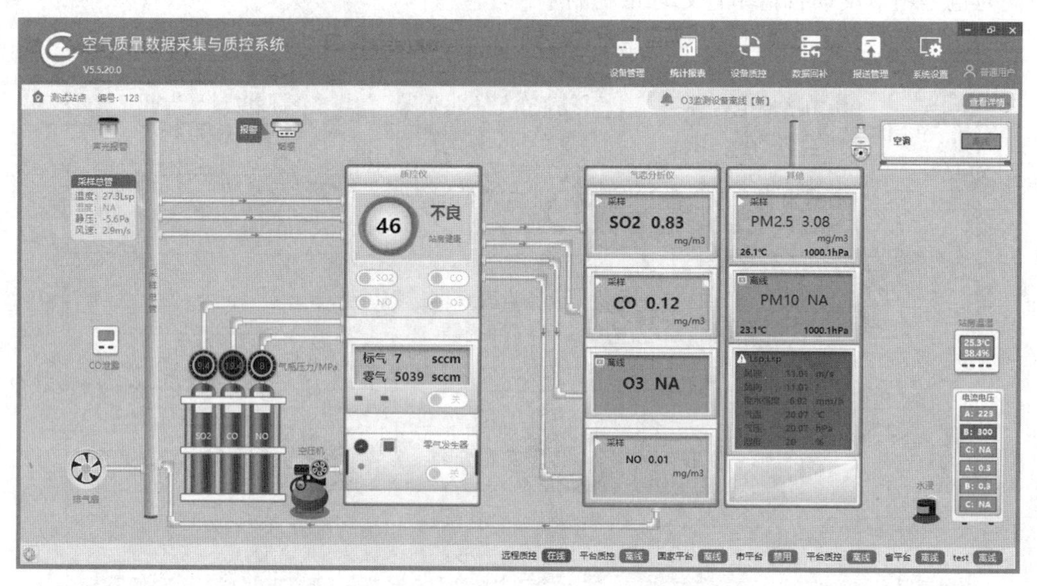

图 5－15　空气质量数据采集与质控系统的可视化界面

一、设备管理

数据采集传输系统在初始状态下不具备任何采集和校准仪器，需要根据自动监测站的实际情况在设备管理模块添加监测仪器并配置该仪器的上下限。在设备管理模块，可添加常规设备监测颗粒物、气象、温室气体以及校准仪、零气机、站房动环、质控阀、质控电源、声光报警等其他设备，添加时需确认设备名称、设备编号、单位和仪器报警的上下限。仪器报警的上下限主要针对各监测项的相关参数设置其上下限的阈值，当监测的数据超过设定的范围时，系统将会在运行状态进行提示。

正确完成新增设备后，系统会开启自动采集动作，并将当前所有采集设备、采集数据的实时动态信息、设备报警记录等展示在可视化界面中（图 5－16）。数据采集传输系统可按照一定的采样周期（采样周期可配置，默认间隔为 30 秒）并以一定的次序依次向各分析仪器会发送数据采集指令。分析仪器向系统返回数据字符串。系统收到数据后会马上进行分析计算处理，同时按照所执行的技术标准、规范，统计出 1 分钟、5 分钟、1 小时、日平均值数据，并具备按照相关技术规范自动统计分析的功能，利用图表等多种方式清晰展现数据走势。数据采集系统会实时监控并判断当前仪器的运行状态。若运行状态异常，系统将对仪器自动进行诊断，并按预先设定的应对措施实时处理，以确保能及时排除相关故障，并将诊断结果上传至环境空气质量监测联网与数据管理系统服务器，异常情况会及时在系统界面反映出来。

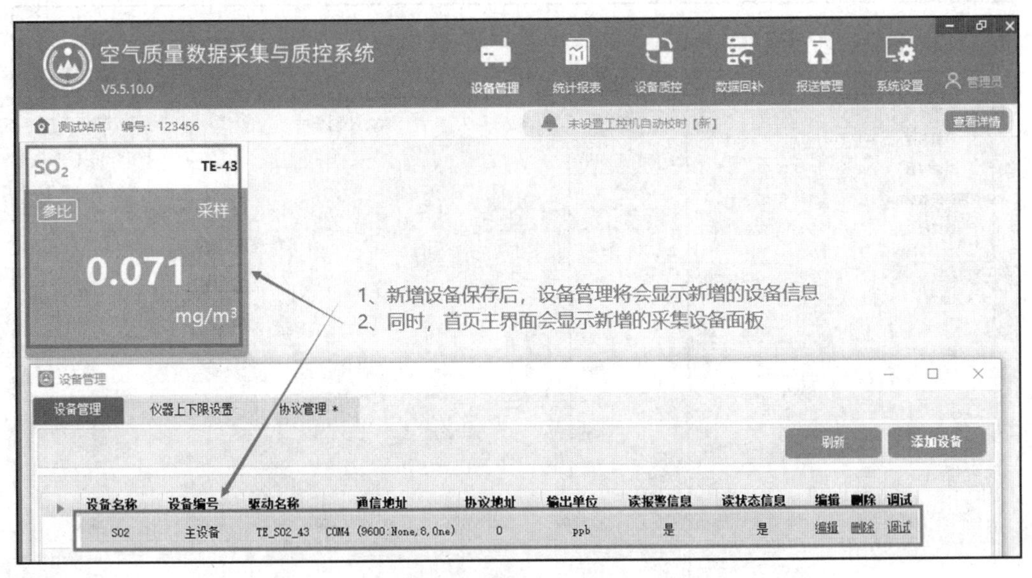

图 5－16　空气质量数据采集与质控系统的设备管理

二、统计报表

统计报表主要包括空气报表、仪器状态、巡检报表和报警记录四部分。

空气报表提供污染物的实时值、一分钟值、五分钟值、小时值、AQI 日均值、气象参数日均值、温室气体日均值、API 日均值等数据的统计和查询，可通过曲线图和数据列表的形式展示（图 5－17）。仪器状态报表提供对各类污染物仪器在一段时间内的告警信息状态查询，可查看其五分钟值和小时值。巡检报表提供报表的填写和查询功能。系统提供不同的巡检报表类型便于监控人员记录机房各项仪器的信息，同时可查询过往巡检报表的详细内容。

报警记录提供报警信息的统计查询功能，通过报警记录了解仪器的健康度、首要问题以及频发问题。健康度为评价仪器运行状态的指标，根据不同类型的报警给仪器健康度减分，健康度为 100 分扣除全部报警中的减分值后得到的数值。首要问题一般取报警中状态健康度减分最大的纪录。若健康度减分一样，则看严重程度高的；若都一样，则取最后的一条记录。频发问题判断的依据是出现最多的报警类型次数大于 2，最多取两条；是否出现第二条频发问题的判断依据是，出现频率第二的报警问题的报警次数大于所有报警总次数的 10% +1 次以上，且次数大于 5 次。报警类型包括监测项报警上下限告警、声光告警、站房温湿度告警、总管温湿度告警、总管静压告警、电流电压告警、钢气瓶压力告警、水浸告警、烟感告警等。

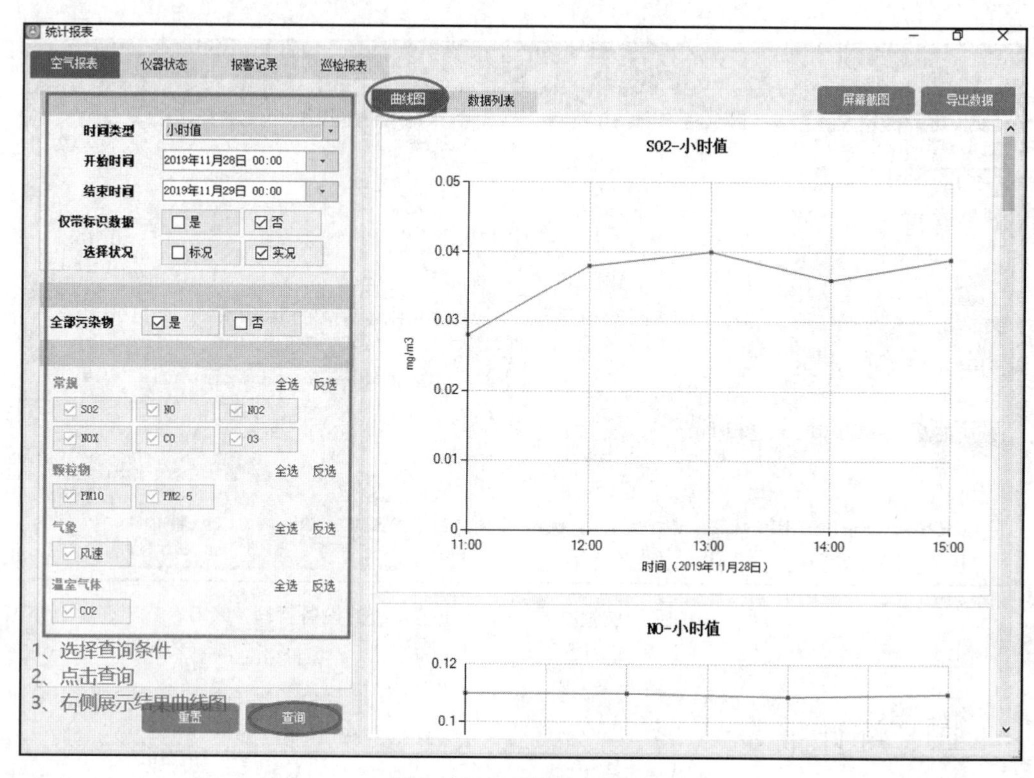

图 5－17　空气报表展示

三、设备质控

设备质控模块包括可执行任务、定时质控、质控查询、质控标识、质控编辑。

可执行任务包括日常质控任务、《环境空气气态污染物（SO_2、NO_2、O_3、CO）连续自动监测系统技术要求及检测方法》（HJ 654—2013）中定义的新质控任务类型。日常质控任务包括零点检查、零点校准、跨度检查、跨度校准、精度检查、多点检查等；新质控任务包括零点噪声、量程噪声、最低检出限、示值误差、量程精密度、24 小时零点偏移和量程偏移等。同时，支持现场质控、手动质控、预标识质控、定时质控、网络化远程质控任务。制定定时质控可安排每天或每周仪器零点跨度自动校准、每季多点校准、精密度校准等周期性任务，并定期自动执行。定时质控任务需要设置任务组名、开始时间、执行次数、任务名称和任务间隔。运行质控任务时，在质控的页面中可通过模拟图查看质控的流程，通过流程图能清晰直观地查看质控每个步骤的进行（图 5－18）。在基本视图可查看实时曲线，且可对运行日志信息、运行参数、仪器状态等相关信息进行查看，保证质控的可靠性和稳定性。质控任务执行中产生的数据可以通过质控标识功能对未来一段时间或现场的数据打上对应的标识，有利于数据审核时对质控任务阶段产生的数据进行识别。数据采集系统对质控任务执行过程中产生的数据信息及完整记录进行采集，并套用预先制作或用户自定制的报表模板文件，自动填写生成相应的质控工作报表。当运维人员在现场手动对监测仪器做质控任务时，可通过添加报表对质控的相关参数进行编辑，并向上级汇报此次任务的情况。

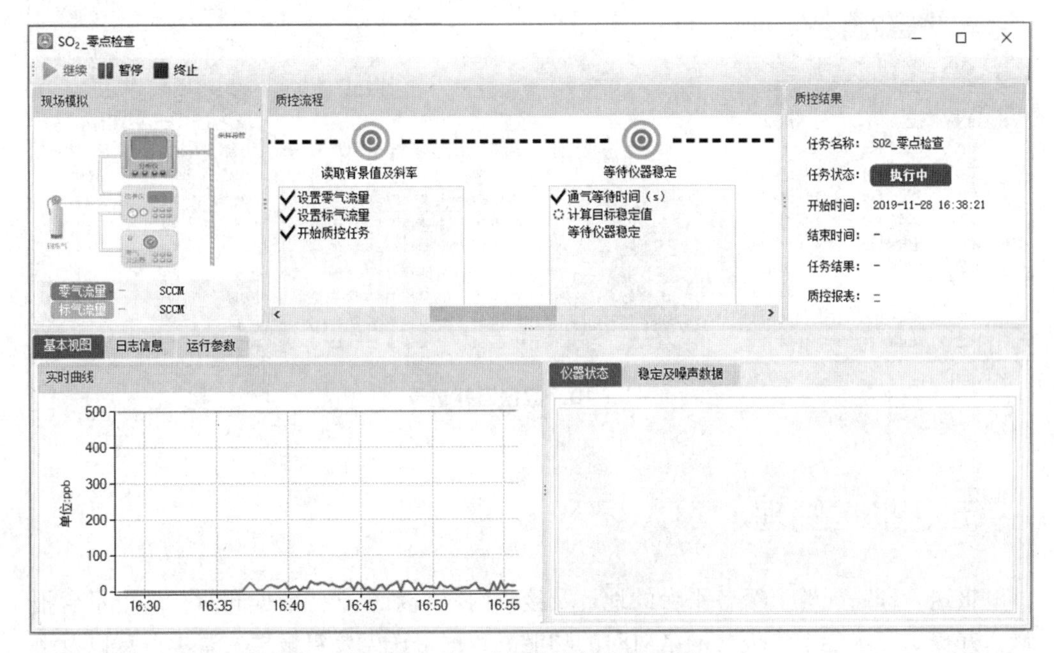

图 5－18　监测仪器的质控流程

质控查询可查询当前监测仪器在一定时间段内的所有质控任务并形成质控报表，包括查询完成、待执行的现场质控、定时质控、远程质控任务记录。质控编辑属于管理员的权限，可实现对质控任务、读取参数、步骤行为、行为参数进行“另存副本、新增和删除”操作。

四、数据回补

系统具备“断点续传”功能，在遇到网络中断或者其他异常情况时，待通信链路恢复后系统能将数据完整上传至省内各级联网业务系统平台，对缺失数据及时进行回补，保证网络异常时平台数据不丢失。可回补的数据包括：常规污染物监测数据、常规气象监测数据、仪器状态数据。

数据回补包括仪器回补、平台回补、旧版数据导入和 EC 仪器数据导入（图 5－19）。仪器回补针对工控机断电、网络异常等原因导致的数据缺失问题，系统会定时检查是否有缺失或有效个数不足的数据，支持通过手动回补、定时回补、周期回补等方式从仪器回补数据，待回补完成后，自动重新上报到平台接收服务器。平台回补，即通过平台远程下达回补指令，数据采集系统接收指令回补数据。同时，系统提供查询某个时间段内的仪器回补过程，以及平台回补任务的排队情况和执行情况。旧版数据的导入属于管理员权限，主要用于导入旧设备配置、实时值、分钟值、小时值、日均值。EC 仪器数据的导入也属于管理员权限，主要用于导入 EC 设备的分钟值。

数据回补

仪器回补 平台回补 导入旧版数据 * 导入EC仪器数据 *

下达时间：2019-11-27 至 2019-11-28 查询 手动回补

来源	回补平台	下达时间	数据类型	开始时间	结束时间	时间类型	污染物	执行结果
本地	新国家平台	2019-11-28 17:02	监测物	2019-11-28 00:00	2019-11-28 17:00	一分钟值	NO	发送中
本地	新国家平台	2019-11-28 17:02	监测物	2019-11-28 00:00	2019-11-28 17:00	一分钟值	NO2	已接收
本地	新国家平台	2019-11-28 17:02	监测物	2019-11-28 00:00	2019-11-28 17:00	一分钟值	SO2	发送中
本地	新国家平台	2019-11-28 17:02	监测物	2019-11-28 00:00	2019-11-28 17:00	五分钟值	NO	发送中
本地	新国家平台	2019-11-28 17:02	监测物	2019-11-28 00:00	2019-11-28 17:00	五分钟值	NO2	发送中
本地	新国家平台	2019-11-28 17:02	监测物	2019-11-28 00:00	2019-11-28 17:00	五分钟值	SO2	发送中
本地	新国家平台	2019-11-28 17:02	监测物	2019-11-28 00:00	2019-11-28 17:00	小时值	NO	发送中
本地	新国家平台	2019-11-28 17:02	监测物	2019-11-28 00:00	2019-11-28 17:00	小时值	NO2	发送中
本地	新国家平台	2019-11-28 17:02	监测物	2019-11-28 00:00	2019-11-28 17:00	小时值	SO2	发送中

图 5－19　数据回补记录

五、报送管理

报送管理需配置上级各平台的地址及接收内容。系统支持数据同时往多个平台报送，并提供与选定平台进行网络对时的功能。数据报送需要对报送的基本信息以及上报类型进行相关配置。基本信息包括报送标题，选择是否上报失败启动报警。平台支持多服务器同时报送，配置完成后点击“保存”即可完成报送配置。完成配置后可对服务器进行连通测试，测试结果将以弹出框的形式告知用户。

六、系统设置

系统配置包括基本配置和系统帮助两个模块。基本参数配置包括数据库信息和站点信息配置；系统帮助主要展示当前系统的版本以及相关授权信息，并提供相关的检查更新功能以及技术支持的相关信息。

第七节　智能化站房功能

为了积极响应国家生态环境部开展“十四五”国家城市环境空气质量监测点位优化调整工作，加强对站房环境的监控，通过子站端大气环境自动监测质控联动仪和平台端研发的相应功能模块对环境空气站站房环境、采样过程等进行全方位一体化的精准监控，实时掌握监测数据异常与站房环境状态异常，从而提高监测点位监测数据的真实性和有效性，保障数据质量，打造“物联网＋大数据＋智能化”科技转化为实际应用的重要实例。

一、全网概览

智能化站房将多个层次网络的数据设备利用物联网技术接入网络，进行全网站点监控以保障采样环境与站房环境的正常运行。平台端提供相关的全网概览功能，所有站点在 GIS 地图中可直观表示，站点信息、联网状态、运行情况一目了然。全网概览功能为用户即时直观地展示了所有联网站点的运行情况，可统计全网站房的监测数据获取率、告警情况、质控情况、站房环境状态，如图 5 – 20 所示。数据获取率统计了全网站点所有监测数据的获取率以及六项监测污染物的数据获取率，以便运维人员直观了解数据的产生状态并及时采取措施保证数据获取率达到标准。告警情况统计了全网站点的巡检报警情况、质控报警情况和设备报警情况。质控情况统计了 SO_2、NO_x、CO 和 O_3 污染物监测设备的质控执行率和合格率。站房监控主要是从采样系统、动力环境、钢气瓶压力和外部环境 4 个维度统计报警站点和正常站点的数量。

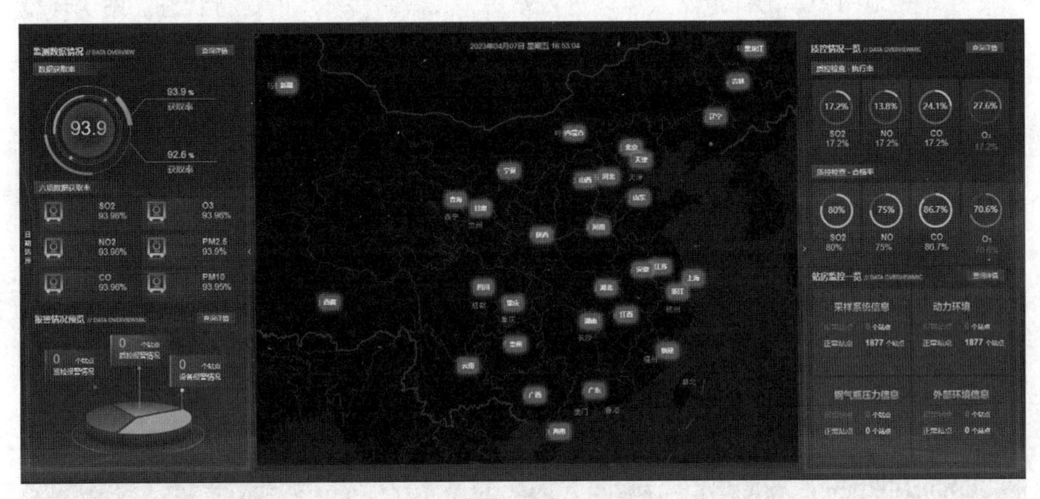

图 5 – 20　全网概览

二、站房管理

平台端提供对站房进行管理的功能，在 GIS 地图展示站点的地理位置和运行状态（图 5 – 21）。运行状态使用不同的颜色表示，绿色表示站房在线且一切运行正常无告警情况，灰色表示站房离线，黄色表示一般告警，红色表示严重告警。在站点地图中选择任意站点可以进入单个站房页面。页面右侧从 3 个维度展示全网站点的告警情况，分别是告警类型统计、告警事件总览和告警事件通知。告警类型统计利用扇形图展示不同告警类型事件的发生次数并给出发生次数最多告警类型所占的百分比，告警事件总览以日历的形式展示本月告警事件的发生情况，告警事件通知展示最近的告警站点与简要告警信息。站房管理功能模块可以让用户直观地了解出现告警情况站房的地理位置。

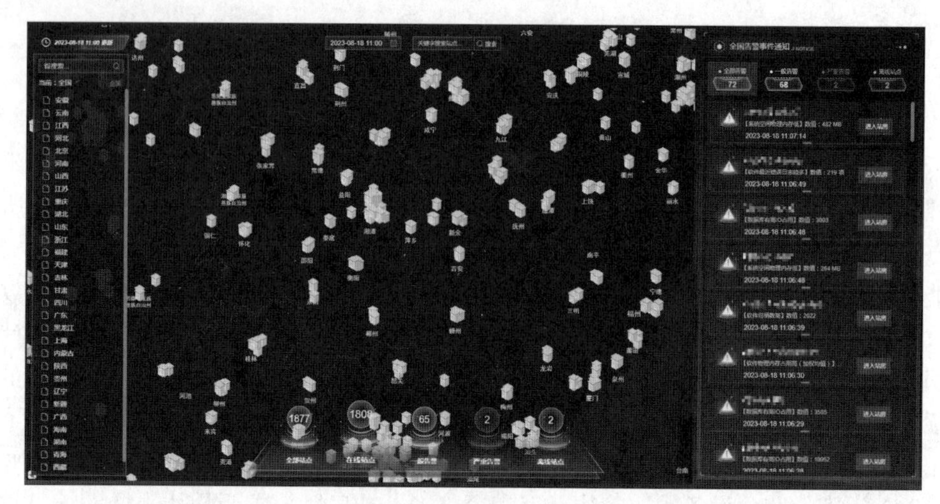

图 5－21　站房地图

在站房地图中单击任意站点可以进入站房，查看站房环境的运行状态。站房环境展示页面正中间展示了智能化站房的虚拟实体，围绕虚拟站房的四周展示了站房的动力环境、采样系统、钢气瓶压力、站房视频、告警情况的实时情况（图 5－22）。虚拟站房中显示了空气质量六参数仪器的实时状态与监测数据；动力环境监测展示了实时数据及部分历史数据，包括站房温湿度、仪器电压电流和功率数据、站房用电量的统计、气象五参数（站房外部温度、气压、风速、风向、湿度）数据；采样系统信息主要包括采样总管的温湿度和静压数据的实时数据及历史数据形成的时间变化曲线；钢气瓶压力信息包括 SO_2、NO_2、CO 钢气瓶实时压力数据和历史数据形成的时间变化曲线；告警类型统计和站点告警信息与站房地图中显示的一致；站房视频预览还提供对站房摄像头的查看，监控站房中的异常情况。

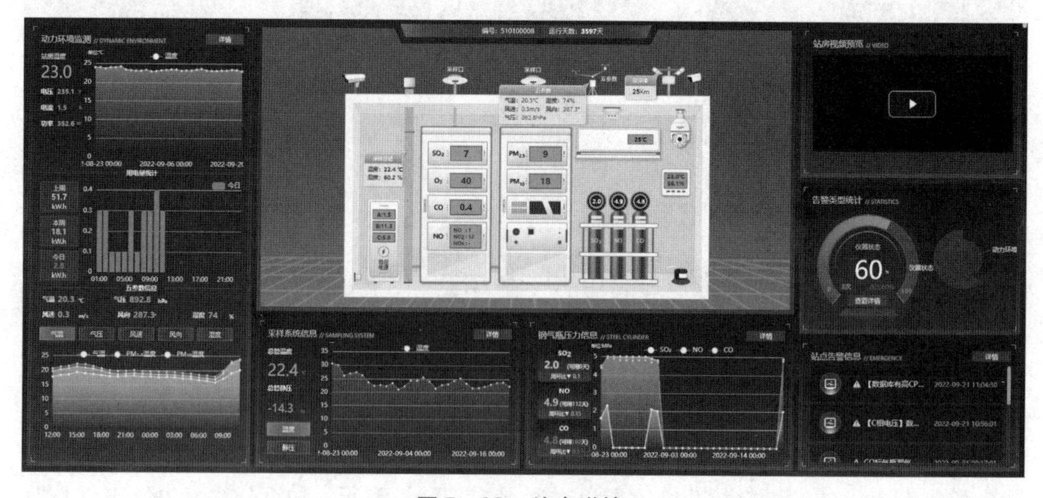

图 5－22　站房详情

三、动力环境数据查询

智能站房采用物联网感知技术，多维度对站房环境情况进行智能监控，并在平台端提供查询动力环境数据的功能模块。表5－3展示了智能站房的感知维度，主要包括站房环境状态、采样总管、钢气瓶压力、智能电表和水浸烟雾等监测维度。

表5－3　智能站房的全方位感知维度

监测维度	智能控制（是/否）	备注
站房温度	是	实时监控
站房湿度	是	实时监控
采样总管温湿度	是	对采样总管温湿度进行加热控制
采样总管静压	否	实时监控
钢气瓶压力	否	实时监控
水浸烟雾	否	实时监控，异常时通过烟雾报警器预警
空调	是	通过远程控制空调模式，调节站房温湿度
照明设备	是	通过远程控制照明设备开关
质控设备	是	实时监控，并通过远程控制质控设备开关
电源	是	实时监控，并通过远程控制电源开关
声光报警器	是	通过远程控制声光报警器关闭
采样泵	是	通过远程控制采样泵重启

以平台端SO_2钢气瓶压力数据的查询页面（图5－23）为例，页面左端为站点选择区域，页面上端为时间、监测项目和数据类型选择区。用户可以根据需求选择关心的站点、关注的时间段、关注的监测项目和小时或者分钟的数据类型，平台会给出所关注的监测项目的时间变化曲线和统计表。监测项目数据随时间的变化曲线中同时给出了该状态数据的上限和下限标准，以便用户直观地了解状态数据是否正常，超出标准范围的数据便会报警。其中，SO_2、NO_2、CO钢气瓶压力数据的标准范围为4～11 Mpa，采样总管静压数据的标准范围为－200～5 kPa，站房温度的标准范围为20～30 ℃，站房湿度的标准范围为0～80%，采样总管的温度范围为30～50 ℃，采样总管的湿度范围为0～80%，智能电表电压的标准范围为200～240 V，智能电表电流的标准范围为0～16 A，水浸和烟雾状态用0（不存在该状态）和1（存在该状态）表示。

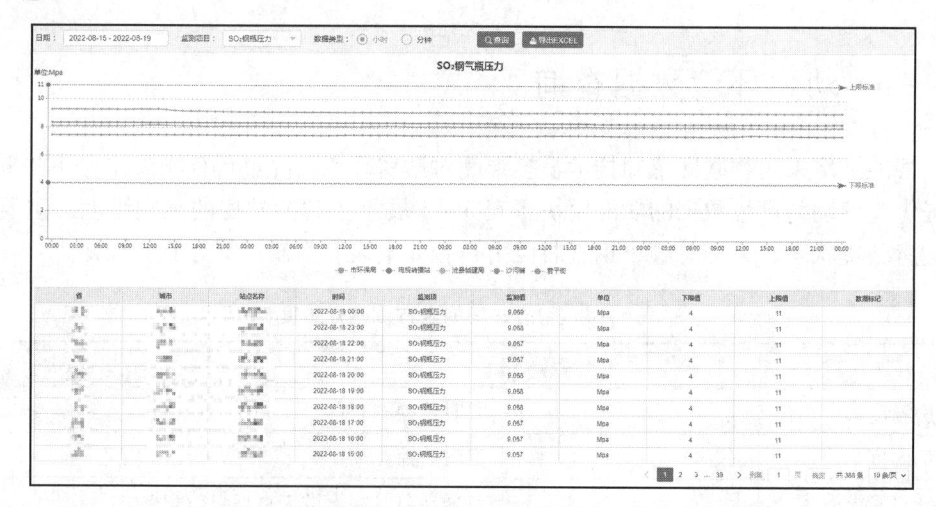

图 5－23　站房动力环境（SO_2钢气瓶压力）监测数据查询

四、全网站点监控

全网站点监控针对监测网内的所有站点进行定期、定时、多维度的远程巡检。通过对智能采样总管和质控联动仪等站房硬件的综合应用，实现对所有站点的采样系统、动力环境、钢气瓶压力和外部环境这 4 个维度产生的数据进行监控，并及时反馈相关站点的异常运行信息。同时，平台端提供了全网站点监控的功能模块（图 5－24），便于用户监控上述数据的运行情况，可以从站房地图进入。功能模块正中央通过 GIS 地图在空间上展示全部联网站点，顶部统计正常工作城市数量和报警城市数量，底部统计运行站房数量和不同告警类型（采样系统、动力环境、钢气瓶压力及外部环境）报警数量。其中，正常运行的城市站点默认不显示，默认显示报警城市站点，单击任意报警城市可以显示当前城市所有站房在动力环境、外部环境、采样系统和钢气瓶压力的报警数量。

图 5－24　全网站点监控

图5－24中，左侧栏目从采样系统、动力环境、钢气瓶压力和外部环境4个维度分析展示当日站房报警情况。左侧的隐藏栏可以选择显示昨日、一周或本月的时间范围。采样系统信息中包含总管温度、总管湿度和总管静压的报警数量；动力环境监测中包含三相电表的电压电流、PDU智能插座、站房温湿度、水浸探测器、烟感探测器等的报警数量；钢气瓶压力信息包含SO_2、NO_2和CO的报警数量；外部环境包含大气温度和大气压力的报警情况。

图5－24中，右侧栏目为报警站点列表，列出每个报警站点的报警类型以及具体的数值，其中报警类型分为采样系统、动力环境、钢气瓶压力和外部环境四类。为了让用户在实时了解到全部站点的报警情况后能及时解决报警问题，每个报警站点中均支持快速连接到针对单个站点的站房巡检功能模块（图5－24中“站房巡检”）、智能控制功能模块（图5－24中“智能控制”）和站房环境功能模块（图5－24中“进入站房”）。进入站房巡检可以了解具体是什么方面出现了问题便于派人进行维护，进入智能控制可以进行不需派人维护的简单操作，进入站房环境可以在虚拟站房中查看更详细的报警信息。

五、站房巡检

为精准获悉存在问题的站点潜在的故障情况，平台端提供针对单个站房的巡检功能模块（图5－25）。智能化自动巡检以监测站的日常运维管理为基础，对站房内外部环境、站房设备和监测数据进行有针对性的检查，对仪器非正常运行状态等情况进行分类、统计、分析及处理，提升巡检工作的运维效率。除了在站房巡检功能模块，自动巡检还可以从站点地图和全网站点监控页面快速进入。站房自动巡检在每日的00：01对站房进行一次常规的自动化巡检，对于存在问题的站点进一步通过“站房状态检测”精准获悉站房设备故障情况。借助智能化自动巡检，可以实现监测站运维工作的规范化、标准化和高效化管理，能够避免人力巡检可能会出现的误差和失误，极大地节省了人力和物力，而且也为更加科学地分析研究环境监测数据提供了保障。

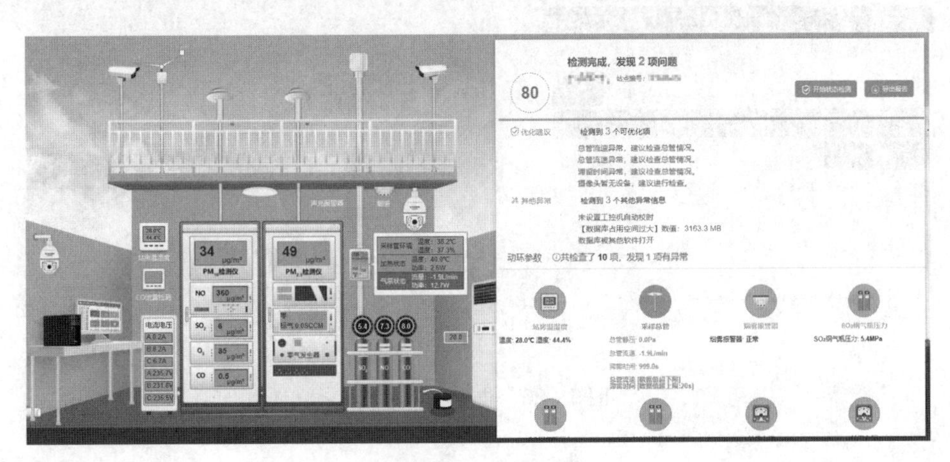

图5－25　站房巡检

如图 5 - 25 所示为平台端单个站点的巡检功能页面，左侧为站房布局示意图，右侧为站房巡检结果。站房状态检测类似于电脑体检过程，主要包括对监测数据、动力环境数据、仪器状态数据、质量控制情况和其他数据五个方面的逐项检查，并不断显示每一步检测的详细内容。检测过程中左侧各个设备示意图会跟着检测步骤变化。当检测到该项设备状态时，左侧的设备示意图就会亮起，正常运行标记为绿色并显示数据的具体大小，异常状态则标记为红色并显示检测到的数值大小。

检测完毕后，界面右侧会显示站房状态实时巡检报告，同时支持导出 PDF 格式的巡检报告文件。巡检报告内容主要包括监测数据、动力环境数据、仪器状态数据、质量控制情况和其他数据详细情况的展示，以及对异常信息的汇总和相关优化建议概要。监测数据主要检查最近 24 小时内数据的有效性情况；动力环境数据主要检查站房内部的环境情况，如温度、湿度等；仪器状态数据的检查主要针对有潜在故障的设备进行设备自检，研究判断设备故障情况；质量控制情况主要检查近期空气污染物监测设备的零点和跨度检查是否合格；其他数据主要针对设备硬件和内存方面进行检查，确保设备可以正常运行。

六、告警可视化

（一）站房告警总览

为方便用户总览站房内的告警情况，平台端提供告警事件总览功能模块，根据需求选择关心站点的告警事件日历图和当月告警事件统计柱状堆积图进行查看（图 5 - 26）。在日历图中使用不同颜色表示不同的告警程度。选择日历表上任意日期，可展示当日告警事件处理情况。在柱状堆积图中统计严重告警、一般告警和离线的恢复情况。

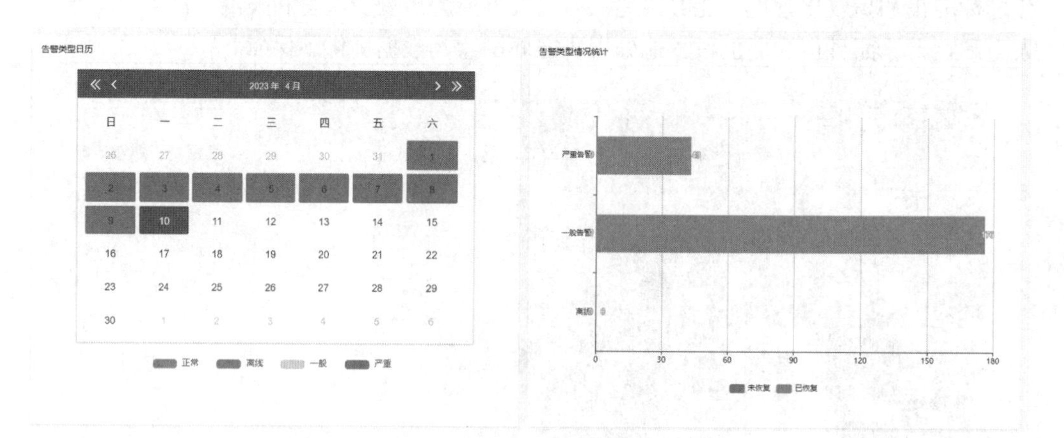

图 5 - 26　告警事件总览

（二）站房告警查询

智能站房在对数据状态进行监控的同时会将发生的告警数据录入数据库，并在平台端提供告警数据查询的功能模块（图5－27）。用户可以根据需求选择关心的站点、关注的时间段、关注的告警类型或级别以及状态，可在平台端查询所关注的告警项目的统计表以及告警是否被恢复。

站房告警查询页面左端为站点选择区域，页面上端为时间范围、告警类型、告警级别和告警状态选择区。其中，告警事件类型包括监测数据、动环监控和用户操作3类，告警级别包括紧急、一般和轻微，告警状态包括告警中和已恢复。除上述信息，查询到的表格中还包含具体告警的消息内容。用户根据查询到的告警统计信息，可以判断一段时间内发生的高频告警类型并做出维修设备等相关决策。

日期：2023-04-09 - 2023-04-11　告警事件：【全部】　告警级别：【全部】　告警状态：【全部】　查询

站点名称	检测时间	来源	告警消息	告警事件	告警类型	告警级别	告警状态
[illegible]	2023-04-10 17:51:01	系统监视	【数据库有高IO占用】数…	警报	数据库有高IO占用	中等的	告警中
[illegible]	2023-04-10 16:57:18	监测数据	PM_{10}监测设备离线	警报	PM_{10}监测设备离线	严重的	已恢复
[illegible]	2023-04-10 16:55:56	监测数据	$PM_{2.5}$监测设备离线	警报	$PM_{2.5}$监测设备离线	严重的	已恢复
[illegible]	2023-04-10 16:22:06	系统监视	【数据库有高IO占用】数…	警报	数据库有高IO占用	中等的	已恢复
[illegible]	2023-04-10 16:08:09	用户操作	数据库被其他软件打开	信息	数据库被其他软件打开	轻微的	已恢复
[illegible]	2023-04-10 15:57:04	监测数据	PM_{10}监测设备离线	警报	PM_{10}监测设备离线	严重的	已恢复
[illegible]	2023-04-10 15:55:37	监测数据	$PM_{2.5}$监测设备离线	警报	$PM_{2.5}$监测设备离线	严重的	已恢复
[illegible]	2023-04-10 15:37:35	资源监视	【软件线程数高】数值：…	警报	软件线程数高	中等的	已恢复
[illegible]	2023-04-10 15:05:15	用户操作	数据库被其他软件打开	信息	数据库被其他软件打开	轻微的	已恢复
[illegible]	2023-04-10 14:56:53	监测数据	PM_{10}监测设备离线	警报	PM_{10}监测设备离线	严重的	已恢复
[illegible]	2023-04-10 14:55:58	资源监视	【软件句柄数高】数值：…	警报	软件句柄数高	中等的	已恢复
[illegible]	2023-04-10 14:55:31	监测数据	$PM_{2.5}$监测设备离线	警报	$PM_{2.5}$监测设备离线	严重的	已恢复
[illegible]	2023-04-10 14:42:04	系统监视	【数据库有高IO占用】数…	警报	数据库有高IO占用	中等的	已恢复
[illegible]	2023-04-10 14:36:57	资源监视	【软件线程数高】数值：…	警报	软件线程数高	中等的	已恢复
[illegible]	2023-04-10 14:02:41	用户操作	数据库被其他软件打开	信息	数据库被其他软件打开	轻微的	已恢复
[illegible]	2023-04-10 13:56:34	监测数据	PM_{10}监测设备离线	警报	PM_{10}监测设备离线	严重的	已恢复
[illegible]	2023-04-10 13:55:12	监测数据	$PM_{2.5}$监测设备离线	警报	$PM_{2.5}$监测设备离线	严重的	已恢复
[illegible]	2023-04-10 13:36:46	资源监视	【软件线程数高】数值：…	警报	软件线程数高	中等的	已恢复
[illegible]	2023-04-10 13:33:55	资源监视	【软件句柄数高】数值：…	警报	软件句柄数高	中等的	已恢复
[illegible]	2023-04-10 13:13:10	系统监视	【数据库有高IO占用】数…	警报	数据库有高IO占用	中等的	已恢复

< 1 2 3 … 21 > 到第 1 页 确定 共411条 20条/页

图5－27　站房告警查询

七、远程控制

为了方便用户在了解站房状态后及时进行简单的修正操作，平台端提供远程控制功能模块（图5－28）。该功能结合智能插座可实现远程控制照明设备开关、排气扇设备开关、SO_2质控电磁阀校准开关、NO_x质控电磁阀校准开关、CO质控电磁阀校准开关、O_3质控电磁阀校准开关、动态校准仪供电插座开关、零气发生器供电插座开关以及空调设备实现智能调节温度、风速、模式及风向等。以站点出现站内环境高温情况为例，平台端向用户发送站房高温告警信息，用户在分析当前设备情况的同时，可打开该站点站房内部监控查看当前空调的使用情况，发现站房中的窗帘遮光效果很好，室内非常暗，看不清楚站房内空调的情况，那么通过平台远程控制灯光可以查看空调是否开启，并且在空调未正常运行的情况下，使用平台远程控制空调开启并调整好温度。

图 5－28　远程控制

第六章　基于物联网的 QC&QA

监测数据是环境空气质量自动监测体系的产品，会受到多要素的影响，因此需要对其进行质量管理以保证监测数据的准确性、精密性、一致性和完整性。

第一节　质 控 框 架

质量控制（quality control，QC）和质量保证（qualtiy assurance，QA）都是质量管理体系的一部分。QC 是为符合质量标准所采取的作业技术和活动，目的在于通过监视质量形成过程消除所有阶段引起不合格或不满意效果的因素。QA 是为了实体能够达到质量要求应提供的保证，是质量体系中要实施并根据需要进行证实的全部计划和有系统的活动（钟流举，2013）。图 6－1 为大气环境监测物联网与智能化管理平台的质量控制框架，将物联网、自动化等技术运用于监测数据的 QC 和 QA 过程中，保证智能站房全过程中数据质量的“真、准、全、快、新”。基于物联网的质控框架以自动质控设备为媒介，集成物联感知设备和安防设备，记录质控任务和运维历史并采集监测数据和设备的关键运行数据，可提供采集到的所有数据的查询和展示，包括设备信息展示、设备信息历史查询、监测数据查询、运维历史查询和质控历史查询。

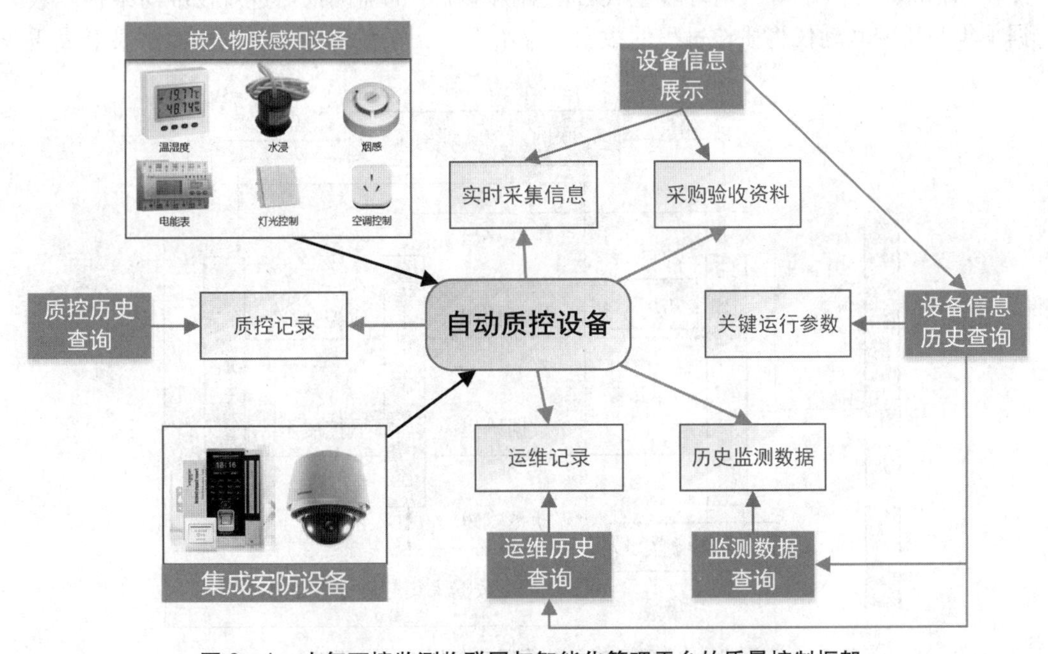

图 6－1　大气环境监测物联网与智能化管理平台的质量控制框架

第二节　气体监测仪器的全自动质控

利用本书第五章介绍的质控联动仪对环境气态污染物进行自动质控，标准化质控流程，达到质控时长缩短、质控频率提高、质控步骤简化的成效，提高运维效率并降低运维成本，保障监测数据的准确性、一致性和可比性，实现对数据质量的溯源并为质控考核提供数据支撑。

一、质控流程

当站房处于无人状态时，环境监测部门和运维单位需要实时掌握站房内外环境、仪器的存活状态和健康情况；当出现异常情况时，需要及时收到有效报警信息，并进行处理得到反馈结果。通过物联网设备实现站房自动化巡检与远程控制，可以实时周期性地对站房内外环境、仪器状态进行巡查评估反馈，从过去的人找设备变成设备找人。

基于物联网的环境空气数据采集与质控联动系统如图6－2所示，气体监测仪器的全自动质控由数据采集与质控联动系统、联网监控系统和环境空气自动监测系统支撑。数据采集与质控联动系统收集环境空气采样总管、站房环境和环境空气自动监测系统的各项仪器工作状态等数据并将其上报给质控监管平台。质控监管平台可通过预设的定时质控任务向数据采集与质控联动系统下达指令，数据采集与质控联动系统在接收到指令后，控制标气对环境空气自动监测系统中的监测仪器进行校准与维护。数据采集与质控联动仪将质控过程的数据上报给平台，在平台端可视化质控结果形成质

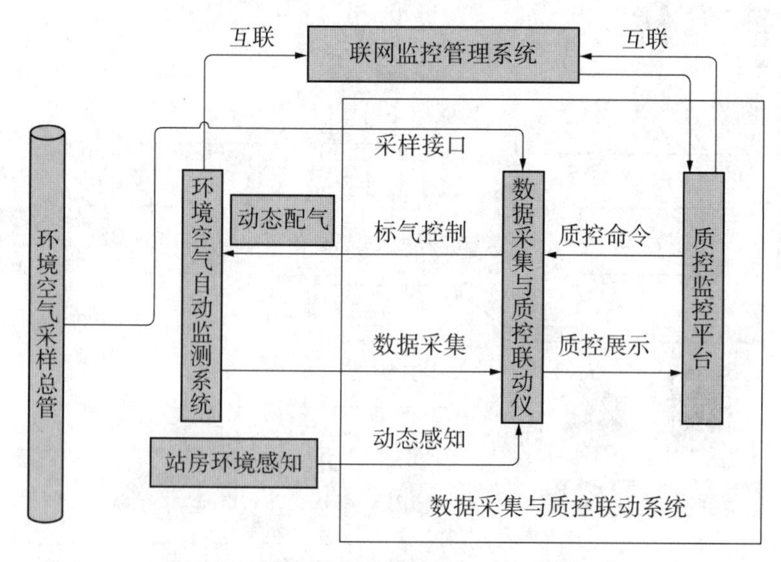

图6－2　环境空气数据采集与质控联动系统

控漂移趋势图。联网监控管理系统实时监控数据采集与质控联动仪上报的状态数据，并通过智能算法自动判断站房情况，依据所判断的异常情况对数据采集与质控联动系统下达零点检查、跨度检查等质控命令。

自动质控后，运维人员只需在联网监控管理系统中查看当前的质控结果分析质控漂移趋势图，针对质控漂移或存在漂移趋势的设备进行检查、校准和维护。气体监测仪器的全自动质控减少了现场作业时间，提高了巡检针对性，确保了仪器校准的准确性。

二、定时远程质控

基于物联网技术的智能化联网平台提供站点在线质控的现时质控任务的查询刷新功能以及添加远程质控任务的功能。查询的信息列表主要包括如下信息：站点名称、质控类别、上次执行时间、任务来源、执行结束时间、执行结果、下次执行时间等。系统提供不合格任务的再次立即执行操作、定时质控任务设置参数操作、质控任务查看详情操作和下载质控报表操作。系统新增“删除”操作，提供对添加的现时质控任务的删除功能。

定时质控任务在整点前后自动执行，具体质控时间如表 6－1 所示。自动质控的执行时间一般在 10～15 分钟内，不影响该时间段的有效小时统计数据，避免手动质控因操作时间把控不好而造成该小时值数据无效的情况。

表 6－1　定时质控任务时间表

时间	零跨检查
00：45 分	设置 O_3零点
01：45 分	设置 CO 零点
02：45 分	设置 O_3跨度
03：45 分	设置 CO 跨度
04：45 分	设置 SO_2零点
05：45 分	设置 NO 零点
06：45 分	设置 SO_2跨度
07：45 分	设置 NO 跨度

同时，提供周期质控设置的功能，该功能可以实现周期质控任务的查询、周期质控任务的添加创建和设置，查询结果还可按列筛选及导出。查询结果包括任务来源、任务组名称、检测项、任务类型、开始时间、执行次数、任务间隔时间、任务状态及上次执行情况等，还可对任意周期质控任务进行编辑和删除操作。

第三节 颗粒物（β射线法）监测仪器的半自动质控

为了实现对站房的智能化质控，预防运维人员在对颗粒物监测仪器流量计的校准过程中出现人为误差，设计了一种针对颗粒物（β射线法）连续监测仪器的采样流量检查校准方法，并基于物联网实现对颗粒物监测仪器的半自动质控。

一、流量计质控原理

中国环境监测总站大气监测实验室对颗粒物监测仪器的测试发现，当采样流量比设定点流量偏低5%时，监测结果平均偏高21.9%；当采样流量比设定点流量偏高5%时，监测结果平均偏低8.3%。由于颗粒物监测仪的监测结果受流量测量准确性的影响较大，设计实现了一种基于物联网的流量自动检查装置及其稳态曲线算法与应用，对颗粒物监测仪的采样流量进行半自动化质控。基于物联网的流量自动检查稳态曲线算法原理如下。数据采集系统子端每5 s从终端获取一次流量计监测的流量检查数据，每7个流量检查数据为一组，通过连续滑动取值计算每组流量检查数据的标准偏差，确定所述稳定流量数据组，从所述稳定流量数据组中获得所述流量的检查真值，包括如下情形：

（1）若1分钟内，流量检查数据全部满足标准偏差小于±2%，且数据一致，取最后一组为所述稳定流量数据组，取所述稳定流量数据组的最后一个流量检查数据为所述流量检查真值。

（2）若1分钟内，流量检查数据全部满足标准偏差小于±2%但数据不一致，取该段时间内所有组中方差最小的一组为所述稳定流量数据组，取所述稳定流量数据组的第三个流量检查数据为所述流量检查真值。

（3）若3分钟内，每组流量检查数据的标准偏差呈现波动变小趋势，直至标准偏差小于±2%后流量开始达到稳定，取达到稳定后的那组数据为稳定流量数据组，取所述稳定流量数据组的第三个数据为所述流量检查真值。

（4）若5分钟内流量未达到稳定，则表示泵异常。

（5）具体稳定时间根据现场情况而定，一般1分钟左右稳定，超过3分钟没稳定的都是属于不准确的情况。而且超过3分钟没稳定，3分钟之后也稳定不了。如果超过3分钟才达到稳定，则该组数据无法使用，应检查后重新进行数据获取。颗粒物流量的检测依赖于抽气泵的抽取，若流量长时间无法稳定，则抽气泵异常。每组流量检查数据的标准偏差函数（*STDEVP*）通过式（6-1）计算。其中，n为该组所有流量检查数据的个数，$\bar{s}$为该组所有流量检查数据的平均值。$n=7$，则$\bar{s}$为该组7个流量检查数据的平均值。

$$STDEVP = \sqrt{\frac{\sum_{i=1}^{n}(s_i - \bar{s})^2}{n}} \tag{6-1}$$

（6）颗粒物分析仪读数默认为 16.67 L/min，流量检查真值与所述颗粒物分析仪读数的相对误差 =（流量检查真值 - 颗粒物分析仪读数）/颗粒物分析仪读数 * 100%。流量检查真值与颗粒物分析仪读数的相对误差不超过 | ±2% |，则检查结果合格；反之，则检查结果不合格。

与现有的颗粒物监测仪的采样流量检查算法相比，基于物联网的流量自动检查稳态曲线算法具有如下优势：

（1）检测耗时短，采集 3 分钟数据即可完成流量校准并出具检查报告。

（2）数据连续性高，秒级采样间隔，可实时查看数据变化情况。

（3）明确的数据稳定性要求，数据稳定阈值设定为：小于 | ±2% | 偏差。

（4）更合理的真值计算方案，对不同的数据偏差情况分别计算数据真值。

（5）可以自动判断流量检查结果并自动进行补偿校准，减少了人为判断和人工校准造成的失误和人力成本。

（6）对不同流量计兼容性高，可在平台端完成流量计参数管理。

二、硬件组件

应用如上所述的基于物联网的流量自动检查稳态曲线算法的流量自动检查装置，包括数据采集系统子端（数采子端）、数据采集单元和流量计。数据采集系统子端包括流量自动检查校准平台和数据接收单元，通过 USB 连接。数据采集单元包括无线模块和信号转换器，通过 TTL 连接。数据接收单元与无线模块通过协议匹配。流量计与信号转换器通过 RS232 连接。流量计数据采集系统如图 6 - 3 所示。

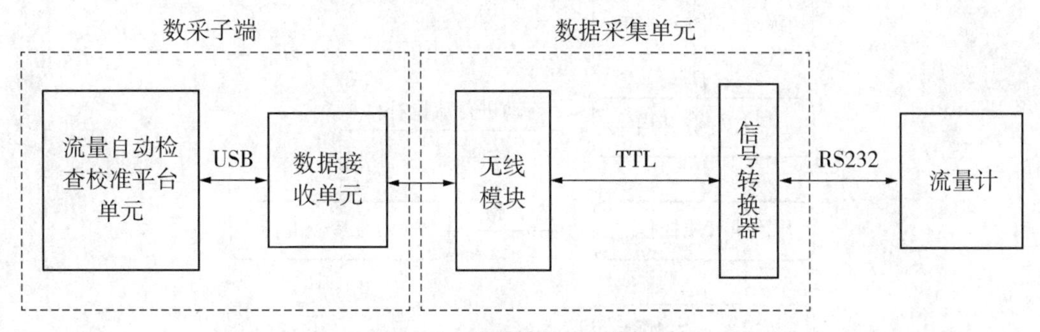

图 6 - 3　流量计数据采集系统

数据采集单元使用塑料外壳进行整体封装（图 6 - 4），壳内包括电源控制开关、信号转换器、无线模块及配套的电子电路。电源开关控制数据采集单元的开启/关闭；信号转换器一端直接插入流量计，另一端与无线模块相连。无线模块无线接收数据采集单元采集的流量计数据，数据接收单元通过 USB 与流量校准平台通信。

图 6-4　数据采集单元

三、质控流程

基于物联网的流量自动检查校准装置及其系统的基本流程如图 6-5 所示。

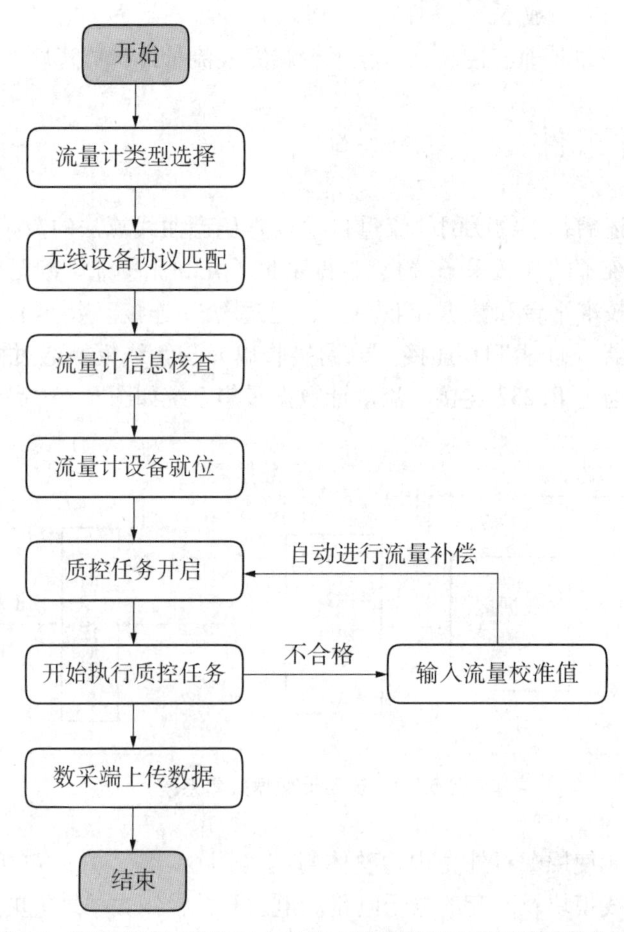

图 6-5　基于物联网的流量自动检查校准装置及其系统的基本流程

（1）流量计类型选择：进行颗粒物流量检查质控前，先由运维工作人员打开数据采集端颗粒物质控界面，并选择流量计类型，进行流量计匹配。

（2）无线设备协议匹配：连接无线设备，从机插入流量计，主机连接数据采集端。待从机连接好后，可显示流量计设备 ID，表明主从机连接就绪。

（3）流量计信息核查：在数据采集端进行流量计信息核查，确认各参数信息无误。

（4）流量计设备就位：取下颗粒物分析仪切割头，将已接入无线模块从机的手持流量计置于此处。

（5）质控任务开启：在数据采集端添加质控任务，点击“开始执行”，即可进行流量质控检查。

（6）开始执行质控任务：开始流量检查，数据采集端获取到流量计检查数据。

（7）数据采集端上传数据：将流量检查数据实时上传至流量自动检查校准平台，平台端实时展示检查曲线，并将此次检查记录生成检查报告。

（8）若检查结果不合格：手动输入上次检查流量真值，并进行自动补偿流量校准，重新开始进行流量检查，直至检查合格，即可完成颗粒物半自动化流量的检查校准。

（9）结束：流量检查结束，每次检查均可生成检查报告，可查看检查详情（包括已完成、未开始、执行中 3 种状态），可实时查看流量检查曲线。

四、数据采集子站端

流量自动检查校准平台单元通过 USB 与数据接收单元通信，实时获取流量计监测数据，生成校准参考值，监控流量校准系数。平台具备流量计管理功能，可实时查看流量校准详情，流量校准完毕后会自动生成流量检查结果报表。

（一）流量计管理

不同品牌型号的流量计可能对采样流量产生影响，长期运行的流量计也会存在性能下降的可能。因此，在对颗粒物采样流量检查前，需对使用的流量计进行管理（图 6－6），便于采样流量检查的溯源。流量自动校准平台的流量计管理功能可以对

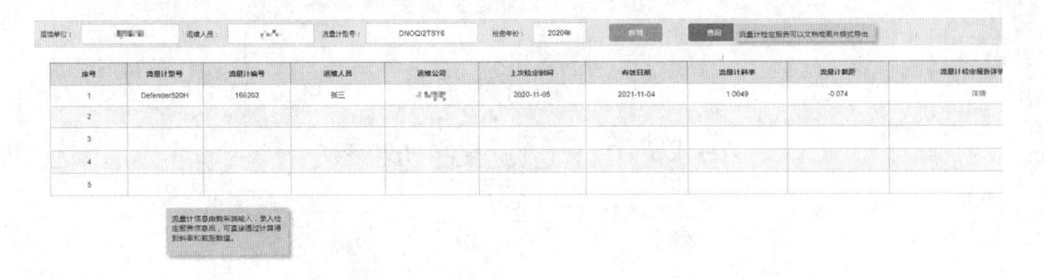

图 6－6　流量计管理

流量计设备进行新增、编辑等操作，运维人员在进行运维前需要上传流量计的品牌、型号、编号，本次运维人员和所属的运维单位，上次检查时间，本次检查的有效日期以及检查得到的流量斜率、截距等信息。流量计的管理中还可支持检定报告上传，能更加直观地证明流量计检查的效果有效。

（二）流量检查报告查询

运维人员在子站数据采集端添加流量检查质控任务，核查流量计参数准确无误后，即可执行颗粒物监测仪器的半自动质控。运维人员将颗粒物监测仪的切割头取下，拿上手持流量计，即可进行流量质控检查。质控检查中将流量数据上传至平台端，平台端实时展示其稳态曲线。流量检查结束后可查看检查过程详情（图6－7），并将此次检查记录生成检查报告。流量检查报告包括室内温度、室内湿度、检查曲线的开始时间和结束时间、参考流量计型号和出厂编号、上一次校准时间、下一次校准时间、斜率、截距、相关系数等。

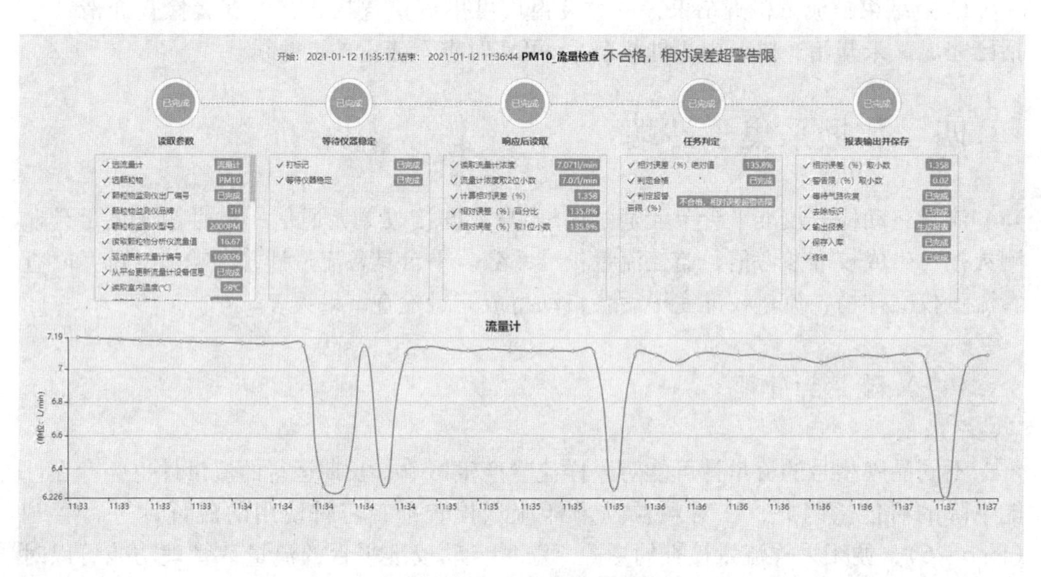

图6－7　流量检查结果

第四节　质控成效

一、全网质控

大气环境监测物联网与智能化管理平台实现了质量控制工作的实时化、可视化和无纸化，实现了对全网监测站点的质控任务状态的监控，可宏观把控数据质量情况，辅助决策分析。平台汇总监测网络中所有站点的质控任务的全过程数据，统计质控任务的执行率和合格率，将全网质控任务结果通过 GIS 空间分布和质控异常站点清单进行展示。全网质控模块可直观了解质控的完成和达标状况，进而针对质控不合格的站点采取解决措施。全网质控示意如图 6－8 所示。

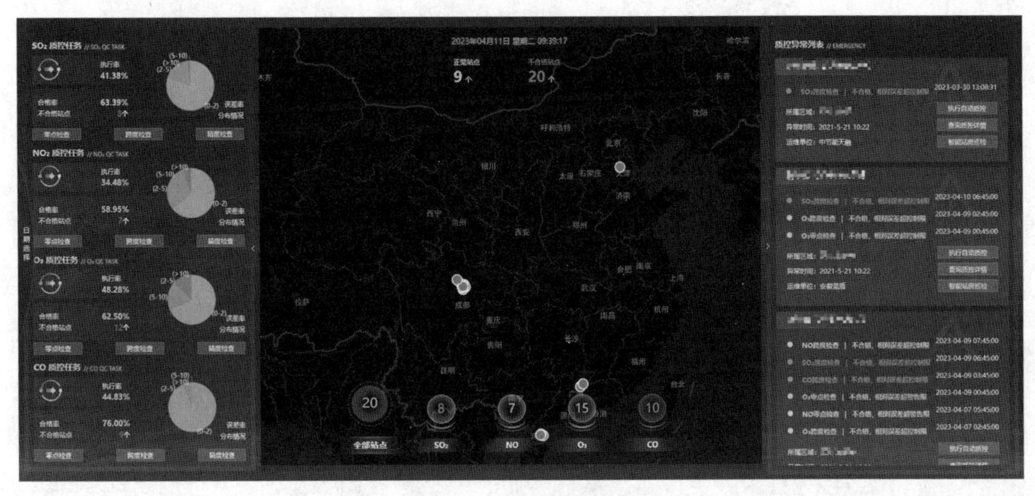

图 6－8　全网质控示意

二、质控数据查询

平台记录所有的质控数据并向相关人员提供质控数据查询功能，实现监测网络中各子站监测数据的质控过程可追溯，主要包括监测气体分析仪的定时质控任务的计划开始时间、实际开始时间、任务状态与质控结果。

如图 6－9 所示为平台端质控数据查询页面，可查询历史与现有的质控任务的详细过程和报表。质控任务详情可查询质控过程各步骤的详细信息、标准气体或监测气体在质控过程中的流量变化、质控任务结果、仪器状态列表、质控日志报表等。平台中为了复现质控过程将其细分为读取参数、开始质控任务、读取背景值及斜率、等待仪器稳定、响应后读取、任务判定和报表输出并保存 7 个步骤，并展示每一步的详细

站点 [illegible]　开始时间 2023-04-09　结束时间 2023-04-12　监测项 【全部】　质控结果 【全部】　查询　导出EXCEL

刷新列表

站点名称	任务组	任务类型	计划开始	实际开始	任务状态	结束时间	目标值	响应值	漂移量	质控结果	操作
[illegible]	O_3零点	O_3_零点检查	2023-04-09 00:45:00	2023-04-09 00:45:22	执行完成	2023-04-09 00:58:40	0.00	30.24	0.060	不合格，相对误差超控…	详情　下载报表
[illegible]	O_3跨度	O_3_跨度检查	2023-04-09 02:45:00	2023-04-09 02:45:24	执行完成	2023-04-09 02:58:52	400.00	22.20	-0.944	不合格，相对误差超控…	详情　下载报表
[illegible]	SO_2零点	SO_2_零点检查	2023-04-10 04:45:00	2023-04-10 04:45:07	执行完成	2023-04-10 04:58:48	0.00	1.54	0.003	合格	详情　下载报表
[illegible]	SO_2跨度	SO_2_跨度检查	2023-04-10 06:45:00	2023-04-10 06:45:20	执行完成	2023-04-10 06:59:03	400.00	1.82	-0.995	不合格，相对误差超控…	详情　下载报表
[illegible]	O_3零点	O_3_零点检查	2023-04-11 00:45:00	2023-04-11 00:45:22	执行完成	2023-04-11 00:58:41	0.00	4.74	0.009	合格	详情　下载报表
[illegible]	O_3跨度	O_3_跨度检查	2023-04-11 02:45:00	2023-04-11 02:45:24	执行完成	2023-04-11 02:58:49	400.00	18.41	-0.954	不合格，相对误差超控…	详情　下载报表
[illegible]	SO_2零点	SO_2_零点检查	2023-04-12 04:45:00		尚未开始						详情　下载报表
[illegible]	SO_2跨度	SO_2_跨度检查	2023-04-12 06:45:00		尚未开始						详情　下载报表

图 6－9　质控数据查询

情况，便于追溯质控任务失败的原因。仪器状态列表给出仪器工作状态下的各关键参数值，以辅助排查质控任务失败的原因。

三、质控数据分析

质控数据分析的目的是判断各监测网络的数据质量，协助环境监测站工作人员对执行完监测仪器质控任务后生成的质控数据进行分析。质控数据分析对各子站的监测数据进行统计得到全网自动质控任务完成率和达标率、质控任务合格率、质控误差情况和质控精度、质控执行情况和有效数据获取率。其中，全网自动质控任务完成率和达标率可以直观了解质控的完成和达标状况；区域质控任务的质控合格率、质控误差情况和质控精度可以评估监测系统精确度、数据准确性和数据完整性；质控执行情况和有效数据获取率用于运维效果评估。质控数据分析实现了质控效果的溯源，可帮助环境监测站工作人员有效评价运维公司的运维效果以及仪器品牌对质控效果的影响。

（一）质控统计分析

质控统计分析对质控任务的合格率、响应值、目标值、漂移量等参数进行统计，为进一步误差分析、精度分析及全面分析奠定基础。图6－10为质控统计分析功能示意图，通过柱状图和表单的形式向用户展示区域内质控任务的执行总况。用户可以从区域、运维单位以及仪器品牌对质控合格率进行全面统计分析。

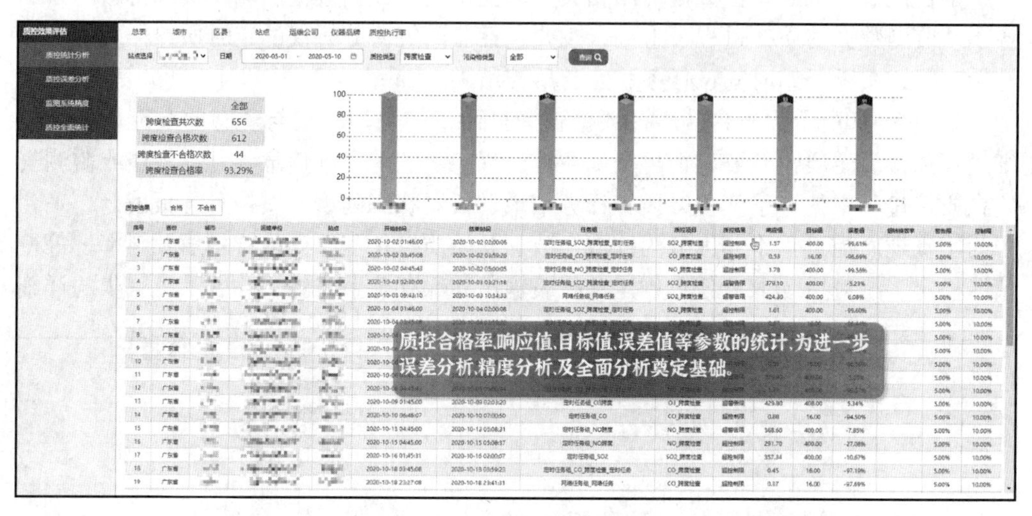

图6－10　跨度检查合格率分析

（二）质控误差分析

质控误差分析，即对质控任务漂移量的分析，其质量控制标准参考《环境空气气态污染物（SO_2、NO_2、O_3、CO）连续自动监测系统运行和质控技术规范》（图6－11）。监测气体分析仪进行跨度检查时，跨度漂移的警告极限为±5%，控制极限为±10%。监测 CO 气体的分析仪进行零点检查时，零点漂移的警告极限为±1 μmol/mol，控制极限为±2.5 μmol/mol。其他监测气体的分析仪进行零点检查时，零点漂移的警告极限为±10 nmol/mol，控制极限为±25 nmol/mol。若发生超出警告极限，运维人员可以选择是否对分析仪进行零点/跨度调节，同时密切注意后续的质控结果，并建议调查室温记录、校准标准的到期日、校准仪流速和温度控制、零点/跨度控制阀门和管的连接是否有泄漏。在室温、校准标准期限、校准仪流速和温度、零点/跨度控制阀门和管的连接一切正常的情况下，基本确定超出极限是由分析仪漂移引起的，则需对分析仪进行零点/跨度调节。若超出控制限，就证明仪器出现故障了，需要检查维修。一般情况下，零点/跨度超出控制极限期间采集的数据应为无效，必须对分析仪进行零点/跨度调节。

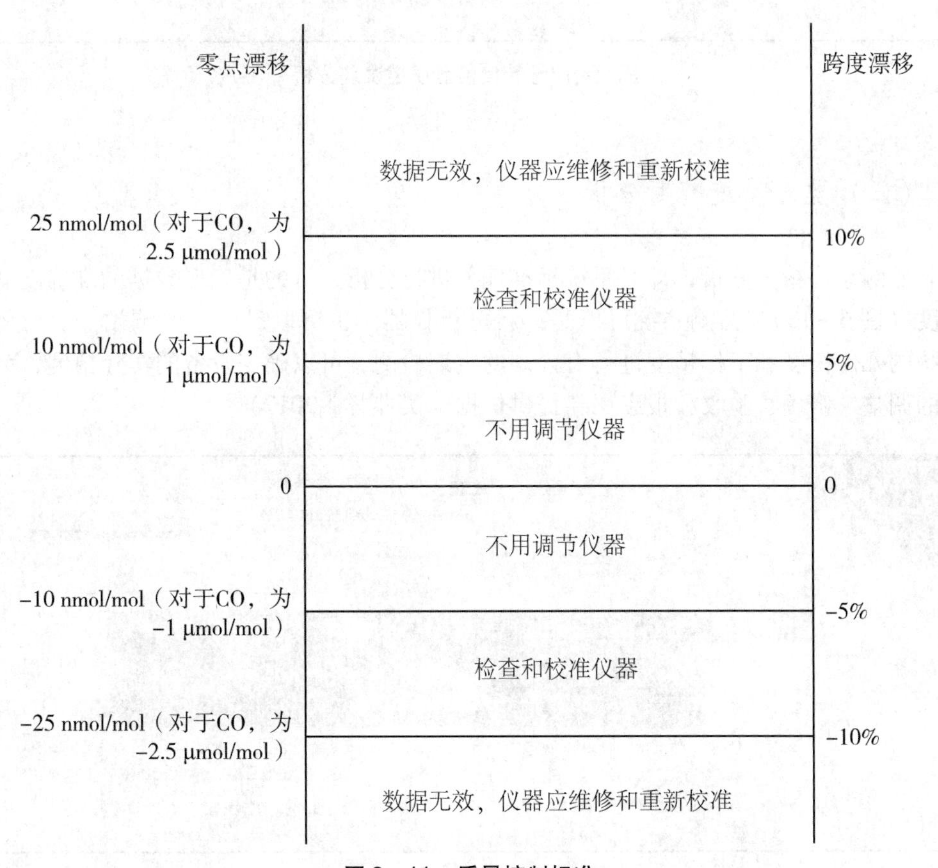

图6－11　质量控制标准

质控任务的漂移量由质控任务完成后的仪器响应值与目标值计算得到，漂移量越大表示质控质量越差，仪器的稳定性越差（图6－12）。当漂移量超过警告极限，则此时的质控任务不合格。对零点、跨度检查、校准漂移量的分布范围及统计分析，一方面，可以协助运维人员进行何时校准分析仪以及如何判断监测数据有效性的决策；另一方面，通过对比同一监测气体分析仪器不同品牌的漂移量，可以协助判断仪器品牌的优劣。

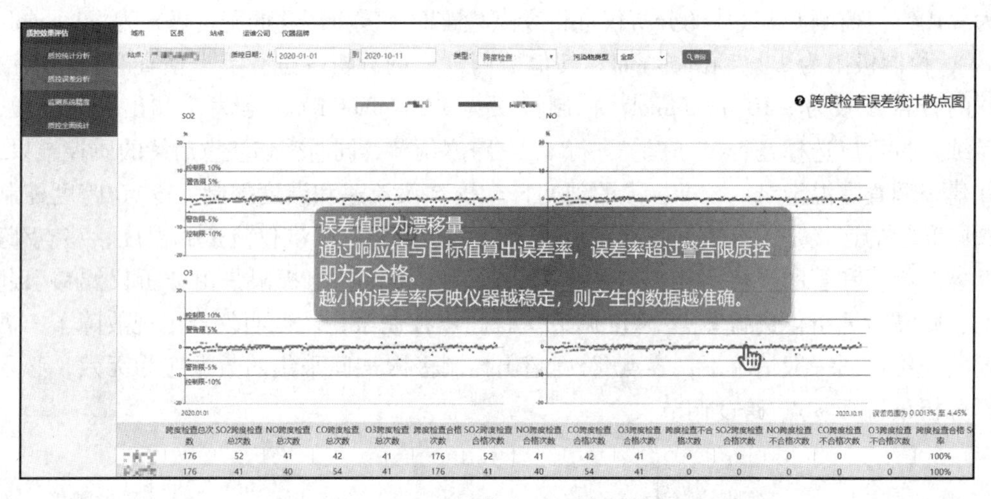

图6－12　跨度检查质控误差分析

（三）监测系统精度分析

监测系统精度分析，即对系统标准偏差进行分析，目的是确保数据的准确度和精确度（图6－13）。监测系统可以是一台分析仪器，也可以是一个监测站点。对监测系统的几何精度和工作精度进行有计划的定期检测，可以确定设备的实际精度，为设备的调整、修理、验收和报废更新提供依据（吴兆祥，2017）。

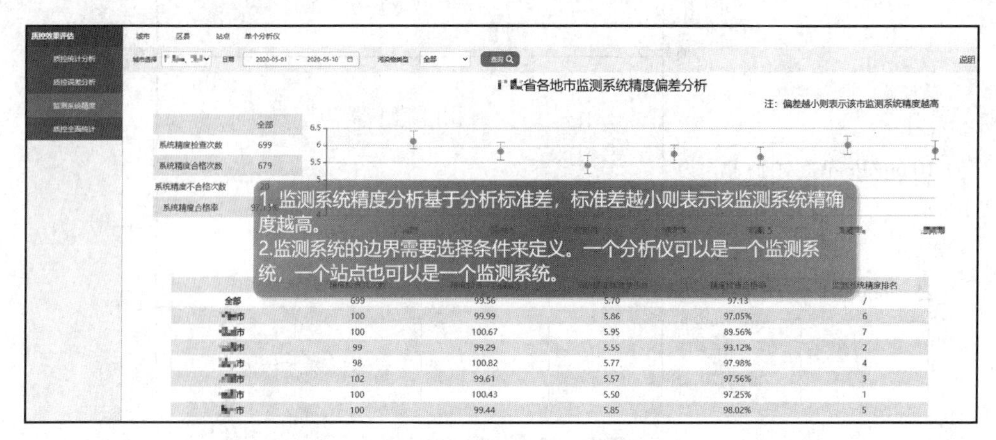

图6－13　不同城市监测系统的精确度

1. 单个分析仪精度

在精度检查报告表中使用式（6－2）为每次精度检查计算百分比差（d_i）。式中，Y_i 表示由第 i 次精度检查调整的分析仪指示浓度；X_i 表示第 i 次精度检查的测试气体的已知浓度。

$$d_i = \frac{Y_i - X_i}{X_i} \times 100\% \tag{6-2}$$

对于每部仪器或自动监测站，采用式（6－3）和式（6－4）分别计算季度平均值（d_j）和标准偏差（S_j），式中，n 为季度期间对仪器或自动监测站进行的精度检查数。

$$d_j = \frac{\sum_{i=1}^{n} d_i}{n} \tag{6-3}$$

$$S_j = \sqrt{\frac{1}{n-1} \times \left[\sum_{i=1}^{n} d_i^2 - \frac{1}{n} \left(\sum_{i=1}^{n} d_i \right)^2 \right]} \tag{6-4}$$

2. 监测系统精度

若对每部仪器进行相同数目的精度检查，则对于每种污染物，采用式（6－5）和式（6－6）对所有监测污染物的分析仪分别计算平均值（$\bar{D}$）和混合标准偏差（S_a），其中 k 为监测系统内某一种污染物的分析仪数目。

$$\bar{D} = \frac{\sum_{j=1}^{k} d_j}{k} \tag{6-5}$$

$$S_a = \sqrt{\frac{\sum_{j=1}^{k} S_j^2}{k}} \tag{6-6}$$

若每部仪器的精度检查次数不同，则应采用式（6－7）的式（6－8），其中 n_j 为第 j 部仪器的精度检查次数。

$$\bar{D} = \frac{\sum_{j=1}^{k} (n_j \times d_j)}{\sum_{j=1}^{k} n_j} \tag{6-7}$$

$$S_a = \sqrt{\frac{\sum_{j=1}^{k} (n_j - 1) \times S_j^2}{\sum_{j=1}^{k} n_j - k}} \tag{6-8}$$

四、质控成效分析

为了更进一步分析自动质控的成效，本小节从质控合格率、时长稳定性、零点/跨度漂移情况以及运维效率提升效果 4 个层面分析手动质控和自动质控的优劣。本节使用的手动质控数据选取自河北与广东的四个国控站点在 2021 年 1 月 1 日至 2021 年

12 月 18 日期间上传平台的数据，自动质控数据选取自上述国控点在 2021 年 8 月 1 日至 2021 年 12 月 18 日期间增加质控联动仪后上传至平台的数据。通过两组数据对比分析自动质控后的成效。

（一）质控合格率分析

对质控合格率的分析有利于辨别手动质控和自动质控的优劣，因此表 6－2 给出了二者的质控合格率对比。手动质控和自动质控的合格率分别为 99.11% 和 97.07%，二者均满足国家要求的实施细则。由任务总数的对比可知，在增加自动质控后，后半年的自动质控任务总数比一年的手动质控任务总数要多。以零跨检查为例，手动质控一周进行一次，而自动质控两天进行一次，使得质控频率至少增加 200%。但数据显示自动质控的合格率会略低于手动质控的合格率，这种结果的出现可能与运维人员在进行手动质控时通常进行多次质控过程，但只上传一次最好结果的情况有关。

表 6－2　手动质控与自动质控的合格率对比

质控		手动质控（2021. 1. 1—2021. 12. 18）	自动质控（2021. 8. 1—2021. 12. 18）
CO 监测仪器	合格数量	434	399
	任务总数	438	421
	合格率	0.99	0.95
SO_2 监测仪器	合格数量	412	442
	任务总数	432	466
	合格率	0.95	0.95
O_3 监测仪器	合格数量	440	449
	任务总数	441	468
	合格率	1.00	0.96
NO 监测仪器	合格数量	422	419
	任务总数	428	463
	合格率	0.99	0.91
所有监测仪器	合格数量	1673	1714
	任务总数	1688	1811
	合格率	0.99	0.97

（二）时长稳定性分析

时长分析的目的是了解手动质控和自动质控进行质控任务的用时对数据的影响，

表 6－3 给出了手动质控和自动质控的时长对比。手动质控的时长平均为 13. 86 min，自动质控的时长平均为 14. 76 min。虽然平台上的数据显示手动质控和自动质控两者的总体质控时长相当，但通过仪器的详细数据检查发现手动质控实际上做了多次检查校准却只上报给平台结果最好的一次检查或校准数据，即手动质控的时长远大于自动质控的时长。因此，自动质控可以降低进行质控任务的时间，从而降低对监测数据有效性的影响。时长波动性指多次质控所用时长的偏差。对比手动质控和自动质控的时长波动性发现，手动质控的偏差在 17 min 左右，自动质控的偏差控制在 4 min 内。自动质控的时长波动性大大降低，避免质控时间过长或过短对数据有效性及数据质量产生影响，保障了数据的全面真实。

表 6－3　手动质控与自动质控的时长对比

质控		手动质控（2021. 1. 1—2021. 12. 18）	自动质控（2021. 8. 1—2021. 12. 18）
CO 监测仪器	时长平均值/min	13. 03	12. 73
	时长波动性/min	6. 75	2. 58
SO_2 监测仪器	时长平均值/min	13. 84	15. 52
	时长波动性/min	8. 22	4. 99
O_3 监测仪器	时长平均值/min	13. 14	14. 29
	时长波动性/min	7. 14	3. 63
NO 监测仪器	时长平均值/min	15. 74	16. 32
	时长波动性/min	31. 45	5. 81
所有监测仪器	时长平均值/min	13. 87	14. 76
	时长波动性/min	17. 03	4. 66

（三）零点/跨度漂移分析

对零点/跨度漂移情况的分析有利于准确地了解监测气体分析仪的性能，图 6－14 为手动质控与自动质控的零点漂移对比。手动质控和自动质控后零点漂移的情况都符合规范，手动质控和自动质控的零点漂移量的总体情况分别为 3. 70 nmol/mol（μmol/mol）、1. 42 nmol/mol（μmol/mol）。CO 监测仪器、SO_2 监测仪器、O_3 监测仪器和 NO 监测仪器自动质控的零点检查误差波动性分别为 0. 13 μmol/mol、1. 74 nmol/mol、1. 25 nmol/mol 和 1. 28 nmol/mol，除 SO_2 监测仪器外，其他 3 项气体污染物监测仪器自动质控的零点检查误差波动性均低于手动质控。自动质控零点漂移波动量的减少，保障了数据的高质量和准确性。统计手动质控和自动质控零点检查的偏移量分布时发现，自动质控后 4 项污染物监测仪器的零点检查漂移量更多落在 |0－2| 的范围内，数据的精度有所提升。

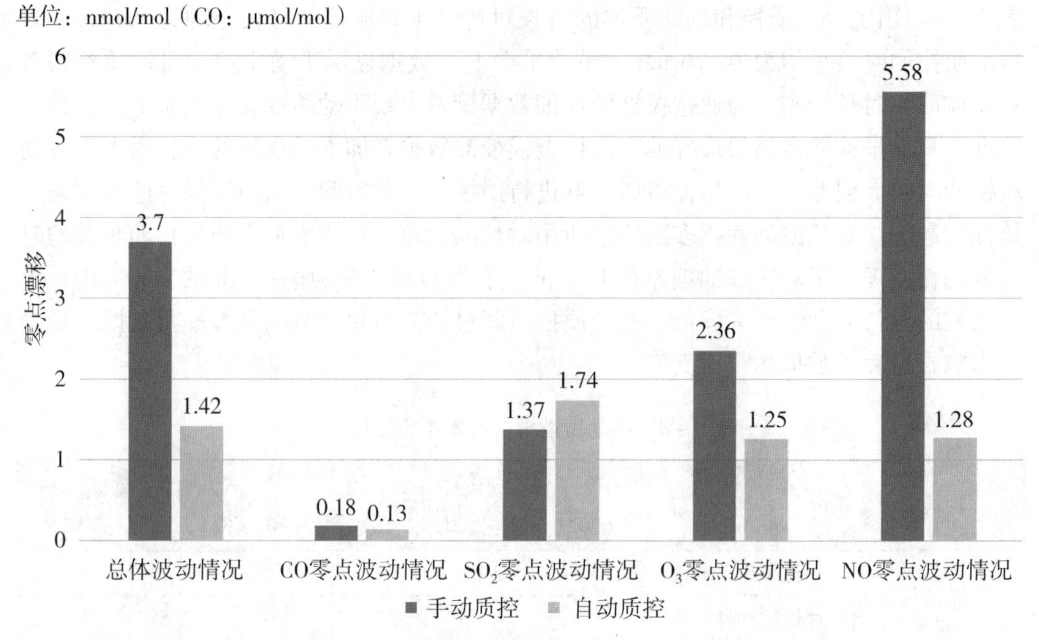

图 6－14　手动质控与自动质控的零点漂移对比

同时，对手动质控和自动质控跨度检查的漂移进行对比（图 6－15），由于对数据进行处理时未剔除刚安装质控仪时不稳定的数据且运维人员做手动质控时只上传最好的质控结果，因此自动质控的跨度检查漂移误差相对较大，但基本满足规范要求。

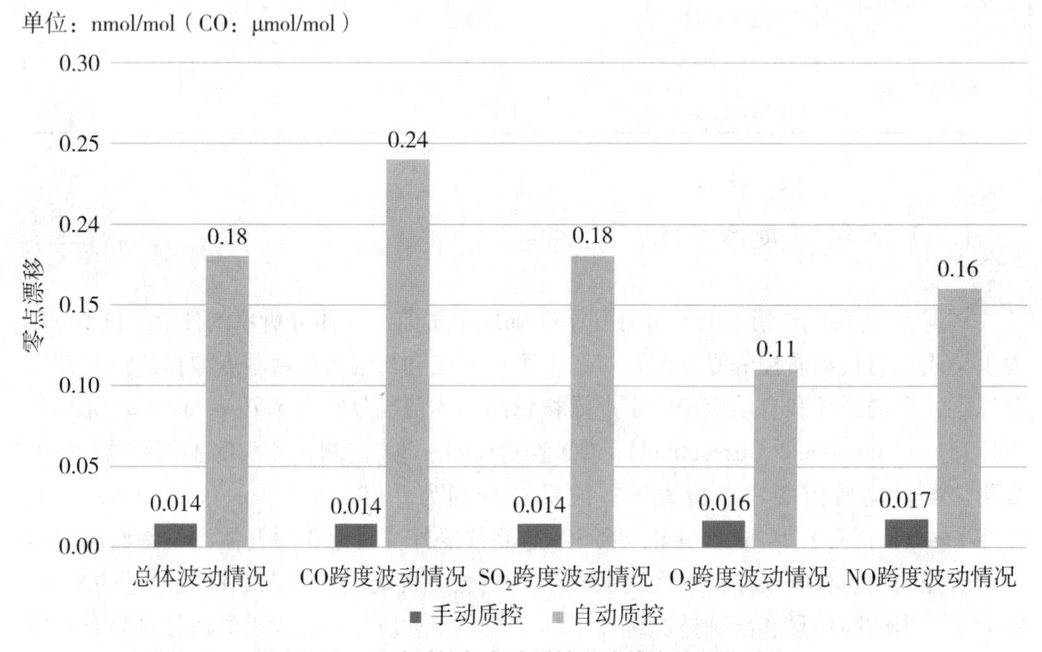

图 6－15　手动质控与自动质控跨度检查的漂移对比

（四）运维效率提升效果

手动质控阶段，质控任务执行质量的高低取决于运维人员的运维水平，质控频率的不足导致不能及时发现监测仪器的问题，监测数据的有效性没有保障。因此，标准化质控过程，保证监测仪器的持续性自动监测，建设集自动质控、站房一体化感知、数据采集与处理于一体的智能化自动质量控制体系是非常有必要的。在大气环境监测物联网与智能化管理平台下，充分利用物联网等高新技术，实现了监测仪器零跨检查、精度检查和多点检查等质控任务的定时质控和远程执行，可智能分析仪器状态参数并判断仪器状态以自动化执行质控任务。首先，自动质控大大提高了质控任务的执行频率，将手动质控的一周一次零跨检查，提高到自动质控的两天一次零跨检查。其次，物联网平台通过集成站房内的一体化设备，对站房标气剩余量，空气监测自动站房内的温度、湿度和气压情况，采样总管的采样情况（静压、流速及滞留时间）等信息完整留存，实现可追溯、可审查。

自动质控的实现对监测站点的管理水平和运维单位的工作效率都有很大的提升。对监测站点而言，质控过程的可追溯性和可视化保障了数据的准确性；质控时长的稳定能够避免质控过程对数据的有效性造成影响；质控频率的提高有助于及时发现异常问题，提高了巡检的针对性。监管第三方运维机构的手段简单化、自动化、智能化，实现了对数据质量的溯源。对于运维单位而言，自动质控的实现减少了运维人员来回现场的次数，降低了每次作业的时间，显著提高了运维效率，同时降低了运维成本。

综上所述，相较传统手动质控，自动质控有众多优势。传统手动质控需要在现场进行质控，等待质控结果，然后校准并维护漂移设备。质控联动仪的使用实现了自动质控，达到了质控频率增加、质控合格率提高、质控结果漂移降低等效果。自动质控后，运维人员可以在平台查询本周的质控结果，根据质控漂移趋势图有针对性地对质控漂移或存在漂移趋势的设备进行检查，然后到达现场校准并维护漂移超限的设备。通过自动质控，从单一的机械式周巡检转换为有针对性现场巡检，大大减少了运维人员现场的工作量，减轻了运维负担。与手动质控相比，自动质控的质控次数增加，跨度检查和零跨检查的质控合格率明显提升，质控误差率降低。

第七章　数据审核与自动化诊断

由于监测站局部环境和仪器本身状态的变化，使得从现场采集的数据不一定都能真实准确地反映空气质量状况，为了分清有效数据和无效数据，必须对数据进行审核。数据审核的目的在于确保从监测站收集的数据可以准确反映现场的真实环境空气浓度。

第一节　数据修约

进行现状评价和变化趋势评价前，各污染物项目的数据统计结果需按照《数值修约规则与极限数值的表示和判定》（GB/T 8170—2008）标准对数据进行修约。修约通常作为计算结果的最后一步处理，主要是处理小数位和极低浓度值的问题。

一、四舍六入五成双

监测污染物浓度的小时值数据需参考《数值修约规则与极限数值的表示和判定》（GB/T 8170—2008）标准进行修约，具体规则如下：

（1）拟舍弃数字的最左一位数字小于5，则舍去，保留其余各位数字不变。

（2）拟舍弃数字的最左一位数字大于5，则进一，即保留数字的末位数字加1。

（3）拟舍弃数字的最左一位数字是5，且其后有非0数字时进一，即保留数字的末位数字加1。

（4）拟舍弃数字的最左一位数字是5，且其后无数字或皆为0时，若所保留的末位数字为奇数则进一，保留数字的末位数字加1；若所保留的末位数字为偶数，则舍去。

（5）对负数进行修约时，应先将其绝对值按照前4条规则进行修约，然后在所得值的前面加上负号。

表7－1为各项监测污染物的浓度单位和保留小数位数要求，表7－2示范了保留0位小数情况下运用四舍六入五成双的修约规则。

表7－1　污染物的浓度单位和保留小数位数要求

污染物	单位	保留小数位数
SO_2、NO_2、PM_{10}、$PM_{2.5}$、O_3、TSP、NO_x	μg/m^3	0
CO	mg/m^3	1
Pb	μg/m^3	2

续表 7-1

污染物	单位	保留小数位数
BaP	μg/m³	4
超标倍数	—	2
达标率	%	1

表 7-2　数据修约规则

数字情况（保留 0 位小数）	修约前	修约后
被修约数字≤4	70.4	70
被修约数字≥6	70.6	71
被修约数字 =5，前奇，后无数	73.5	74
被修约数字 =5，前偶，后无数	72.5	72
被修约数字 =5，后有非 0 数字	72.51	73
	71.51	72

二、AQI 修约方式

空气质量指数（AQI）的修约是在 24 小时监测数据结果修约后的基础上进行的，采取“进一法”，该修约规则如下：

（1）只要有小数，不论是多少，都进一位。

（2）无小数不进位。

三、小时值负值及零值的修约

在环境空气中各项污染物的浓度均处于极低水平的条件下，部分仪器设备小时监测结果出现负值或零值时，可按规则对数据进行修正，恢复数据的有效性。根据《环境空气气态污染物（SO_2、NO_2、O_3、CO）连续自动监测系统技术要求及检测方法》（HJ 654—2013）中仪器 24 小时零点漂移、最低检出限、背景浓度值等指标确定对小时值数据负值和零值的修约方法（表 7-3）。在仪器运行稳定的情况下，极低浓度水平的零值和负值应该修约为有效值。

表 7-3　污染物小时值数据负值及零值的修约规则

项目	浓度区间/m³	审核结果
二氧化硫（SO_2）	≤ -14 μg	无效
	-14～0 μg	3 μg
二氧化氮（NO_2）	≤ -10 μg	无效
	-10～0 μg	2 μg

续表 7-3

项目	浓度区间/m^3	审核结果
臭氧（O_3）	≤-10 μg	无效
	-10～0 μg	2 μg
一氧化碳（CO）	≤-1 mg	无效
	-1～0 mg	0.3 mg
颗粒物 PM_{10}或 $PM_{2.5}$	≤-5 μg	无效
	-5～0 μg	2 μg

当出现以下 3 种情况时，不能对小时值数据进行修约：

（1）5 分钟监测数值均为运行不良、连接不良、等待数据恢复情况下的异常负值或零值。

（2）5 分钟监测数值小于分析仪器量程最小值情况下的异常负值或零值。

（3）站点监测数据经多站点分析后，该站点设备的系统性偏低，零值、负值不符合修正条件，应确认为无效。

第二节　数据审核流程

将站点监测数据实时上传至区域环境监测主管单位的数据中心平台，将实时数据作为原始数据用于发布与分析。在数据收集之后，应该尽快执行数据审核工作，有助于通过使用异常时间的资料及气象条件，检查有问题的数据。因此，为了保证审核数据的准确性，严格区分无效数据与有效数据，数据审核依据应充分并在规定时间内完成审核工作。同时，数据审核人员实行实名制审核，对数据终身负责。其中，空气监测自动站监测数据审核的目标为：

（1）发现异常数据，从数据产生时间、空间及污染因子等关联性因素进行分析，进而判断数据有效与否。

（2）对于长期复核不通过的点位，根据数据异常的严重情况，通过运维管理系统派发现场检查任务工单给运维单位或者运维检查单位。

（3）将审核后的数据作为环境主管单位对行政区域大气环境治理工作的评价考核依据。

数据审核的监测指标主要包括 SO_2、NO_2、CO、O_3、PM_{10}、$PM_{2.5}$的小时浓度值。通过对日报数据的三级审核操作，实现数据的准确性和真实性，其基本流程如图 7-1 所示。子站数据采集系统在采集数据时首先对监测数据进行自动审核，将有问题的数据进行标识；其次，平台端通过 AI 智能算法识别出存疑数据并进行标识；然后，运维人员对数据进行初审，针对特殊情况进行阐述说明；最后，监测站进行数据复核并将复核结果提交至终审。

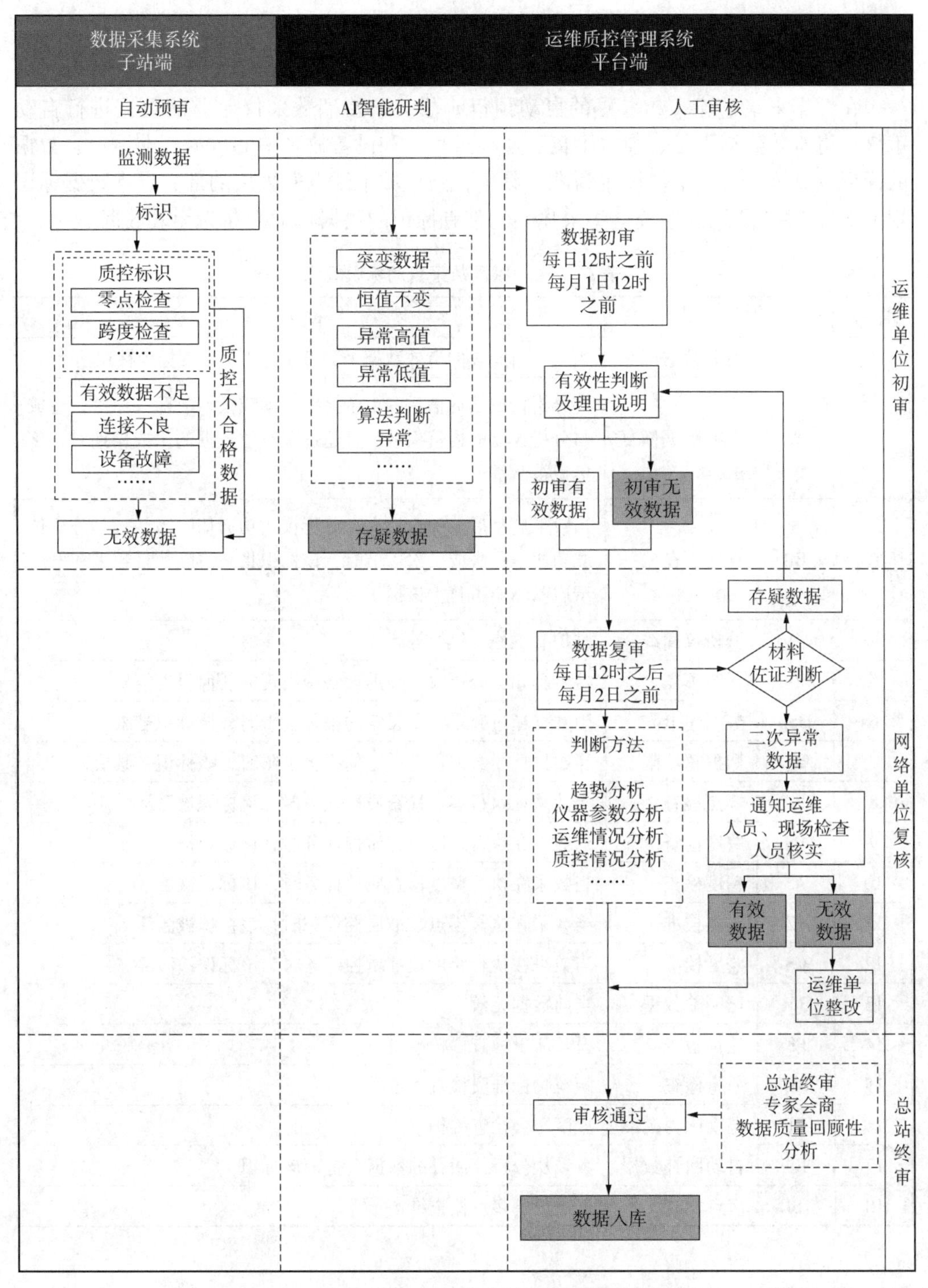

图7－1　国家城市空气质量监测网监测数据审核流程

一、数据采集系统自动预审

在数据采集系统（数采）的自动预审阶段，子站端数采仪对监测数据进行自动审核，将有效数据不足、连接不良、质控过程中和设备故障中的数据打上标识。数据的标识以具体数据采集仪设置为准，其中，国控城市站点所采用的部分异常数据标识规范如表7-4所示。系统会将采集到的带有标识的数据自动判断为无效数据。

表7-4　国家网数采自动标识规范

序号	标识	标识说明	备注
1	H	有效数据不足	当某个时间段的有效数据个数低于标准时，该标识被激活
2	W	等待数据恢复	与分析仪成功通信后，由于接线松动或仪器故障等原因，造成与分析仪器的通信失败，且超过了有效数据的生成周期时，该标识被激活
3	BB	连接不良	当数采启动后，一直没有与分析仪成功通信时激活；与分析仪成功通信一次或一次以上时，该标识将被清除，且数采在下次重启前不会再打上该标识
4	D	分析仪离线	维护、维修、更换等
5	B	运行不良	检测到相关分析仪、辅助设备等出现的任何报警信息（信号）
6	HSp	数据超上限	当数据超过数采仪上设定的报警上限时，该标识被激活
7	LSp	数据超下限	当数据低于数采仪上设定的报警下限时，该标识被激活
8	PZ	零点检查	当数采在执行零点检查质控任务时，该标识被激活
9	PS	跨度检查	当数采在执行跨度检查质控任务时，该标识被激活
10	AS	精度检查	当数采在执行精度检查质控任务时，该标识被激活
11	CZ	零点校准	当数采在执行零点校准质控任务时，该标识被激活
12	CS	跨度校准	当数采在执行跨度校准质控任务时，该标识被激活
13	RM	已删除数据	当前数据无效
14	PF	流量检查	设备流量检查、校准
15	PM	质量检查	颗粒物标准膜检查、校准
16	PT	温度压力校准	温度压力检查维护
17	Re	自动回补数据	数采从分析仪回补的数据会打上该标识
18	TSL	多点检查	仪器设备多点检查维护

二、平台AI研判

在数据审核的AI研判阶段，平台端根据基本规则约束和模型算法在人工复核之前对数采预判阶段未进行标记的数据进行筛查，识别出突变数据、恒值不变、异常高值、异常低值等异常数据并标识为存疑数据。一方面，AI 算法依据基本规则约束对监测数据进行自动复核，基于仪器状态、超上下限、倒挂、数据有效性等规则将符合条件的监测数据纳入复核通过、复核不通过和进入人工复核 3 个阶段。另一方面，AI 算法通过相似距离判别、相关性分析和决策树等模型算法辅助判断以加强质控手段，保证了数据的可靠性。为保证 AI 算法自动识别结果的精确率和覆盖率，后续仍需人工根据不同情况对自动预审和 AI 智能研判中标识的数据进行判断或处理，以排除算法误报及自然环境变化的影响。

三、数据初审

尽管数采端自动审核和平台端 AI 研判在很大程度上保证了数据的准确性和有效性，但还需运维单位对所运维的子站数据进行数据初审，根据现场运维情况及数据审核规范对无效数据及修约数据进行标识并进行理由说明，于数据产生的第二天中午 12 时之前提交初步审核数据。对于系统软件自动审核处理为无效的数据，人工审核时需恢复为有效数据的，可人为去除系统标识，同时需在备注信息栏中填写恢复数据有效性的原因，与审核结果一起提交。但去除系统标识的行为仅限于审核后的数据，原始数据库中的标识无法清除。其中，数据初审工作包括如下内容：

（1）缺失数据补录。每日审查自动监测数据联网传输状态是否正常，若发现通信连接等问题导致数据传输中断、平台数据缺失或数据大面积异常时，应及时恢复传输，并补录数据。

（2）检查仪器运行状态。如发现仪器故障、状态异常等问题，应立刻查明故障、及时检修，并列明数据影响时段，对该时段数据均作无效标注处理。

（3）审查质控结果。每日查看数据质控、内标响应等情况，如不符合相关规范要求，当日数据作无效标注处理，并检查系统，重新开展校准等工作。

（4）数据审核确认及提交。对审核时段内的所有数据进行审核批注，主要包括异常数据筛查，对异常数据做确认、无效标注或重积分等。完成初审后，数据提交复审。

（5）以批注的形式或形成数据审核报告上报管理单位，内容包含且不限于故障情况、检修情况、质控数据批注、异常数据批注等。

四、数据复核

数据复核人员在系统接收到初审数据之后，根据数据审核规范，结合趋势、仪器参数、运维情况和质控情况等对数据进行复核，综合判定数据有效性。数据复核人员应在每日 12 时之后与每月 2 日之前完成上一日与上一月对各运维人员提交初审结果的复核工作。对于原始数据正常且审核依据充分的数据，予以通过复核并更新审核状态，复核结束。若复核发现仍存在异常的数据，则对异常数据打回，由运维人员说明异常原因。运维人员在第 2 日 12 时前再次审核后报送，进行二次复核。二次复核的内容是对反馈情况进行分析，对于合理的情况给予通过，然后提交。若反馈原因不合理，则再次打回并通知运维人员、现场检查人员核实并说明问题所在，若无其他原因存在，则认定为无效数据后标识后提交。对于标识为无效的数据，若出现数据异常问题严重或持续时间较长的情况，数据复核人员可以直接通过运维管理系统派发现场检查任务工单给运维单位或运维检查单位，并且跟踪检查后监测数据的变化趋势。其中，数据复核工作包括如下内容：

（1）数据有效率审查。统计查看初审后的数据获取率和有效率，若发现有效率不足，应联系和督促运维单位进行原因检查。

（2）复核初审结果。复审人员对初审数据进行详细核对，对初审结果无异议的，予以通过审核；对初审结果存疑的，应会同初审人员，通过调阅原始数据、校准记录及其他仪器信息进一步核实数据是否有效。

（3）补充审核或退回。复审技术人员对当批次数据审核进行补充审核，若发现初审过程存在遗漏的异常数据时，进行补充审核或退回初审重新审核。

（4）审核数据提交。完成数据复审后，将复审数据提交至终审。

五、数据终审

审核人员对监测数据的复核情况进行最终审核，复核通过的有效数据直接入库。依据审核有关技术要求，结合运维情况、现场检查情况、数据综合分析情况，专家组织异常数据审核会，对已审核数据的审核质量进行分析。同时，总结数据审核经验，完善数据审核规范。数据终审工作包括如下内容：

（1）数据终审。对复审数据进行终审确认，对复审数据无异议时予以通过审核，对存疑数据进行补充审核或退回复审重新审核。

（2）数据提交入库：对全部完成审核的监测数据进行核实确认，提交终审数据，完成数据入库。

第三节　常见诊断

一、有效数据判断

数据审核中需要对数据的有效性进行判断，《环境空气质量标准》（GB 3095—2012）和《环境空气质量评价技术规范》（HJ 663—2013）规定在任何情况下，有效的污染物浓度数据均应符合表 7－5 中的最低要求。当统计评价项目的城市尺度浓度时，所有有效监测的城市点必须全部参加统计和评价，且有效监测点位的数量不得低于城市点总数量的 75%（总数量小于 4 个时，不低于 50%）。

表 7-5 污染物浓度数据有效性的最低要求

污染物项目	平均时间	数据有效性规定
二氧化硫（SO_2）、二氧化氮（NO_2）、颗粒物（粒径小于等于 10 μm）、颗粒物（粒径小于等于 2.5 μm）、氮氧化物（NO_x）	年平均	每年至少有 324 个日平均浓度值 每月至少有 27 个日平均浓度值（2 月至少有 25 个日平均浓度值）
二氧化硫（SO_2）、二氧化氮（NO_2）、一氧化碳（CO）、颗粒物（粒径小于等于 10 μm）、颗粒物（粒径小于等于 2.5 μm）、氮氧化物（NO_x）	24 小时平均	每日至少有 20 个小时平均浓度值或采样时间
臭氧（O_3）	8 小时平均	每 8 小时至少有 6 小时平均浓度值
臭氧（O_3）	日最大 8 小时平均	当日 8 时至 24 时至少有 14 个有效 8 小时平均浓度值；当不满足 14 个有效数据时，若日最大 8 小时平均浓度超过浓度限值标准，统计结果仍有效
二氧化硫（SO_2）、二氧化氮（NO_2）、一氧化碳（CO）、臭氧（O_3）、氮氧化物（NO_x）	1 小时平均	每小时至少有 45 分钟的采样时间
总悬浮颗粒物（TSP）、二氧化氮（NO_2）、一氧化碳（CO）、臭氧（O_3）、氮氧化物（NO_x）	年平均	每年至少有分布均匀的 60 个日平均浓度值 每月至少有分布均匀的 5 个日平均浓度值
铅（Pb）	季平均	每季至少有分布均匀的 15 个日平均浓度值 每月至少有分布均匀的 5 个日平均浓度值
总悬浮颗粒物（TSP）、苯并［a］芘（BaP）、铅（Pb）	24 小时平均	每日应有 24 小时的采样时间
臭氧（O_3）	日最大 8 小时平均的特定百分位数	每年至少有 324 个日最大 8 小时平均浓度值 每月至少有 27 个日最大 8 小时平均浓度值（2 月至少有 25 个日最大 8 小时平均浓度值）
二氧化硫（SO_2）、二氧化氮（NO_2）、一氧化碳（CO）、颗粒物（粒径小于等于 10 μm）、颗粒物（粒径小于等于 2.5 μm）、氮氧化物（NO_x）	日均值的特定百分位数	每年至少有 324 个日平均浓度值 每月至少有 27 个日平均浓度值（2 月至少有 25 个日平均浓度值）

二、无效数据判断

为了保证空气质量监测数据的质量，需要每日审核全国空气质量监测数据，剔除异常数据。异常数据主要表现为离群、突升、突降、波动异常、小范围持续波动、数据持续不变等情况。下面简单列举几种可判断为无效数据的情况。

（一）有效数据不足

监测数据的有效性需满足《环境空气质量标准》（GB 3095—2012）和《环境空气质量评价技术规范》（HJ 663—2013）标准中对污染物有效性的最低要求。当不满足上述标准时，则是有效数据不足的情况，可判断为无效数据。以审核小时值为例，则5分钟监测数据在当小时内的获取率应该为75%以上，否则该小时值无效。如，某监测点位2017年7月4日第13个小时值无效，其原因为12～13小时内只有3个有效值，仅占总监测数据的25%，未达到标准的75%数据获取率，故应判断为无效数据。

（二）仪器运行不稳定

监测仪器在运行恢复期、运行不稳定等情况下获得的监测数据无效。

（三）仪器状态异常

在监测仪器运行状态异常时，包括仪器严重报警、关键参数异常等情况，监测数据应标记为无效数据。对于采用β射线分析方法的颗粒物仪器，需审核的关键参数至少应包括采样流量、动态加热补偿状态等。采样流量波动应小于所设定采样流量的±5%，如采样流量超出此范围，则监测数据无效。其他监测仪器的关键参数信息详见本书第三章第五节中对仪器关键参数的要求。

（四）质控过程

根据例行质控要求，环境空气气态污染物（SO_2、NO_2、O_3、CO）监测设备执行零点检查、跨度检查、精度检查、零点校准、跨度校准等质控工作中的监测数据无效，颗粒物（$PM_{2.5}$、PM_{10}）监测设备执行温度和压力传感器校准、流量校准、质量传感器校准和精度检查等质控工作中的监测数据无效。

（五）不符合质控要求

监测仪器在执行质控工作后的质控结果可作为监测数据审核的依据。若仪器发生异常，质控指标的跨度漂移、零点漂移、精度检查等不满足质控目标，则在上次核查合格时间节点后到本次核查时间节点期间的监测数据无效。

（六）波动趋势异常

对于出现离群程度严重且突变异常的数据，应该作无效判定。对于离群程度，应该从以下四个方面综合考虑：

（1）观测更小监测频率数据及变化趋势，有无异常或突变的情况。

（2）多站点对比，是否存在污染因子监测数据呈现区域性的波动趋势。

（3）与其他相关性污染因子相比，是否存在相关性的波动趋势。

（4）根据区域长期监测数据及变化趋势观测，该波动是否在合理波动范围之内。

（七）颗粒物数据倒挂

从理论上来说，由于 $PM_{2.5}$ 是比 PM_{10} 更小的颗粒物，同时监测时 $PM_{2.5}$ 的浓度应该比 PM_{10} 低。因此，当出现 $PM_{2.5}$ 的 1 小时平均质量浓度高于 PM_{10} 的情况时，即为“$PM_{2.5}$ 和 PM_{10} 倒挂”现象。颗粒物（PM_{10}、$PM_{2.5}$）监测数据倒挂出现以下情况的，监测数据无效：

（1）监测数据浓度水平处于低浓度时，倒挂比例在 500% 以上的情况。

（2）监测数据浓度水平处于中或高浓度时，倒挂比例在 150% 以上的情况。

（3）PM_{10}、$PM_{2.5}$ 中某一单因子或同时出现波动异常的情况。

（八）其他原因导致的数据异常

非以上原因导致的数据异常，数据审核人员派单检查后，根据反馈信息进行相关性判断。如符合异常情况（理由充分的），可暂作通过判断，并且审核人员要持续跟进该站点的监测数据情况，排除人为原因导致的数据异常。例如，某站点 PM_{10} 数据由于昆虫的干扰，导致偶发数据偏高的情况，通过现场反馈的图片信息验证，该数据无效的理由较充分，故复核时给予此类“无效”通过。

第四节　基于机器学习的数据审核

在数据审核的 AI 研判阶段，平台端根据基本规则约束和模型算法在人工复核之前对数采预判阶段未进行标记的数据进行筛查，识别出异常数据并进行标识。平台端基于机器学习模型算法进行数据审核，不仅减轻了人工审核的压力，提高了监测数据的审核效率，还防止了因主观判断造成的漏报现象。模型算法是加强质控手段、保证数据可靠性的关键，因此本节将简单介绍几种辅助判断的模型算法。

一、基于相似距离判别的质控方案

基于距离的异常检测方法是一种常见的适用于各种数据域的异常检测算法，此类方法广泛应用于多维数值数据、分类数据、文本数据、时间序列数据和序列数据等方面。

同一城市中，空间相邻的站点之间的监测数据的浓度变化趋势会有一定的内部关联。由于风向的影响，上风向站点污染扩散对下风向站点监测指标的浓度也有一定影响。因此，基于相似距离判别的质控方案从时间序列的变化幅度以及站点之间的关联性角度出发，建立关联模型检查了数据的离群程度和波动程度，寻找脱离正常运行规律的可疑数据。

该方法主要包括以下步骤：

（1）按照时间序列的格式导入同一个城市不同站点的单个大气环境监测物的监测数据，构建矩阵 $\boldsymbol{X}$：

$$\boldsymbol{X} = \begin{pmatrix} x_{11} & x_{12} & \cdots & x_{1m} \\ x_{21} & x_{22} & \cdots & x_{2m} \\ \vdots & \vdots & & \vdots \\ x_{n1} & x_{n2} & \cdots & x_{nm} \end{pmatrix} \tag{7-1}$$

（2）遍历矩阵 $\boldsymbol{X}$ 中所有列，依据式（7－2），计算每一列中第 i 个元素的离群程度 P_i，其中 d_{ikm} 为 $\boldsymbol{X}$ 中的第 m 列的第 i 个元素的浓度减去第 k 个元素的浓度，表示每个元素与对应列其他元素之间的距离。

$$P_i = \sum_{k=1}^{n} d_{ikm}{}^2 \tag{7-2}$$

（3）遍历矩阵 $\boldsymbol{X}$ 中所有列，根据式（7－3）计算每一列中第 i 个元素的波动程度 q_{im}，表示为第 m 列的第 $i+1$ 时刻与第 i 时刻监测物浓度差值的绝对值。根据波动程度 q 的平均值和标准差寻找可疑数据，当监测指标的浓度值大于平均值的一倍标准差时，锁定为可疑值：

$$q_{im} = \left| x_{(i+1)m} + x_{im} \right| \tag{7-3}$$

（4）计算步骤（2）和步骤（3）中寻找到的可疑数据所在行的平均值（$\bar{x}$）与标准差（SD），以平均值的一倍标准差为判断标准，当满足 $\bar{x} - SD < P_{im} < \bar{x} + SD$ 时为正常监测数据；反之无效。

（5）按照上述步骤遍历完矩阵结构中的所有列和所有行后停止计算。

二、基于相关分析的质控方案

大气监测污染物通过物理、化学及光化学反应发生着形态和成分之间的变化。例如，颗粒物从均相成核或非均相成核形成粒子分散在空气中，到粒子表面经过多相气体反应，使粒子长大，再由布朗凝聚和湍流凝聚，使粒子继续长大。不同粒径下的颗粒物通过吸附、碰并、捕获周围的凝结性气体或者分子簇等过程逐渐扩大粒径范围，随着时间的推移颗粒物经过从形成到逐渐增大再到沉降等过程。例如，白天太阳辐射增强，相对湿度降低有利于光化学反应消耗二氧化氮生成臭氧等过程。

因此，结合环境知识观察监测指标间的物理反应和化学反应，探索相关数学模型在质量控制方法中的应用。从大气环境监测数据的特征出发，提出有效且可实施的大气监测数据自动化、智能化的质量控制技术。基于环境监测数据质量监控体系的海量监测数据信息，实现自动化、智能化的可疑监测数据筛选和判断及数据质量的分析预判等功能。

主要针对常规六项污染物的相关关系如下所示：

（1）对于 NO_2 污染物，可对比 NO/NO_x 分析。

（2）对于 O_3 污染物，同城的浓度值比较接近。

（3）对于 NO_2 和 O_3 数据，有较为明显的负相关性。

（4）对于 $PM_{2.5}$ 和 PM_{10} 数据，正相关性比较大。

上述常规六项污染物的相关关系可从正向相关和反向相关两个角度构建模型。基于相关分析的质控方案通过污染物的相关关系构建关联系数，遍历待检测样本中的每条数据并逐条判断是否在设定的判定标准范围内，筛选出可疑数据并打上标记。该方法主要包括如下步骤：

（1）监测指标进行标准化处理，消除量纲化带来的差异。

（2）判断待监测指标间的相关性，当两个指标呈现负相关时，通过倒数化处理转变为正相关。

（3）设定关联系数判定标准，通过式（7－4）计算关联系数 r。其中，$\Delta(k) = |x'_k - y'_k|$，$\Delta_{x'y'}(\min(k)) = \min_{x'} \min_{y'} \Delta(k)$，$\Delta_{x'y'}(\max(k)) = \max_{x'} \max_{y'} \Delta(k)$。$x'$、$y'$ 为具有相关性的两种大气监测污染物数据经过初值化处理后的序列。系数 $r_{x'y'}(k)$ 将在［a，1］波动（$1 < a < 0.5$），根据 $r_{x'y'}(k)$ 的分布长度设计 ρ，$\rho = \frac{a}{1-a}$。ρ 越小关联系数之间的差异越大；$r_{x'y'}(k)$ 越接近 a 说明变量间的关联度越小，反之越大。

$$r_{x'y'}(k) = \frac{\Delta_{x'y'}(\min(k)) + \rho\,\Delta_{x'y'}(\max(k))}{\Delta_{x'y'}(k) + \rho\,\Delta_{x'y'}(\max(k))} \tag{7-4}$$

（4）利用关联系数遍历待检测样本中的每条数据并逐条进行判断，如果关联系数 r 在判定标准范围内视为正常监测值，反之视为可疑数据打上标记，直到遍历完所有数据。

三、基于决策树的分类质控方案

基于相似距离和相关性判断的质控方法只单独分析一个或两个指标之间的关联关系。然而，基于决策树的分类质控方案引入了气象数据，依据污染物参数和气象指标之间的关联性进行决策树的构建。从大气环境监测数据特征出发设定每个决策树的输入参数和输出参数，利用决策树反推的技术进行质量检测。通过大数据分析技术获得连续时空的监控产品，最终形成标准的质控后的数据供参考和分析，解决多源监测数据缺少自动化质量控制手段的问题，使大气监测设备的质量控制遵从同一套方法体系。

由于环境监测仪器采集数据一般以分钟为单位，自动化数据审核方式保证了数据产出及公布的及时性。因此，基于决策树的分类质控方案从大气环境监测数据的特征出发，遵循大气环境每个指标间的内部运作规律、数据之间的相关关联性，发现监测指标间的内部关联关系。该方法从分类的角度出发，利用历史数据进行训练，找寻数据之间蕴含的内部关联关系，实现自动化、智能化可疑监测数据的筛选和判断及数据质量的分析预判等功能。该方法主要包括如下步骤：

（1）确定需要进行分类的监测指标，按照环境空气质量标准进行等级划分。对原始数据进行训练集和测试集的划分，利用训练集的数据构建决策树。

（2）构建好决策树后利用测试集数据进行验证，验证决策树构建的效果，并根据测试结果不断优化和调整模型。

（3）构建最终模型的树型结构，输出分类结果中每个类别对应的监测指标取值范围以及每个树枝预测的准确率。

（4）对于分类准确率小于85%的树枝重新进行样本的选择和决策树的训练，使预测率较低的级别以较大的权重进入到训练集中，重复上述步骤，直到分类准确率均在85%以上为止。

（5）输出各树型对应的监测参数范围，利用反推过程对多个监测指标的检测样本进行质量控制。如果多个监测指标的检测样本的某个参数对应于标准范围之外则判断为异常值，反之则为正常监测值；直到遍历完所有的待检测样本为止。

四、基于RNN+LSTM预测及动态阈值的异常检测算法

循环神经网络（recurrent neural network，RNN），是一种在时间上的递归神经网络，主要用于序列数据的特征提取，广泛应用于例如语言识别、机器翻译、音频分析等领域。RNN算法在序列数据的演化方向上递归地连接所有节点，后一层网络会对前一层的信息进行记忆，但存在梯度消失问题使其无法实现长时记忆。长短时记忆网络（long short term memory network，LSTM）是RNN的改进模型之一，LSTM在RNN的基础上增加了一种携带信息跨越多个时间步的方法，用于防止早前的信号在后续的处理过程中消失。因此，结合RNN和LSTM的算法，可根据气象参数以及污染物浓度值实现对污染物浓度的预测。该异常检测算法的主要流程如图7-2所示，将前一段时间的污染物浓度和气象参数数据进行数据预处理和数据转换，使其能作为训练数据进行训练，随后预测未来一段时间内的污染物浓度，并将得到的污染物浓度预测值与污染物浓度真实值进行比较，以判断这段时间内污染物浓度的真实值是否出现异常。当绝对误差大于阈值时将该真实数据判定为异常数据，反之则为正常数据。其中，使用的气象参数包括风速、风向、温度、湿度、气压。

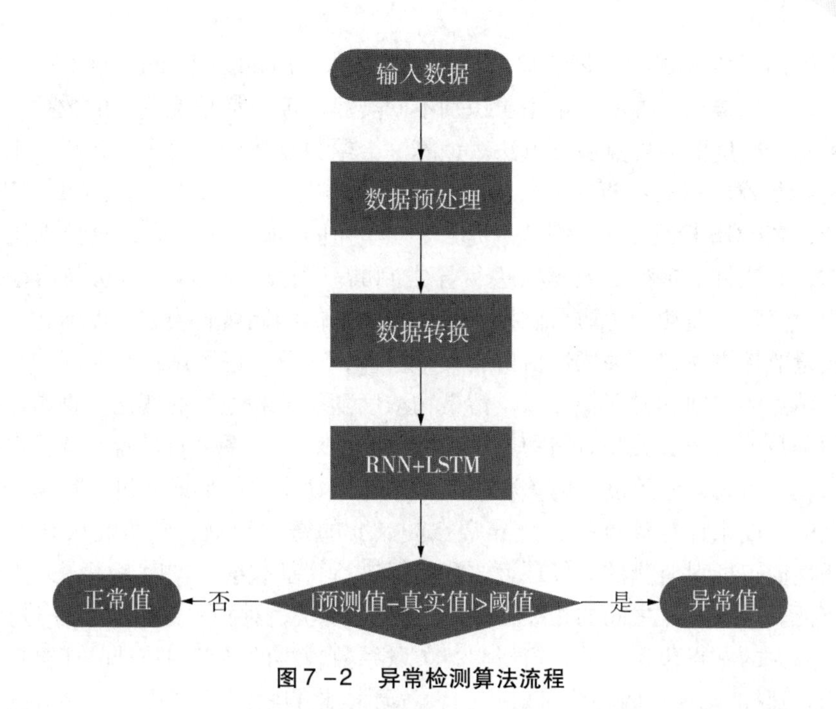

图7-2 异常检测算法流程

五、基于 XGBoost 的数据审核算法

极度梯度提升集成（extreme gradient boosting，XGBoost）是算法由原始梯度提升集成（gradient boosting descision，GBDT）算法进化而来，是基于 Boosting 思想的集成学习方法。相较 GBDT 算法，XGBoost 算法利用二次泰勒公式展开了损失函数，提高了模型的精度，同时它利用正则项简化模型避免了过度拟合。这种改进使得树模型的集成更上了一个台阶，它适用于大多数的分类和回归任务，是当下最流行的机器学习算法之一，大大提高了机器学习算法的泛化能力和应用场景。

在数据审核中，XGBoost 算法根据污染物和气象数据特征对污染物进行分类，并依次训练多个分类回归（cart）树模型。每次添加一个新的 cart 树，其实是学习一个新函数，去拟合上一颗 cart 树预测的残差。同时，XGBoost 可以根据污染物在时间上的规律性和污染物间的相关性，对特征重要程度进行评估，以此进行特征选择。构建异常数据识别模型时，第一个 cart 树会按照输入的数据和标签列（是否为异常值）进行分类决策构造出一个二叉树，然后计算当前的损失函数值，接下来的每棵树都是根据梯度下降法去优化损失函数而形成新的二叉树，直到达到设定的最大子树数量。每个 cart 树相当于一个基学习器，最后聚集每个 cart 树的结果得到最终的组合分类器，此时一个基于 XGBoost 的数据异常审核模型就构造完成了。

六、基于滑动窗口异常检测的质量监控方法

由于大气环境监测物的质量管控需要有一段稳定运行的历史数据作为支撑，因此

从数据上限制了该领域的发展。局部离群因子（local outlier factor，LOF）算法作为一种无监督的离群检测方法，常用于识别不同类簇密度分散情况迥异的数据。LOF 算法是一种基于密度的离群点检测方法。该算法会给数据集中的每个点计算一个离群因子，通过判断 LOF 是否接近于 1 来判定是否是离群因子。若 LOF 远大于 1，则认为是离群因子；若 LOF 接近于 1，则认为是正常点。但 LOF 算法只能针对数据段进行异常值评估，无法针对单独的数据点进行异常判断。因此，将 LOF 算法与滑动窗口结合运用于大气环境监测物的质量监控，将查找异常值的问题转换成密度问题。

该质量监控方法引入关联性窗口和异常窗口，充分考虑了站点在时间和数值上的关联性、站点的空间和时间特征以及污染物浓度随季节和地区的变化，将站点在不同时刻的污染数值转换成关联时间和关联站点之间的对应关系。质量监控从异常值监测的角度出发，考虑时间跨度上的关联关系，采用滑动窗口的形式通过比较每个点 p 和其邻域点的密度来计算该点是否是异常点。点 p 的密度越低，越可能被认定是异常点。关联性窗口即对监测的大气环境监测指标进行特征映射，同时考虑了站点的空间和时间特征。通过站点之间的相关系数建立数据关联。对相关系数的顺序进行排序，将相关系数大的站点包含在关联窗口内，关联系数较小的站点则被排除在窗口外。采用 5×5 的关联滑动窗口将待质量监控的大气环境监测物浓度值转换成窗口内污染物浓度的均值和方差。滑动窗口异常检测通过变化窗口大小将算法应用到时间横截面长度不一的面板数据中，考虑了季节和地区因素对污染物浓度的影响，但一般异常值所在的关联窗口会导致较大的方差。LOF 值计算中的 k 临近值的寻找只针对当前异常检测窗口内的所有值，因此忽视了季节和地区变化带来的影响，且计算 LOF 值较大的一般对应离群点。针对当前研究而言，离群点可以是方差较小的离群点，也可以是方差较大的离群点。因此，结合滑动窗口与 LOF 算法进行质量监控，采用方差和 LOF 异常值的乘积来监控采集的污染物是否为异常数据。

如图 7－3 所示为基于滑动窗口异常检测的大气环境监测质量监控方法的技术流程，主要包括如下步骤：

（1）将待质量监控的大气监测物在不同站点、不同时间点的浓度数据转化成算法输入所需的标准数据格式。

（2）用皮尔逊关联系数计算待质量监控的大气环境监测物在不同站点之间的关联系数，根据对应系数的大小调整每个站点在表格中的位置。

（3）通过 5×5 的关联滑动窗口将步骤（2）调整后的待质量监控的大气环境监测物浓度值转换成窗口内污染物的均值和方差。

（4）以异常值检测窗口为单元，计算窗口内每个点对应的 LOF 异常值；然后通过设定阈值定位异常数据；阈值设定为所计算样本异常值的百分之九十九分位数；窗口的大小随着不同站点的变化而变化，窗口的列为该站点的个数，窗口的行为时间小于 24 小时的数据行。

（5）采用步骤（3）的方差和步骤（4）的 LOF 异常值的乘积跟阈值比较来判断监控采集的污染物是否为异常数据；当方差和 LOF 值的乘积大于阈值时，认为均值和方差对应的监测值为异常值，反之则为正常监测。

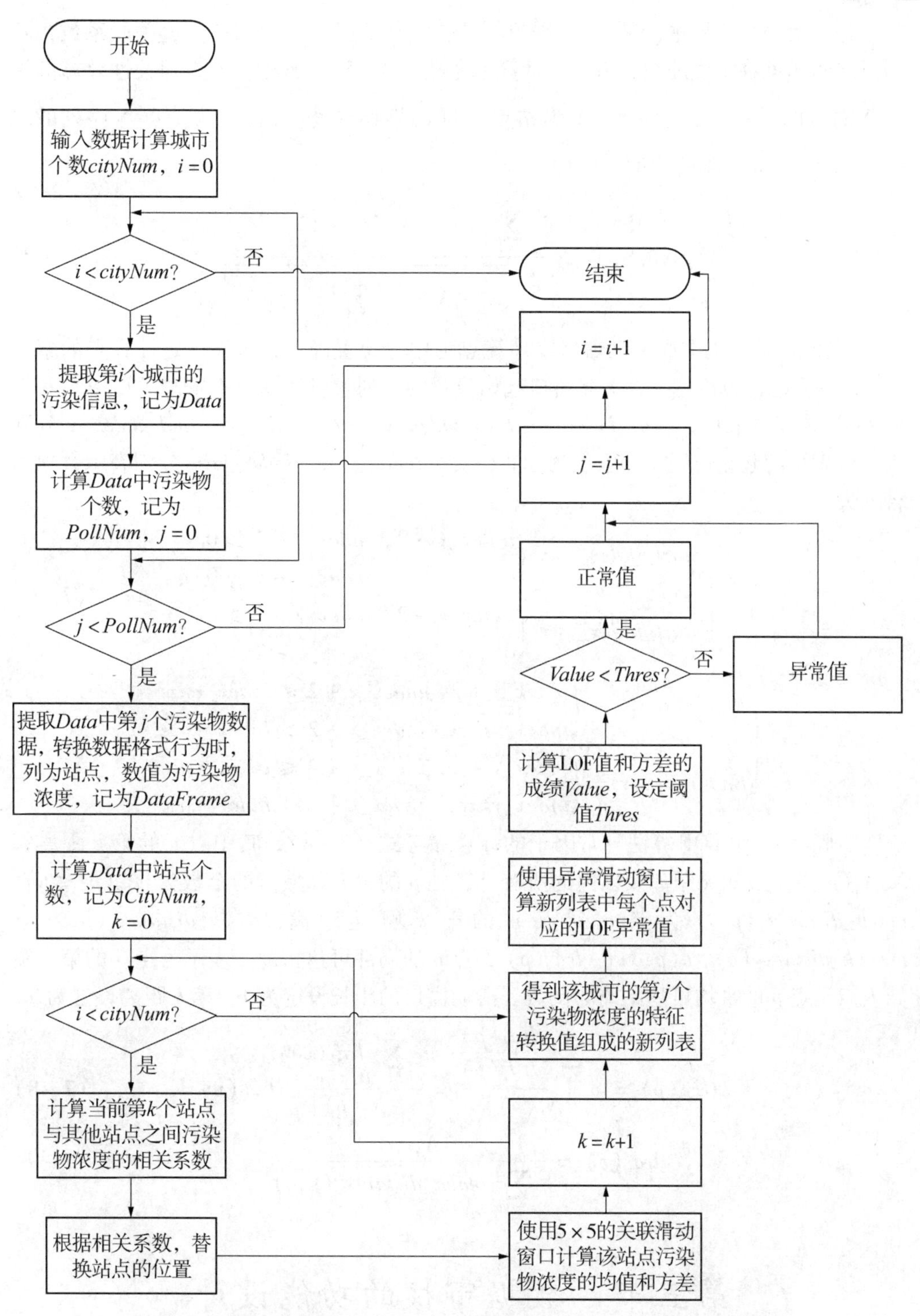

图7－3　基于滑动窗口异常检测的大气环境监测质量监控方法的技术流程

（6）在指定时间内，自动报送前述异常值筛选与检测结果至服务器端，亦可通过在服务器端设置其他报送路径，将检测结果输出至其他指定用户终端。

基于滑动窗口异常监测的质量控制方法在步骤（2）中采用皮尔逊关联系数计算站点之间污染物浓度的相关系数，计算参考式（7-5）。其中，X 为相关性计算的站点 A 对应的污染物浓度序列，Y 为站点 B 同污染物浓度序列；$\bar{X}$ 为站点 A 序列的均值，$\bar{Y}$ 为站点 B 序列的均值。

$$\rho(X,Y) = \frac{\sum_{i=1}^{n}[(x_i - \bar{X})(y_i - \bar{Y})]}{\sqrt{\sum_{i=1}^{n}(x_i - \bar{X})^2}\sqrt{\sum_{i=1}^{n}(y_i - \bar{Y})^2}} \tag{7-5}$$

步骤（2）中的关联滑动窗口以计算点为中心位置确定，首先确定计算点的索引位置（$index\_x$，$index\_y$），关联窗口起始位置的行列索引计算方式如式（7-6）和式（7-7）所示。其中，$Start\_index\_x$、End_index_x、$Start\_index\_y$、End_index_y 分别表示行索引的起止位置、列索引的起止位置。$Index\_xsize$、$Index\_ysize$ 分别表示数据的行列大小。

$$\begin{cases} Start\_index\_x = \begin{cases} index\_x - 2, & index\_x - 2 \geqslant 0 \\ 0, & index\_x - 2 < 0 \end{cases} \\ Start\_index\_y = \begin{cases} index\_y - 2, & index\_y - 2 \geqslant 0 \\ 0, & index\_y - 2 < 0 \end{cases} \end{cases} \tag{7-6}$$

$$\begin{cases} End\_index\_x = \begin{cases} index\_x + 2, & index\_x + 2 \leqslant index\_xsize \\ index\_xsize, & index\_x + 2 > index\_xsize \end{cases} \\ End\_index\_y = \begin{cases} index\_y + 2, & index\_y + 2 \leqslant index\_ysize \\ index\_ysize, & index\_y + 2 > index\_ysize \end{cases} \end{cases} \tag{7-7}$$

步骤（4）中 LOF 算法异常因子的计算参考式（7-8），其中点 p 的第 k 距离邻域 $N_k(p)$ 为点 p 第 k 距离及以内的所有点，则 p 的第 k 邻域点的个数为 $|N_k(p) \leqslant K|$。$reach\_distance_k(p,o)$ 为点 o 到点 p 的第 k 可达距离，$reach\_distance_k(p,o) = \max\{k\_distance(o), d(p,o)\}$，$lrd_k(p)$ 为点 p 的局部可达密度，表示为点 p 的第 k 领域内点到点 p 的平均可达距离的倒数。滑动窗口的步长设定为 1，第 k 距离设置为 5。

$$LOF_k(p) = \frac{\sum_{o \in N_k(p)} \frac{lrd_k(o)}{lrd_k(p)}}{|N_k(p)|} = \frac{\sum_{o \in N_k(p)} lrd_k(o)}{|N_k(p)|} / lrd_k(p) \tag{7-8}$$

$$lrd_k(p) = \frac{|N_k(p)|}{\sum_{o \in N_k(p)} reach\_distance_k(p,o)} \tag{7-9}$$

第五节　数据审核的功能设计

大气环境监测物联网与智能化管理平台为运维人员提供了数据审核的基本功能，包括对异常数据的自动识别，日报数据的初审、复审、直审、终审，审核总览、审核记录、审核通过率，清除审核和数据回补。数据审核功能模块充分考虑了数据审核业务流程及审核方法，为数据审核工作提供了便捷及可视化的操作界面，以及丰富的图表辅助审核工具。

一、审核一览

审核一览（图7－4）功能在月历图上向数据审核人员展示不同类型站点每天的数据审核状态情况，包括未审核、待上报、待复核、复核通过及数据直审等各个审核状态的站点数量统计，并为数据审核人员提供详细的站点情况及站点状态和直达对应审核界面的入口。数据审核人员通过审核一览功能能够直观了解目前的审核进度，可快速进入上次审核进度中进行数据审核操作。

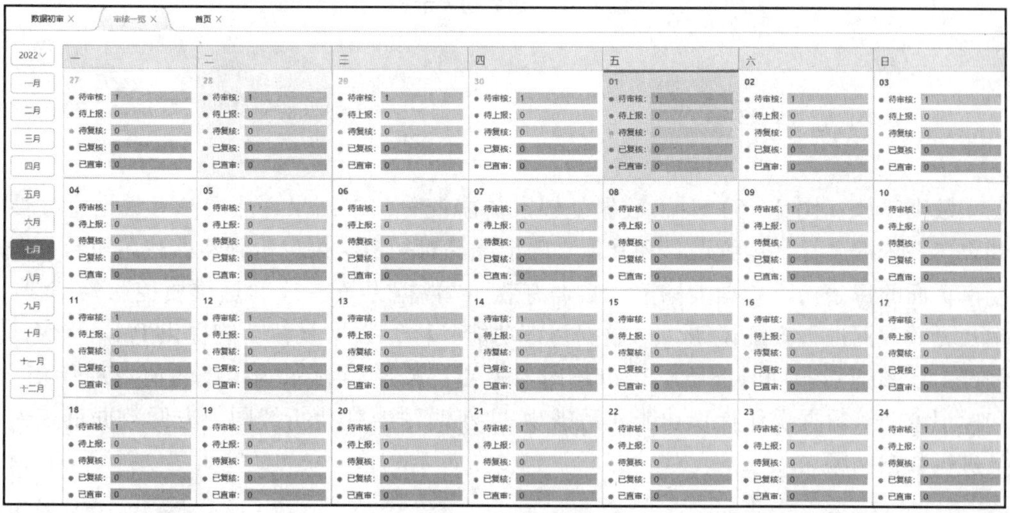

图7－4　审核一览

二、数据初审

数据初审（图7－5）时，数据初审人员参考数据有效性判定参考依据、日常运维记录和当天污染状况等，在平台上对SO_2、NO_2、CO、O_3、PM_{10}、$PM_{2.5}$等指标的小时值数据进行审核。平台数据初审功能将AI研判的无效数据和存疑数据以及已进行审核操作的数据以不同底色标记出来，同时将PM_{10}、$PM_{2.5}$倒挂，审核通过，回补，批注，审核时有变更、修约值显示为：修约值［原始值］和标识说明等数据操作进行标识，使审核过程更直观明了。数据初审页面还提供单参数或多参数24小时污染物浓度变化折线图，方便数据初审人员留意到连续小时之间的异常跳跃点，发现污染物浓度的离群值并有针对性地回顾该时间点的运维记录、当日气象状况等信息以判断数据的有效性。

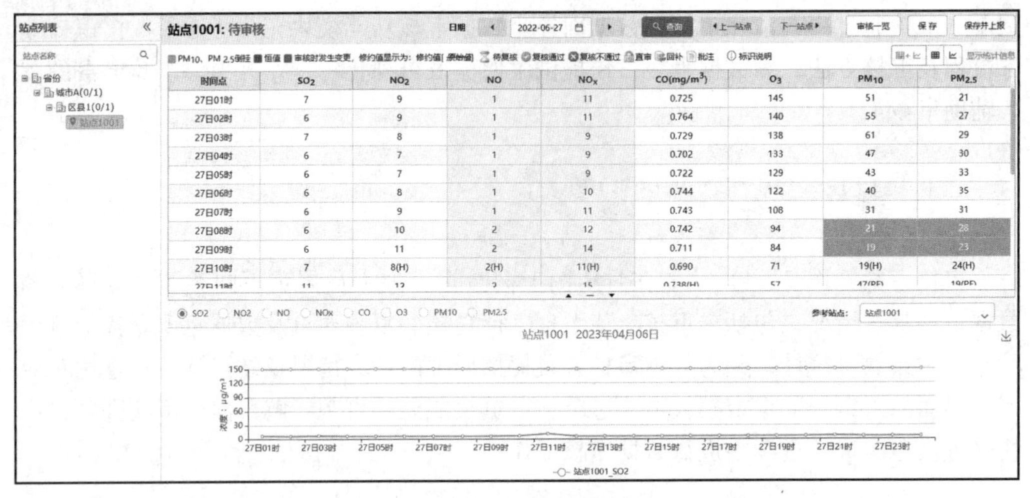

时间点	SO_2	NO_2	NO	NO_x	CO(mg/m³)	O_3	PM_{10}	$PM_{2.5}$
27日01时	7	9	1	11	0.725	145	51	21
27日02时	6	9	1	11	0.764	140	55	27
27日03时	7	8	1	9	0.729	138	61	29
27日04时	6	7	1	9	0.702	133	47	30
27日05时	6	7	1	9	0.722	129	43	33
27日06时	6	8	1	10	0.744	122	40	35
27日07时	6	9	1	11	0.743	108	31	31
27日08时	6	10	2	12	0.742	94	21	28
27日09时	6	11	2	14	0.711	84	19	23
27日10时	7	8(H)	2(H)	11(H)	0.690	71	19(H)	24(H)
27日11时	11	12	2	15	0.738(H)	57	47(PF)	19(PF)

图 7 -5　数据初审示意

三、数据复核

数据复核（图 7 -6）时，数据复核人员需查看初审结果，然后参考数据有效性判定参考依据、日常运维记录和其他实际情况等对初审结果进行判断，并在平台数据复审页面的每条初审数据上标记“数据有效”“数据无效”或“运维质控”，并对异常及无效数据进行详细说明。与数据初审功能一样，数据复核功能提供 PM_{10}、$PM_{2.5}$ 倒挂，审核通过，回补，批注，审核时有变更、修约值显示为：修约值［原始值］和标识说明等数据操作标识功能和污染物 24 小时浓度变化折线图，方便数据审核人员进行数据回顾。

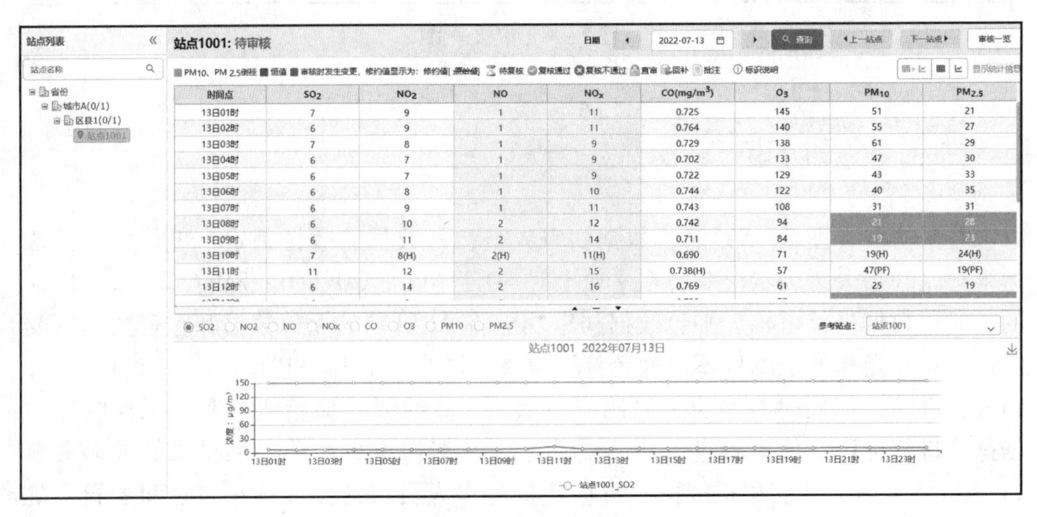

时间点	SO_2	NO_2	NO	NO_x	CO(mg/m³)	O_3	PM_{10}	$PM_{2.5}$
13日01时	7	9	1	11	0.725	145	51	21
13日02时	6	9	1	11	0.764	140	55	27
13日03时	7	8	1	9	0.729	138	61	29
13日04时	6	7	1	9	0.702	133	47	30
13日05时	6	7	1	9	0.722	129	43	33
13日06时	6	8	1	10	0.744	122	40	35
13日07时	6	9	1	11	0.743	108	31	31
13日08时	6	10	2	12	0.742	94	21	28
13日09时	6	11	2	14	0.711	84	19	23
13日10时	7	8(H)	2(H)	11(H)	0.690	71	19(H)	24(H)
13日11时	11	12	2	15	0.738(H)	57	47(PF)	19(PF)
13日12时	6	14	2	16	0.769	61	25	19

图 7 -6　数据复核示意

四、数据终审

数据终审（图 7－7）功能向中国环境监测总站终审人员提供对监测数据的直审和终审，提供 PM_{10}、$PM_{2.5}$倒挂，审核通过，回补，批注，审核时有变更、修约值显示为：修约值［原始值］和标识说明等数据操作标识功能和污染物 24 小时浓度变化折线图，方便数据审核人员进行数据回顾。终审即对复核数据进行终审确认，对复核数据无异议时予以通过审核，对存疑数据进行补充审核或退回复核。直审即跳过初审和复核阶段，由总站数据审核人员直接进行审核。最后将完成全部审核的监测数据提交入库。

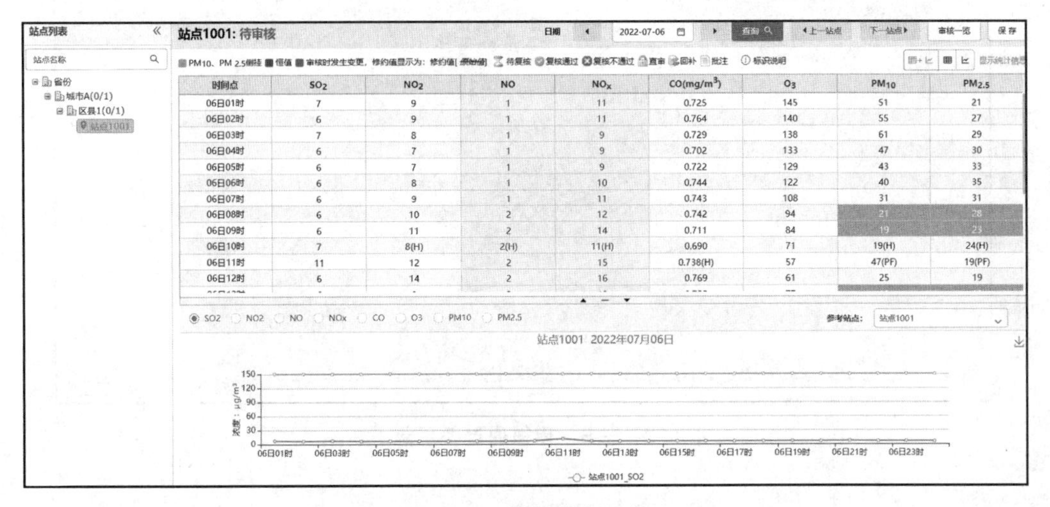

时间点	SO_2	NO_2	NO	NO_x	CO(mg/m³)	O_3	PM_{10}	$PM_{2.5}$
06日01时	7	9	1	11	0.725	145	51	21
06日02时	6	9	1	11	0.764	140	55	27
06日03时	7	8	1	9	0.729	138	61	29
06日04时	6	7	1	9	0.702	133	47	30
06日05时	6	7	1	9	0.722	129	43	33
06日06时	6	8	1	10	0.744	122	40	35
06日07时	6	9	1	11	0.743	108	31	31
06日08时	6	10	2	12	0.742	94	21	28
06日09时	6	11	2	14	0.711	84	19	23
06日10时	7	8(H)	2(H)	11(H)	0.690	71	19(H)	24(H)
06日11时	11	12	2	15	0.738(H)	57	47(PF)	19(PF)
06日12时	6	14	2	16	0.769	61	25	19

图 7－7　数据终审示意

五、审核记录

平台记录所有审核人员的全部审核操作，向数据审核人员提供历史日报审核操作记录查询功能，查询信息主要包括审核站点、监测物、监测时间、审核类型、审核人、审核时间、审核操作、审核描述、备注、审核前及审核后的数值等审核信息（图 7－8）。审核人员可以通过查询审核记录及时了解系统的运行状况，总结问题并提高解决问题的能力，同时便于日后对数据进行追溯。

数据审核
数据初审
数据复审
数据直审
审核一览
审核记录
通过比率
清除审核
数据回补

时间：从 2020-04-01 到 2020-04-14　查询　站点：

时间选项精确至天

站点	监测物	监测时间	审核类型	审核人	审核时间	操作	审核描述	备注	审核前	审核后
[illegible]	NO2	2020-11-11 17:00	初审	张三	2020-11-12 17:00	有效审核为无效	………………	缩略图	14	14（RM）
[illegible]	NO2	2020-11-11 18:00	复审	李四	2020-11-12 18:00	复核不通过	………………		14（RM）	无操作
[illegible]	NO2	2020-11-11 19:00	初审	张三	2020-11-12 19:00	无效审核为有效	………………		14（RM）	14
[illegible]	NO2	2020-11-11 20:00	复审	李四	2020-11-12 20:00	复核通过	………………		14	无操作
[illegible]	NO2	2020-11-11 21:00	直审	王五	2020-11-12 21:00	有效审核为无效	………………		14	14（RM）

图 7－8　审核历史记录示意

六、审核通过率

平台通过统计所有审核操作，计算各站点的审核通过率（图7-9）。环境监测部门通过查阅审核通过率可判断各审核人员的审核质量，可查询信息包括审核站点、开始时间、结束时间、一次通过天数及比例、二次通过天数及比例、直审通过天数及比例、未通过审核天数及比例等。

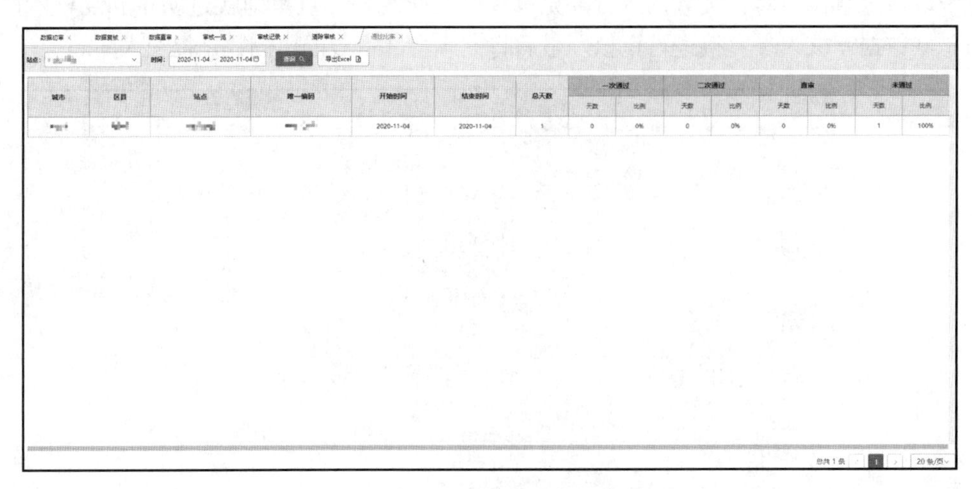

图7-9　审核通过率示意

七、清除审核

针对数据审核人员误操作的情况，物联网平台中提供了人性化的清除审核功能，该功能可以撤销日报初审或复核的结果。运维人员可根据日期选择撤销上一天或下一天的初审、复审结果，然后数据重新进入初审或复核步骤。

八、数据回补

针对因网络延迟、网络中断、中心端服务器故障等造成的数据短时缺失情况，物联网平台中提供了数据回补的功能，可通过自动或手动两种方式进行数据回补。自动回补，监控服务、数据库每晚对数据进行校验并对缺失数据生成数据回补指令；数据接收端定时获取回补指令池数据并将待下发指令推送至子站；子站收到数据回补指令后再次发送数据至中心端；中心端接收并解析计算完数据后更新数据。手动回补，为保障数据完整性和功能完整性与灵活性，在中心端可进行手动回补操作。通过手动添加回补指令的方式完成数据回补，数据接收端定时获取回补指令池数据并将待下发指令推送至子站；子站收到数据回补指令后再次发送数据至中心端；中心端接收并解析计算完数据后更新数据回补指令状态。

九、审核效率统计分析

根据《国家环境空气质量监测网城市站运行管理实施细则》（环办监测函〔2017〕290号）中对数据审核的要求，对数据审核上报时间进行统计，掌握数据审核上报效率。数据审核上报效率根据是否按时上报次数的比例计算，参考式（7-10）。通过对审核的效率进行统计分析，督促审核人员尽快完成审核工作。尽快执行数据审核工作，有助于通过使用异常时间的资料及气象条件检查有问题的数据。

$$\text{按时上报比例} = \text{审核按时上报次数} / \text{审核总次数} \tag{7-10}$$

十、双屏数据审核联动

为了能第一时间对异常数据进行初步排查，物联网平台设计实现了双屏数据审核联动等辅助功能，协助数据审核人员对监测数据进行审核判断。双屏数据审核联动的目的是在主界面之外通过额外的窗口（副屏）提供数据审核辅助功能。主界面为数据初审、数据复核或数据终审页面，副屏从多维度提供监测数据生产环境以及异常环境对监测数据的影响等分析。双屏数据审核联动依托前端物联网站房一体化智能感知系统，以区块链对监测数据的全方位防护为基础，协助数据审核人员对异常数据进行精准分析。副屏提供审核综合概览、多站点多污染物分析、站点情况说明和站点环境信息帮助数据审核人员对日常数据进行检查。

（一）审核综合概览

审核综合概览功能，即在副屏提供当日五分钟监测值、小时监测值、站点对比、仪器状态、运维质控以及站房环境的异常情况统计（图7-10）。副屏默认显示和审核主界面相同的日期，也可根据需求从日期选择框中选择日期。每一个模块中，将同一类型污染物集中展示，按照时间序列排序。污染物的优先显示顺序为：颗粒物 $> O_3 > NO_{2/x} > CO > SO_2$。

通过审核综合概览链接至五分钟监测值、小时监测值、站点对比、仪器状态、运维质控和站房环境信息的详情查看页面，数据以折线图和列表的形式展示。五分钟监测值详情提供了监测数据五分钟值的时间变化曲线，小时监测值详情提供了监测数据小时值的时间变化曲线，站点对比详情提供了本站点与周边站点的对比信息，仪器状态详情包括监测仪器参数等信息，运维质控详情包括站点运维情况及站点质控任务执行情况，站房环境详情包括采样系统信息、质控标气信息、动力环境信息等。

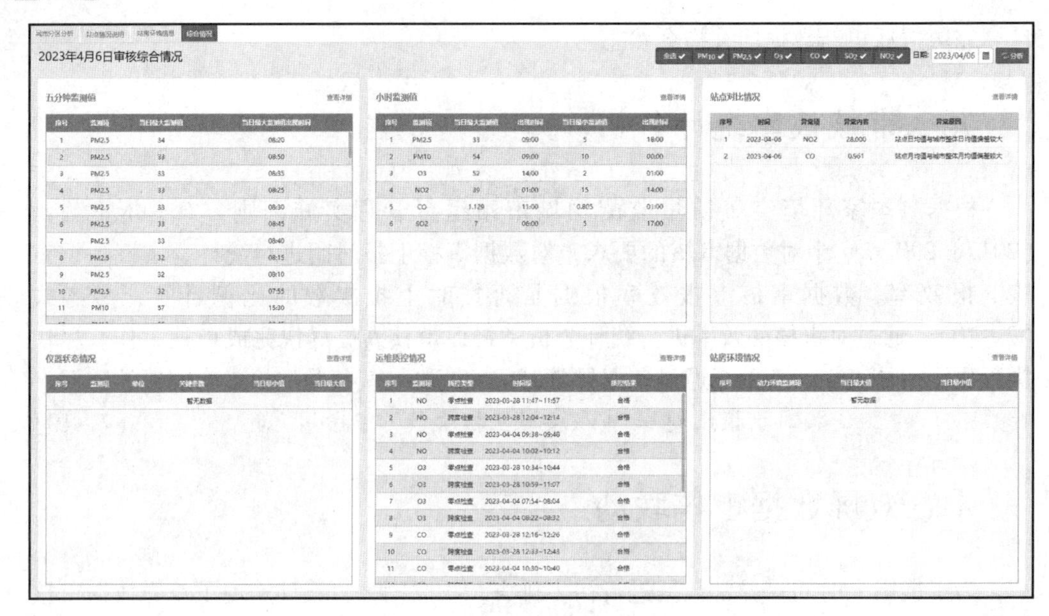

图 7－10　审核综合概览示意

（二）多站点多污染物分析

为了方便数据审核人员在进行数据审核时回顾各监测污染物之间的相互关系以及对各监测站的检查，副屏提供多站点多污染物分析功能展示多个站点内各个监测参数当日污染物的时间变化曲线（图 7－11）。将多个监测站数据的曲线绘制在同一页上，以便比较不同监测站之间的数据，通过评估数天采集的数据曲线便可以观察到污染物的趋势。

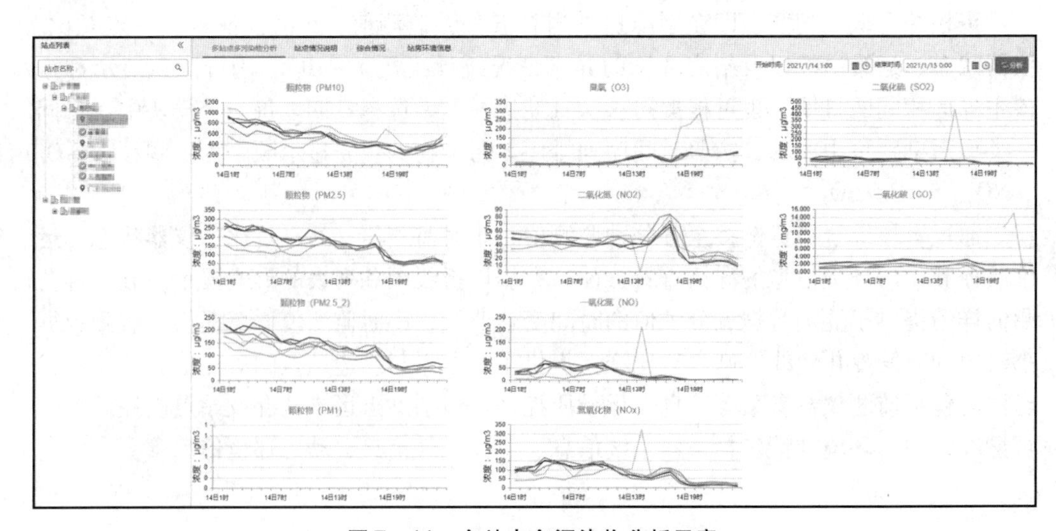

图 7－11　多站点多污染物分析示意

（三）站点情况说明

数据审核人员在进行日常数据检查时，需要回顾监测站的每日记录，因为它们可能会显示出由于仪器失效等问题所导致的数据无效时段。因此，副屏中提供站点情况说明功能，站点情况说明包括站点位置信息、运维单位、检查单位、校准记录、非定期维修记录等历史异常情况数据表（图 7 – 12）。

××站点情况说明

省份：天津　城市：　站点名称：　运维单位：　检查单位：　查询

新建

拖放任意一个列头到此处可以按照该列进行分组

序号	监测项目	开始时间	异常情况…	详细情况…	恢复时间	是否恢复	备注	创建人	创建时间	编辑人	
2	PM10	2022/06/21 13:59:46	6月份10数据早晚偏低	偏低现象，多次检查设备无异常，经核实，站点附近有地铁施工工地，扬尘较大，凌晨时段市政进行洒水降尘，导致空气湿度增大，因此PM10数据偏低并伴有倒挂现象，环境因素影响，仪器无异常，为正常监测数据，施工及路面洒水照片已上传EC2		否		复核126	2022/06/21 14:06:37		编辑　删除
1	PM10	2021/04/27 15:15:38		偶有偏高		否	站点附近有施工 E	复核人75	2021/04/27 15:17:30		编辑　删除

图 7 – 12　站点情况说明示意

（四）站点环境信息

监测数据的有效性易受到站房环境运行状态的影响，因此副屏中提供站点环境信息模块。当数据审核人员发现可疑数据时，可确认是否是站点环境变化导致的。站房环境情况详情页面包括了采样系统信息、质控标气信息及动力环境信息。采样系统信息包括采样流速、采样流量、滞留时间；质控标气信息包括 SO_2、NO、CO 标气钢瓶压力；动力环境信息包括站房温度和站房湿度（图 7 – 13）。

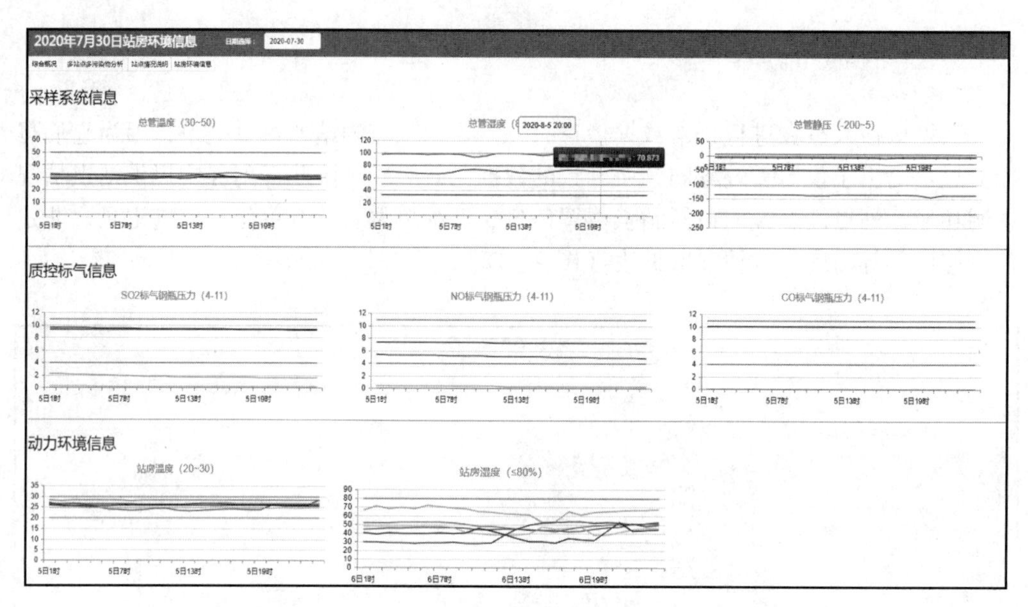

图 7－13　站房环境信息示意

第八章　数据分析

大气环境监测物联网与智能化管理系统围绕大气污染的成因诊断、来源分析、防治控制及健康影响，从不同角度结合相应的分析数学模型，开展针对各项重点污染专题的全面深入的统计分析业务应用，主要包括统计分析、气象分析、基于 GIS 的空间分析、组分分析和快速分析报表等功能。

第一节　统计分析

一、污染物时序分析

污染物的时间变化规律是研究和分析污染物传输、来源的基础。平台提供了污染物时间序列的分析功能，污染物包括 PM_{10}、$PM_{2.5}$、SO_2、CO、NO_2、O_3等，分析维度包括单站点多污染物过程分析、多站点单污染物过程分析、单区域多污染物过程分析、多区域单污染物过程分析。根据污染物的时间序列可得到该污染物在某个时间段内的统计特征，如最大值、最小值和平均值等。如图 8－1 为单站点多污染物时间序列的分析示意，一方面通过观察站点内污染物的变化可判断数据是否出现离群值，另一方面可以对比同区域不同站点污染物的浓度辅助数据审核过程。

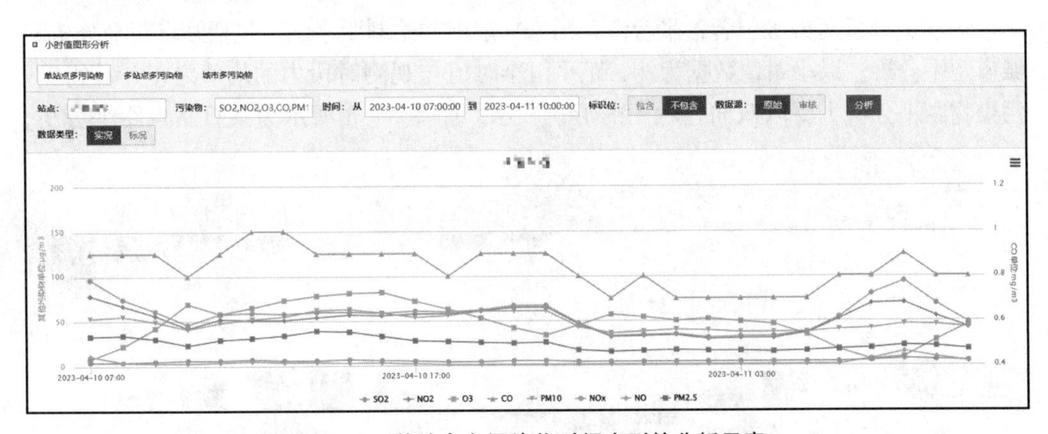

图 8－1　单站点多污染物时间序列的分析示意

空气污染物的季节变化规律对科学治理空气污染、改善空气质量有重要指导意义。以 O_3为例，O_3具有明显的季节变化特征，冬季浓度低、夏季浓度高。因此，O_3污染主要发生在夏季，针对 O_3的治理措施关键在夏季。平台提供了污染物的季节分析功能，对近两年的污染物数据进行季节变化分析，总结污染物浓度随季节变化的特征，同时为污染物的精准减排提供参考。图 8 - 2 为 $PM_{2.5}$的季节对比分析，将 $PM_{2.5}$近两年的季节浓度均值与二级标准值浓度标准进行对比。春季为 3、4、5 月的污染物浓度均值，夏季为 6、7、8 月的污染物浓度均值，秋季为 9、10、11 月的污染物浓度均值，冬季为 12、1、2 月的污染物浓度均值。

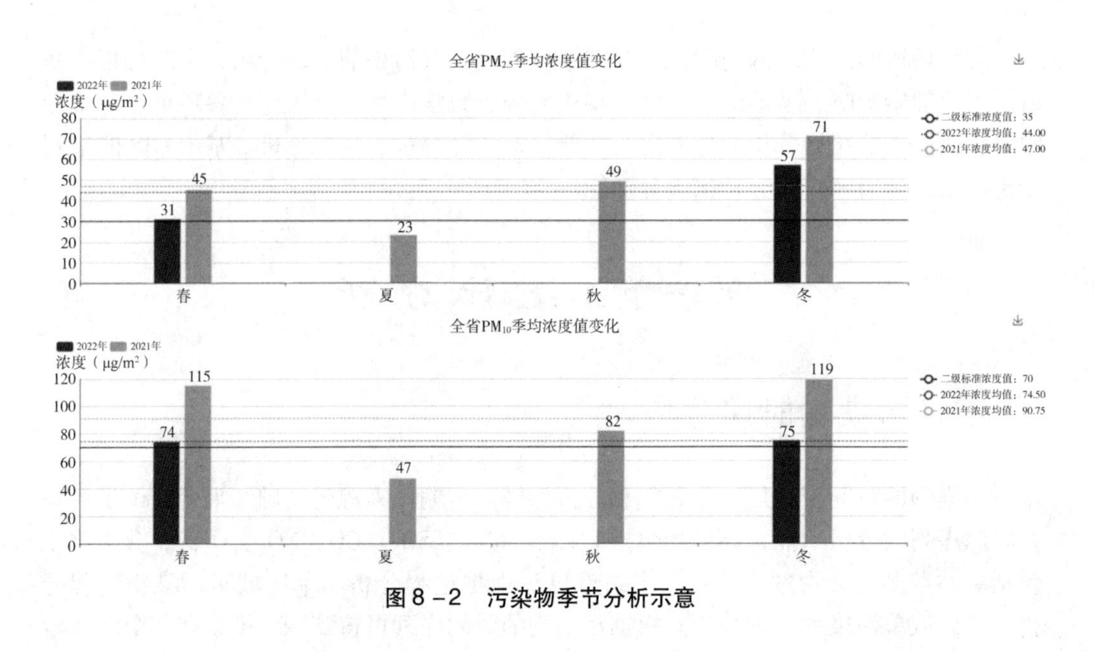

图 8 - 2　污染物季节分析示意

二、污染物距平分析

为辅助分析污染源位置，平台统计污染物浓度并绘制距平图，包括站点距平分析和城市距平分析。以小时值数据为例，距平由小时值与观测时段内的均值之差计算得到。污染物距平分析主要以双向柱状图的形式展示，如图 8 - 3 所示为某日站点距平分析，

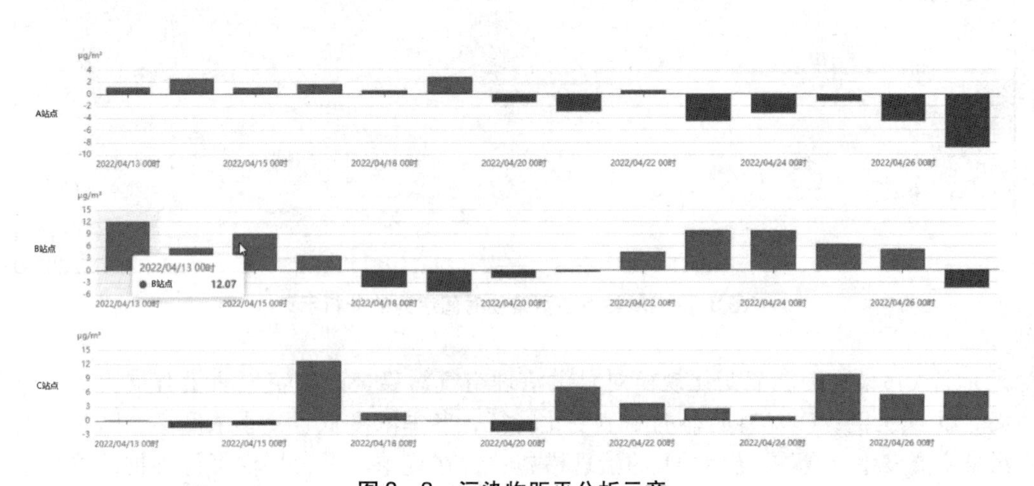

图 8 - 3　污染物距平分析示意

红色柱状表示该时刻污染物浓度相对均值偏高，绿色柱状表示该时刻污染物浓度相对均值偏低。站点和城市距平分析可以了解一段时间内某个时段或时次的污染物数据，相对于该数据一段时间内的污染物平均值是高还是低，为数据审核和决策分析提供依据。

三、星期污染物分析

空气质量状况与人们的生产、生活存在较大的关系，城市工作日和周末对空气质量的影响也会有所不同。平台提供了星期污染物分析功能，从站点和城市两个角度对星期污染物进行统计分析。如图 8－4 展示了站点星期污染物分析功能，平台以折线图的方式展示了常规六项污染物的均值整体情况和变化范围情况，从日图表、周图表、月图表和年图表的时间维度进行组合展示。通过统计工作日和周末的空气质量数据，可判断出工作日与休息日的空气质量特征，针对工作日和休息日的污染物时空规律，差异化地进行决策，精准应对污染物浓度变化。

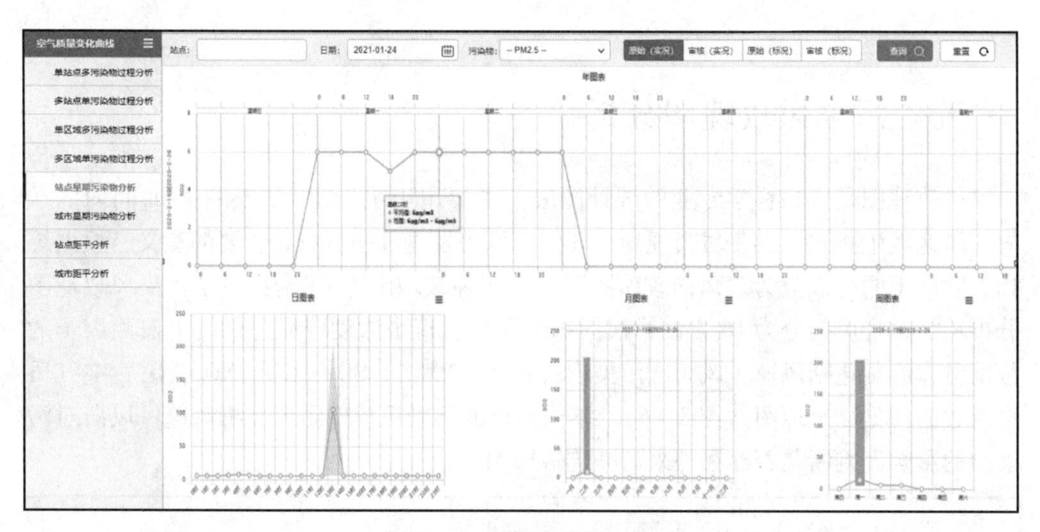

图 8－4　星期污染物示意

四、污染物相关分析

我国空气质量的污染类型已经由单一污染逐步向复合污染转变，不同污染物之间存在着一定的正相关或负相关。研究表明，CO、NO、NO_2浓度与 O_3浓度之间有较为明显的负相关，$PM_{2.5}$与 PM_{10}则高度正相关。对不同监测指标的相关分析可辅助判断不同污染是否存在同源性；同时，将污染指标与气象指标进行关联分析可判断污染与气象条件之间的关系，从而为污染的预判提供辅助参考。

因此，平台提供了污染物相关性分析功能，对已知相关和潜在相关的污染物进行回归分析，计算相关系数以衡量两个污染物的相关密切程度（图 8－5）。该功能通过选择时间、站点、污染物、数据来源等实现对单站点多污染物或多站点单污染物的相关分析，相关分析的结果以矩阵图、折线图、散点图和列表形式展示。通过对不同参数之间的相关分析，可进一步探究不同污染物浓度的影响机制。

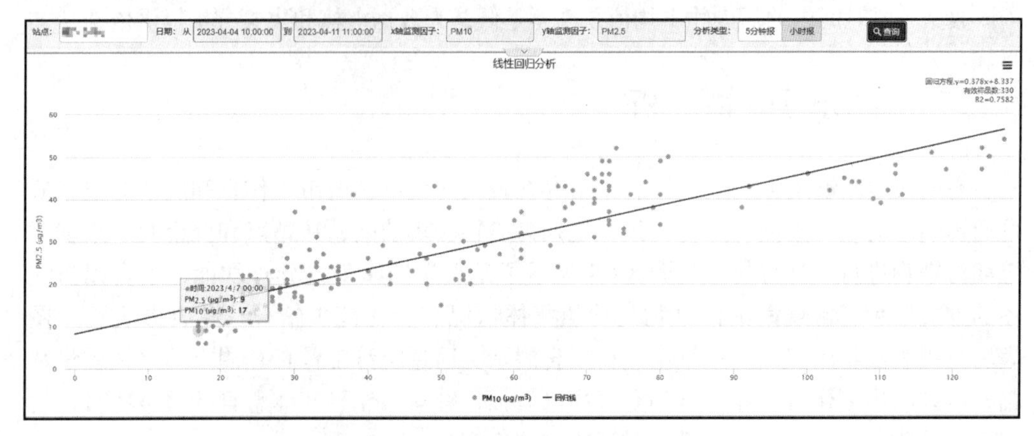

图 8-5　污染物相关性分析示意

五、污染风玫瑰图分析

风玫瑰图是气象科学专业的统计图表，主要用于统计某个地区一段时间内的风向、风速发生频率，对于城市规划、环保、风力发电等领域有着重要的意义。根据统计参数的不同可以分为“风向玫瑰图”和“风速玫瑰图”。平台提供了污染风玫瑰图分析功能，将风向分为16方位，根据每个风向、每个浓度或风速区间上监测因子的数据量，绘制包括风速、风频、污染物（PM_{10}、$PM_{2.5}$、SO_2、CO、NO_2、O_3）空气质量指数的污染物玫瑰图（图8-6）。不同站点的污染风玫瑰图可分析风速、风向对污染物的影响，判断是否存在外来污染传输影响。

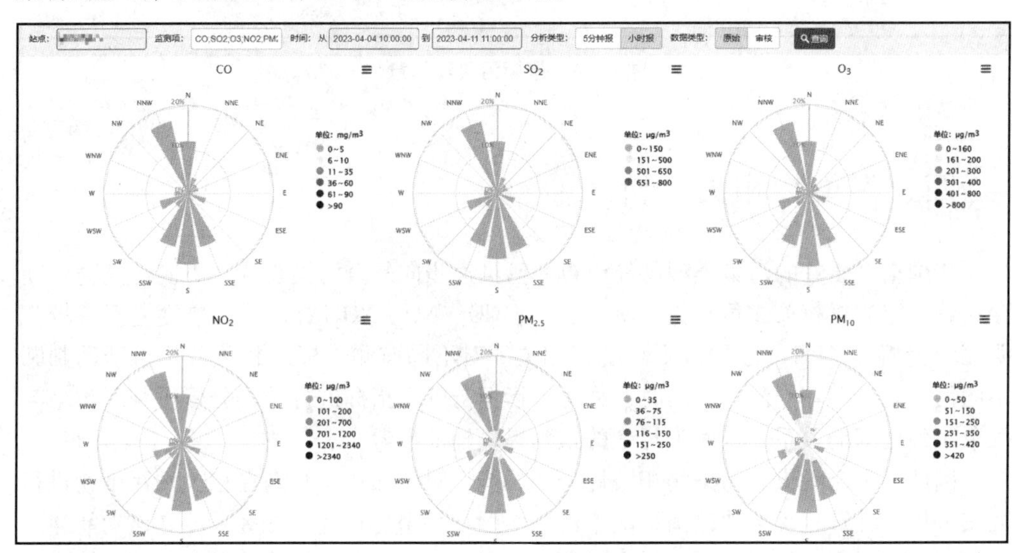

图 8-6　污染风玫瑰图示意

六、空气质量首要污染物分析

平台统计空气质量和首要污染物数据，对空气质量等级和首要污染物的污染情况进行对比分析。统计结果以汇总展示、时段饼状图、月度堆积柱状图和日历分布图多个方式呈现，实现对城市、区县、站点的空气质量等级和首要污染物的统计分析。

汇总分析通过饼状图、堆积柱状图和堆积条形图的组合展示区域空气质量等级或首要污染物的占比情况（图8-7）。时段饼状图用于分析时段内的不同空气质量等级天数或首要污染物的占比情况，时间可任意选择。月度堆积柱状图用于分析时段内的不同空气质量等级天数或首要污染物在一个月内的占比情况。日历分布图则是通过日历图展示每日空气质量指数和首要污染物情况，包括月度日历分布图和年度日历分布图。

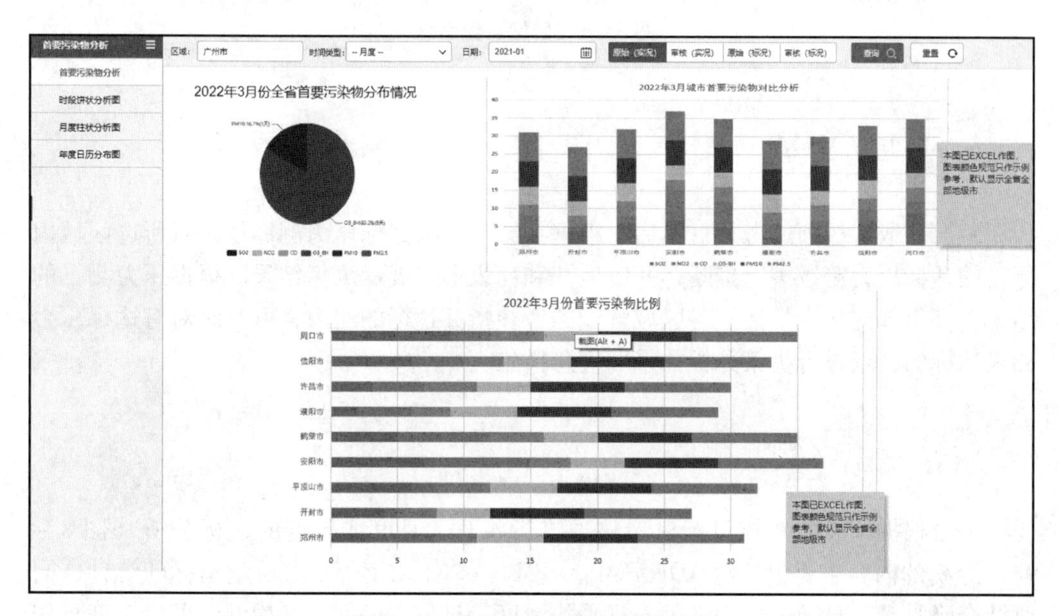

图8-7　首要污染物汇总统计示意

七、空气质量达标分析

基于空气质量达标分析算法，将区域内空气质量的考核目标分解至各下属区域内，从而实现空气质量目标的达标要求。

（一）目标设置

平台中可对 O_3_8 h、CO、SO_2、NO_2、$PM_{2.5}$、PM_{10}、优良天数比率和优良天数等考核项设置自定义的考核目标（图8-8）。将上述考核项的考核目标通过算法分解到每日、每月、每年中，形成每日目标、月度目标和年度目标。通过将考核目标分解，可精准把控每个小目标从而实现空气质量的整体达标。

考核区域	考核项	考核值	说明	状态	创建人	创建时间	操作
	O3_8h		—	未启用			编辑
	CO		—	未启用			编辑
	SO2		—	未启用			编辑
	NO2		—	未启用			编辑
	PM2.5	30.000		已启用		2021-07-27 09:33:50	编辑 删除
	PM10	43.000		已启用		2021-07-27 09:33:38	编辑 删除
	优良天比率	93.500		已启用		2021-07-27 09:34:03	编辑 删除
	优良天数		—	未启用			编辑
	O3_8h		—	未启用			编辑
	CO		—	未启用			编辑
	SO2		—	未启用			编辑
	NO2		—	未启用			编辑
	PM2.5	33.000		已启用	管理员	2021-07-26 17:49:15	编辑 删除
	PM10	42.000		已启用	管理员	2021-07-26 17:48:55	编辑 删除
	优良天比率	93.000		已启用	管理员	2021-07-26 17:49:25	编辑 删除

图 8－8　目标设置示意

（二）压力测算

平台获取考核项的考核目标后，根据系统预设的达标压力测算规则对所选区域内区县的达标压力等级进行判断，并以地图和列表形式展示测算结果。根据压力测算的结果，环保部门精准掌握了各区域分配的考核指标达标的压力，可及时对有达标压力和未达标的区域进行决策分析并采取应急措施。

（三）达标分析

平台根据预设的考核目标对考核项进行每日、月度或年度的达标分析（图 8－9）。分析的内容主要包括对 AQI、PM_{10}、$PM_{2.5}$、NO_2浓度等空气质量指标的统计，同时结合降水量、日天气分型结果、日平均温度、日最高温度、日最低温度、温度日较差、日最大辐射、风速、平均湿度、气压日较差等气象指标对是否达标以及未达标的原因进行分析。

八、雷达图分析

根据 $PM_{2.5}$、PM_{10}、NO_2、CO、SO_2 的监测数据，计算出各项污染物的特征值和上、下限值，绘制出不同站点/城市的污染雷达特征分析图（图 8－10）。根据雷达分析图对比各项污染物特征值、标准值和上、下限值，可得到某个时段内排放较多和较少的污染成分，进而完成对污染特征的分型。

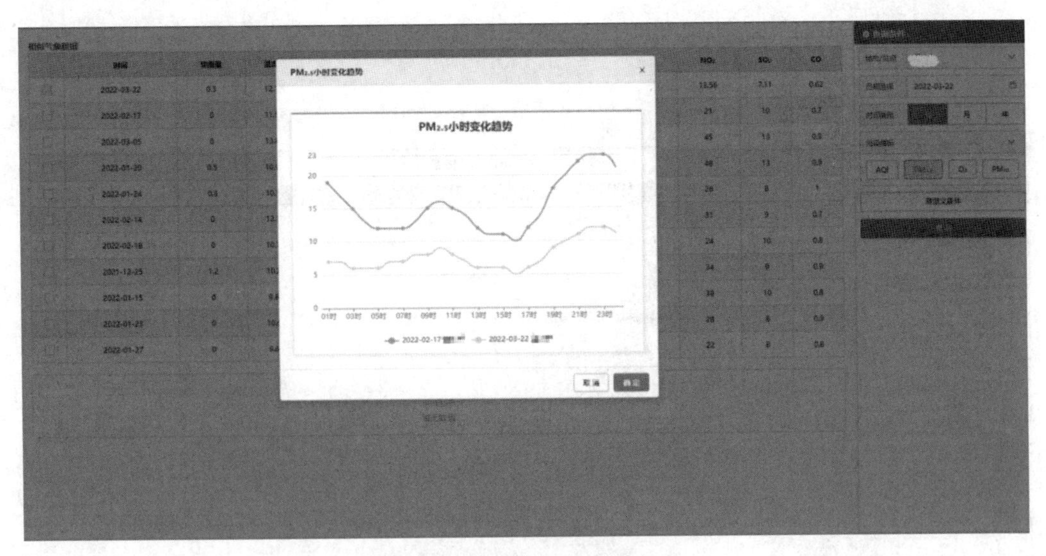

图 8－9　日达标测算结果示意

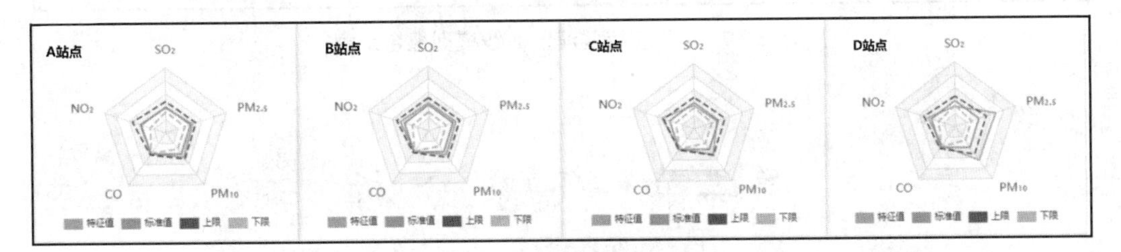

图 8－10　雷达分析示意

九、环境数据与经济相关性分析

当一个国家经济发展水平较低的时候，环境污染的程度较轻，但是随着人均收入的增加，环境污染由低趋高，环境恶化程度随着经济的增长而加剧。当经济发展达到一定水平后，也就是说，到达某个临界点或“拐点”以后，随着人均收入的进一步增加，环境污染又由高趋低，其环境污染的程度逐渐减缓，环境质量逐步得到改善。这种“倒 U 型”的曲线关系称为环境库兹涅茨曲线（environmental Kuznets curve，EKC），如图 8－11 所示。为分析空气质量变化与经济的相关关系，平台提供了人均 GDP 收入与各项污染物的 EKC 模型拟合图，采用式（8－1）的对数三次方方程作为 EKC 模型拟合回归方程的基准形式。其中，Y_{it} 表示第 i 个省（直辖市）在第 t 年污染物 Y 的排放量；ρgdp_{it} 表示第 i 个省（直辖市）在第 t 年的人均 GDP；Z_{it} 表示其他控制变量，即第二产业增加值和外商直接投资；α_1 表示其他的不随时间变化的未观测值；ε_{it} 为随机误差项。对于方程中的变量，回归时均采用对数的形式，这样有利于消除异方差性问题，并且消除了度量单位对回归结果的影响。

$$\ln Y_{it} = \beta_0 + \beta_1 \ln(\rho gdp_{it}) + \beta_2 (\ln\rho gdp_{it})^2 + \beta_3 (\ln \rho gdp_{it})^3 + \gamma Z_{it} + \alpha_1 + \varepsilon_{it} \tag{8-1}$$

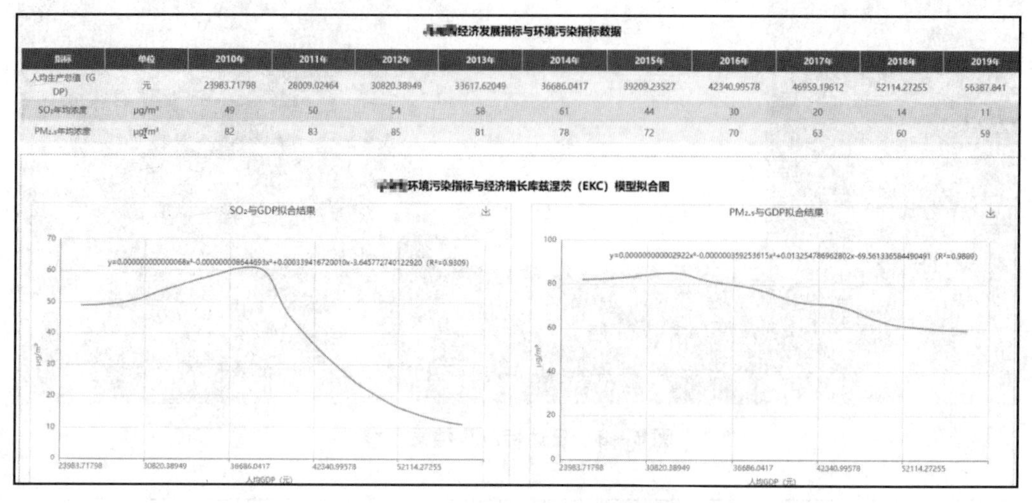

经济发展指标与环境污染指标数据

指标	单位	2010年	2011年	2012年	2013年	2014年	2015年	2016年	2017年	2018年	2019年
人均生产总值（GDP)	元	23983.71798	28009.02464	30820.38949	33617.62049	36686.0417	39209.23527	42340.99578	46959.19612	52114.27255	56387.841
SO_2年均浓度	μg/m³	49	50	54	58	61	44	30	20	14	11
$PM_{2.5}$年均浓度	μg/m³	82	83	85	81	78	72	70	63	60	59

图 8－11　环境库兹涅茨曲线模型拟合示意

第二节　气 象 分 析

一、气象数据查询

平台接入气象数据，提供站点的逐小时和逐日数据查询与下载功能。通过“省－市－区县－站点”四级定位和“重点区域－市－区县－站点”四级定位选择所需时段进行查询与下载，可供选择的气象数据包括温度、湿度、风速、风向、气压、降水量、能见度。

二、气象参数时序分析

气象参数是影响污染物传输的重要参数，对气象参数的时间变化规律进行分析能辅助判断污染物的来源。平台提供了对气象参数的时序分析功能，展示指定监测站点、区县或地级市的温度、湿度、风速、风向（箭头图）、气压、降水量、能见度随时间的变化。对气象参数时间序列的分析可选择小时值数据或者日数据，得到气象参数不同周期的变化特征（图 8－12）。同时可以实现监测物浓度与气象数据的共同分析，比如同城市不同年份下的监测物浓度值及气象数据时序图和不同城市某一年同时段监测物浓度值及气象数据时序图。

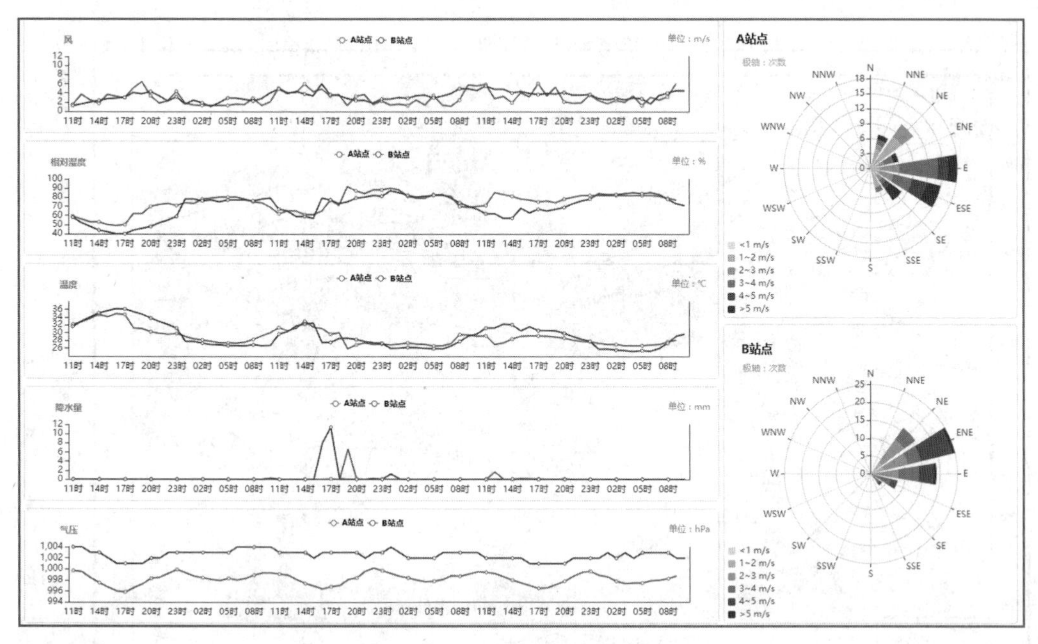

图 8－12　站点逐小时变化示意

三、气象预报结果展示

中国是气象灾害大国，也是气象资源大国，天气、环境对国家的生产生活安排起着重要作用。对天气进行预测能更好地安排工作与生活，比如农业生产、军事行动等。全面掌握全国范围的气象因素条件，可以在重污染天气形成前采取应急措施。平台提供了气象预报功能，使用现代科学技术对未来某一地点地球大气层的状态进行预测。产品包括天气形势分析图、卫星云图、雷达回波图、CMA 数值预报分析、GFS 数值预报分析、KMA 天气预报分析、环境气象条件预报分析、全国降水量预报分析等，如图 8－13 所示为环境气象预报示意（某日 500 hPa 的气压梯度和 850 hPa 的风场预报结果）。

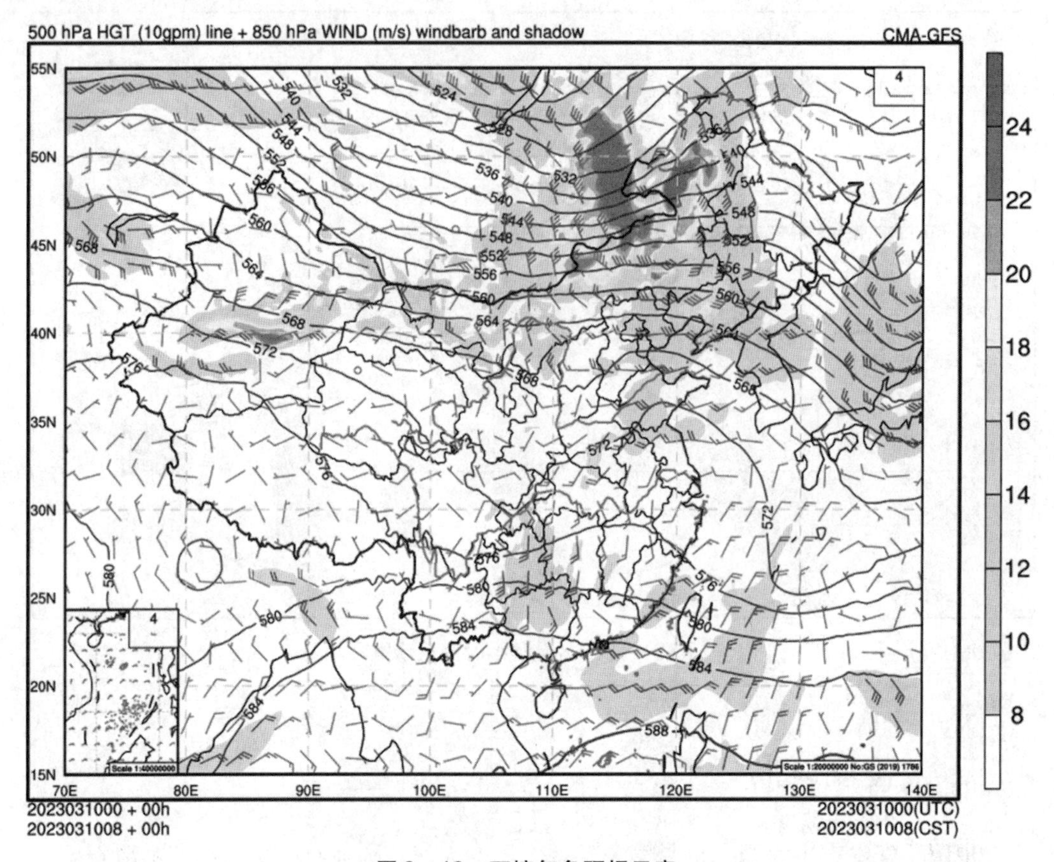

图 8－13　环境气象预报示意

第三节　基于 GIS 的空间分析

为直观分析污染物的空间分布变化情况、辅助决策分析和精细化管理，系统采用克里金法、反距离权重法等多种空间算法组合，将空气质量数据与气象数据进行空间插值多图层叠加渲染在 GIS 地图中，实现全新的渲染服务，达到秒级响应的渲染效率。基于 GIS 的按行政区划分的污染物浓度分布图，范围覆盖省级各地市，时间分辨率可选小时、日、自定义时段，支持行政图和地形图的展示与切换。污染物包含 SO_2、NO_2、$PM_{2.5}$、PM_{10}、CO、O_3常规六项。同时，空间分布图可选择叠加气象数据图层，包含风向、风速、气温、湿度等气象要素。

一、达标预测分析 GIS 图

为了实时监控蓝天保卫战重点指标（$PM_{2.5}$浓度、优良天数比例、重污染天数比例）的达标情况，及时掌握未达标城市的情况，系统提供了达标预测分析 GIS 图直观展示各区域重点指标的达标情况（图 8 - 14）。达标预测分析内容包括城市空气质量达标压力分布、重点指标月均浓度变化、重点指标浓度同比变化、站点重点指标达标情况同比变化 4 个板块。

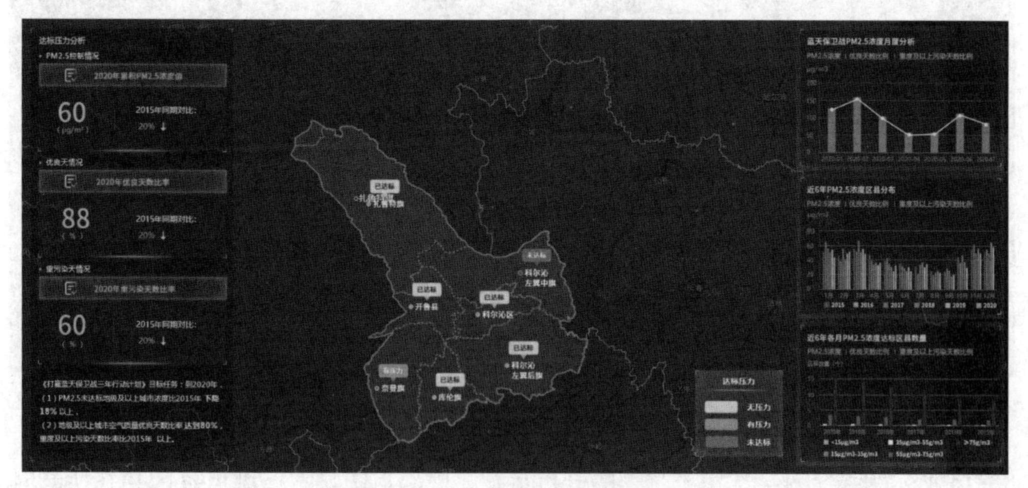

图 8 - 14　达标预测分析 GIS 图示意

城市空气质量达标压力分布展示了城市的达标压力，指出了城市的达标短板，为达标决策作指导。重点指标月均浓度变化以柱状折线图的形式展示重点指标每个月的浓度变化情况。重点指标浓度同比变化以柱状图的形式展示重点指标近六年的同比变化，为当年控制指标提供依据。站点重点指标达标情况同比变化通过展示蓝天保卫战重点指标近六年各浓度、比例、比例区间的达标区县数量同比柱状图，可得到未达标区县重点指标的改善效果。

二、空气质量排名 GIS 图

为及时掌握各省及城市的排名情况，系统提供了空气质量排名 GIS 图展示区域内城市空气质量发布数据的分布情况（图 8 - 15），主要包括城市的空气质量时、日、月、年度排名情况，区域内城市空气质量分布 GIS 图，省份空气质量时、日、月、年度排名情况。城市的空气质量排名可选择不同的范围，可在 168 城市、74 城市、339 城市、2 + 26 城市中进行排名，以便掌握本城市在区域大环境内的排名情况。区域内城市空气质量分布 GIS 图直观展示了上述城市群区域内的城市质量分布情况。省份排名主要对全国各省常规六项污染物、AQI 的排名情况进行分析。

三、污染过程分析 GIS 图

污染过程分析的目的是查看区域内的污染物随气象的时空动态变化过程，以污染案例的形式统计污染连续天数、重度天数、严重天数、最低 AQI、最高 AQI。如图

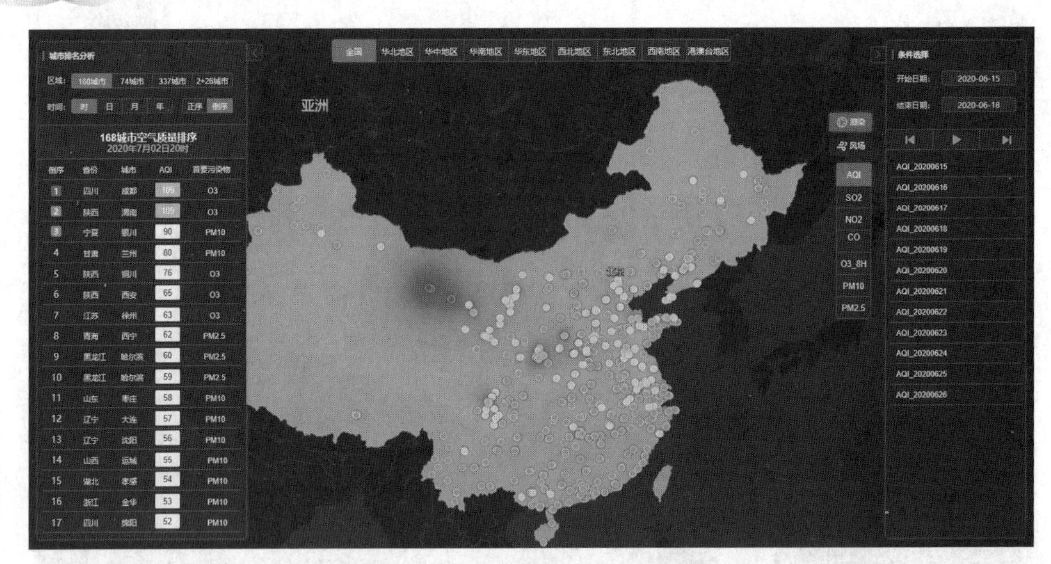

图 8-15　空气质量排名 GIS 图示意

8-16 所示为系统对某次污染过程的分析示意，中部地图显示该城市各区县在所选时间内的空气质量参数的空间分布，右侧展示该参数的每小时变化趋势。中部地图可选择的参数包括渲染、风场、AQI、SO_2、NO_2、CO、O_3_8 h、PM_{10}、$PM_{2.5}$，右侧展示的参数的每小时变化趋势可以通过地图渲染的形式进行播放。

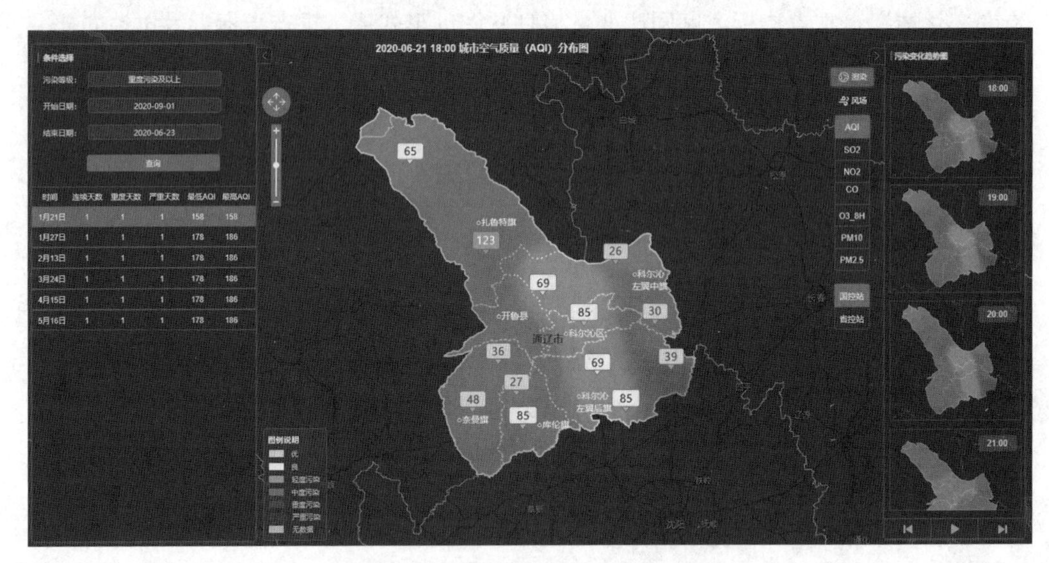

图 8-16　污染过程分析 GIS 图示意

四、城市尺度的历史空间分析

为了解当前城市的空气质量历史情况，系统提供了城市尺度的历史空间分析功能

（图 8－17），包括空气质量等级分布情况，首要污染物累计情况，城市、区县、站点空气质量累计排名。根据空气质量等级分布情况可了解历史空气质量优良天数占比；根据首要污染物累计情况的统计可以弄清城市优先控制的污染物；根据城市、区县、站点空气质量累计排名可摸清全市空气质量排名的现状，优先对空气质量较差的区县采取相应措施。

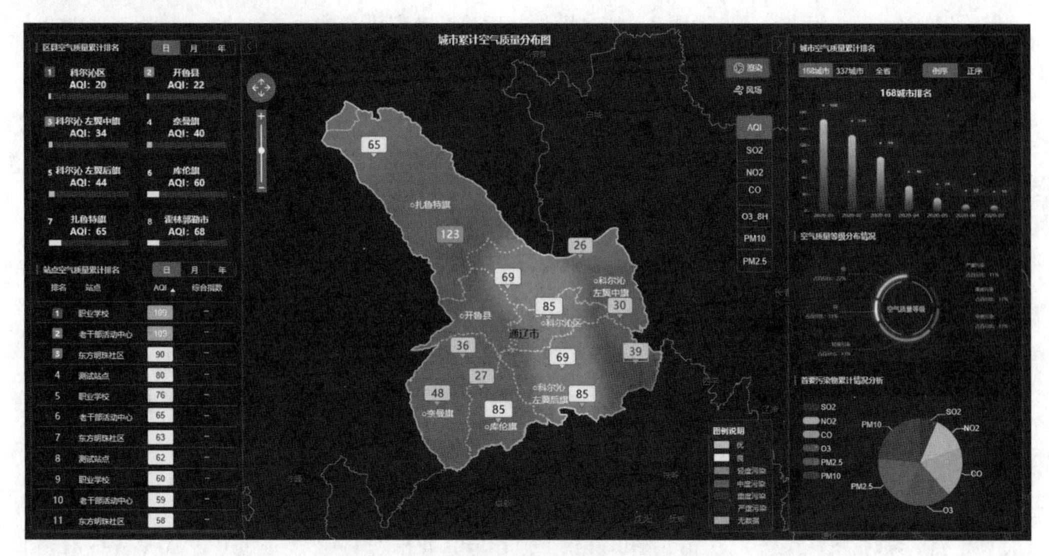

图 8－17　历史空气质量 GIS 图示意

第四节　颗粒物与光化学组分分析

本节为颗粒物组分网和光化学组分网的监测数据与常规站点监测数据的多维度综合分析，一方面从颗粒物、VOCs 和臭氧多种角度整体把握空气质量情况和污染特征规律，另一方面将常规站点数据与二次组分数据融合分析污染物传输过程、解释污染成因和来源。颗粒物与光化学组分分析主要包括颗粒物物理特征、光学特征和化学特征分析，VOCs 分析，臭氧分析，污染传输分析和遥感分析等功能。

一、颗粒物物理特征分析

气溶胶物理特征从质量浓度变化、数谱和粒径分级三个方面进行展示，提供大气超级站的粒径谱时间序列图和最近时刻气溶胶粒径谱分布图，可以通过鼠标点击时间序列图的某一时刻来显示该时刻的粒径谱分布图，同时绘制对应时间段内颗粒物 $PM_{2.5}$ 和 PM_{10} 的质量浓度时间序列图。颗粒物质量浓度变化如图 8－18 所示。

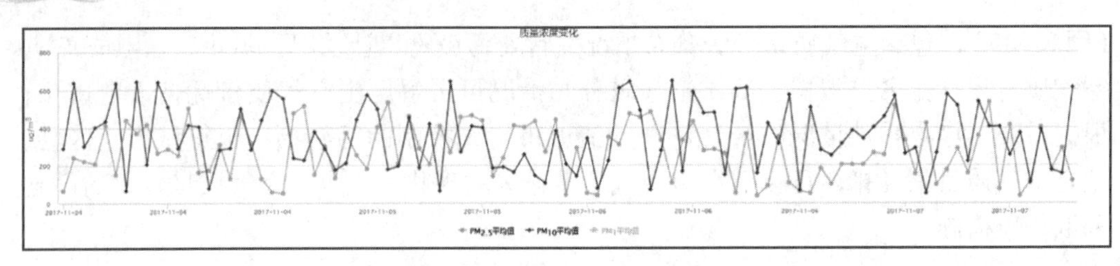

图 8－18　颗粒物质量浓度变化

（一）质量浓度变化分析

通过对比不同时间、不同粒径段的颗粒物浓度之间的差异性，分析并总结粒径谱仪不同粒径段的粒子质量浓度（或数浓度、体积浓度）随时间的变化规律，结合气溶胶粒径谱和颗粒物观测数据进行综合分析，用于分析细粒子的生成过程。不同粒径段包括 PM_{10}、$PM_{2.5}$、PM_1 及 $PM_{2.5}/PM_{10}$、$PM_1/PM_{2.5}$ 质量浓度变化，判断污染过程主要以细颗粒污染为主还是以粗颗粒污染为主。质量浓度变化如图 8－19 所示。

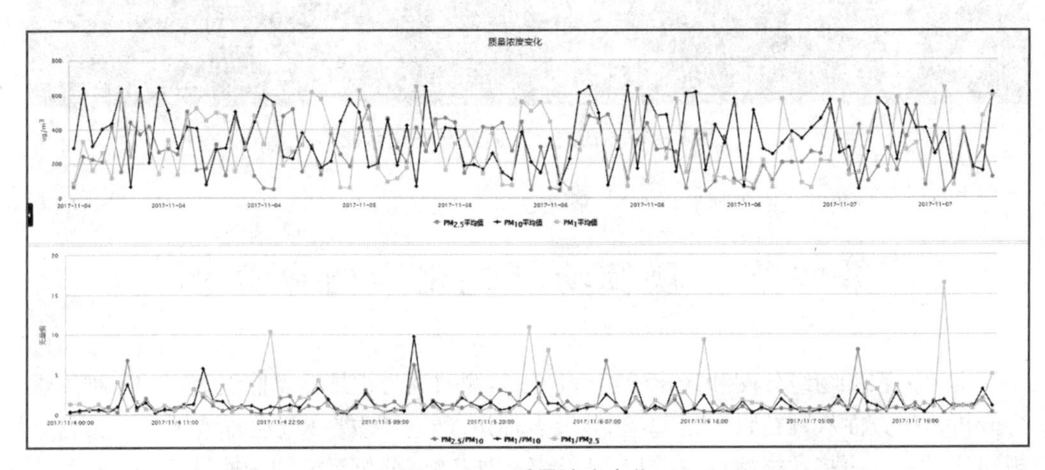

图 8－19　质量浓度变化

（二）粒径谱特征分析

颗粒物的粒径大小是关系到颗粒物在大气中的寿命、传输及对环境和人体健康影响的重要参数，进行颗粒物的粒径分布的观测研究可以为深入理解颗粒物的性质及其对气候与环境的影响提供参考。不同形态下的颗粒物的化学组成、光学特性、形成机制与沉降路径各不相同。根据颗粒物的粒径大小（动力学直径 Dp）可分为不同的状态，分别为核模态（$Dp < 10$ nm）、爱根核模态（10 nm $< Dp <$ 0.1 μm）、积聚模态（0.1 μm $< Dp <$ 2 μm）、粗粒子模态（$Dp >$ 2 μm）（安学文，2019）。系统提供了分析颗粒物粒径功能，通过粒径谱采集的数据绘制颗粒物质量浓度的变化趋势，颗粒物的数浓度（图 8－20）、表面积和体积浓度分布图以及颗粒物质量浓度粒径谱分布真彩图（图 8－21）。从 3 个维度分析并总结不同粒径大小的颗粒物随时间的变化规律、颗粒物粒径的分布特征，协助分析颗粒物形成与演变的原因，辅助判断是否存在二次粒子的吸收增长情况。

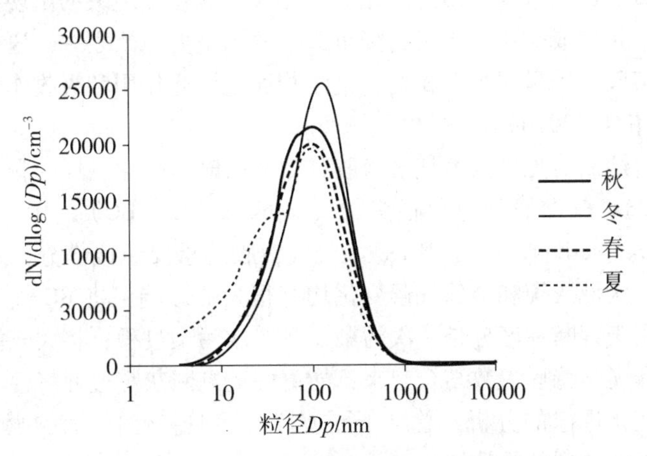

图 8－20　颗粒物数浓度分布示意

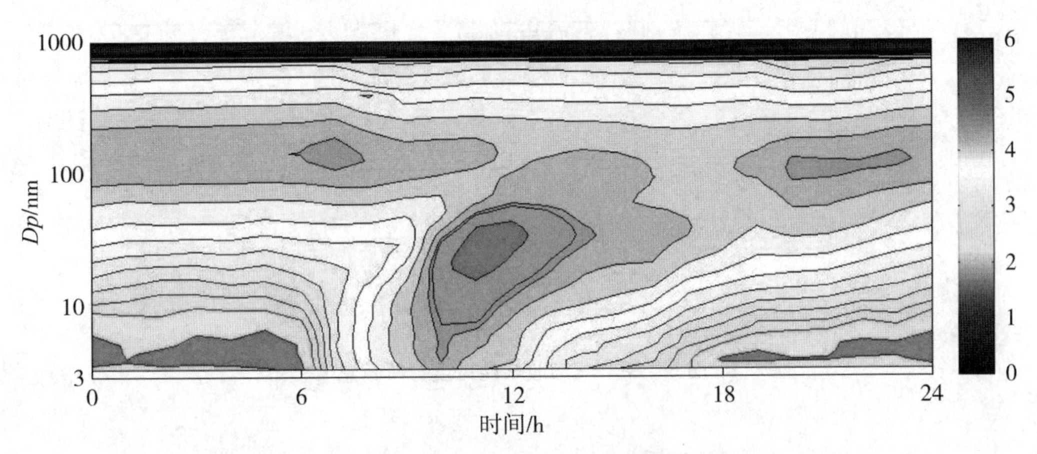

图 8－21　颗粒物质量浓度粒径谱分布示意

二、颗粒物光学特征分析

大气中高浓度的颗粒物和气体等污染物是造成大气中能见度下降的重要原因，能通过散射消光和吸收消光作用降低能见度。因此，颗粒物光学特征分析主要是分析颗粒物对大气能见度的影响。

（一）气溶胶和能见度的关系

大气能见度是表征大气透明程度的重要物理量，不仅可以反映区域大气环境质量，而且与城市居民的日常生活息息相关。低大气能见度现象的出现会给人们带来诸多不便和危害，是造成交通和飞机起降重大事故的重要原因之一。研究表明，大气能见度与大气气溶胶粒子呈明显负相关，气溶胶通过消光作用和吸收作用造成大气能见度的下降（郭伟等，2016）。

因此，平台绘制能见度与大气气溶胶各组分的时间变化以反映颗粒物对能见度的影响（图 8－22），气溶胶组分包括黑碳（black carbon，BC）、$PM_{2.5}$、PM_1、PM_{10}和无机碳（inorganic carbon，IC）。BC 是大气气溶胶的重要组成部分，对人体健康、局地能见度降低、区域灰霾和全球气候变化均有很大的影响。将 BC 气溶胶结合颗粒物进行分析，可用于判断和区分是一次污染还是二次污染过程；将大气能见度与颗粒物的粒径谱分布和光学特性参数结合起来，能更好地判断灰霾过程特性。通过对能见度与颗粒物时间变化规律的分析，总结不同波段气溶胶特性作为污染源的示踪特征分析，识别来自不同类型的排放源。

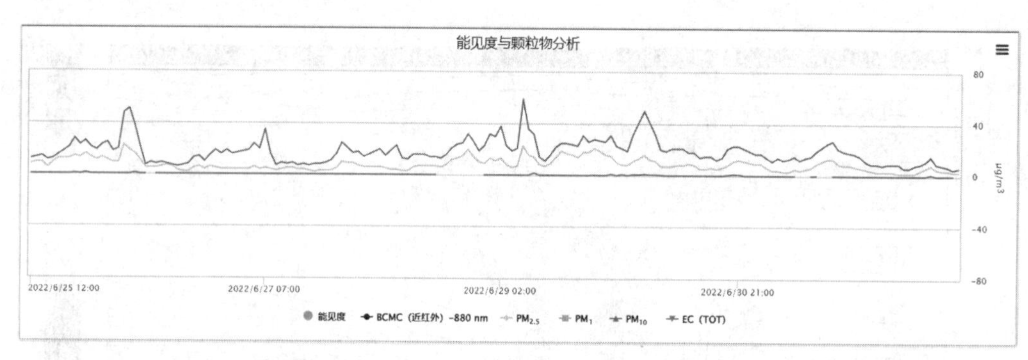

图 8－22　气溶胶与能见度分析示意

（二）波长吸收系数分析

气溶胶根据太阳辐射的吸收程度可以分为吸收性气溶胶和非吸收性气溶胶，吸收性气溶胶对辐射有很强的吸收作用，主要包含黑碳、棕色碳和灰霾。棕色碳为吸光性有机碳，主要来源有生物质及生物燃料的燃烧、大气环境中的类腐殖酸和挥发性有机物的光化学反应（Laskin et al.，2015；Washenfelder et al.，2015；Wang et al.，2014）。气溶胶吸收指数（absorption angstrom exponent，AAE）是描述气溶胶吸收特性的重要参数，可以用来表征气溶胶辐射强迫和大气加热特性。平台通过对气溶胶光学数据的分析可绘制 AAE 的时间变化趋势分析图，辅助判断气溶胶的来源类型（图 8－23）。

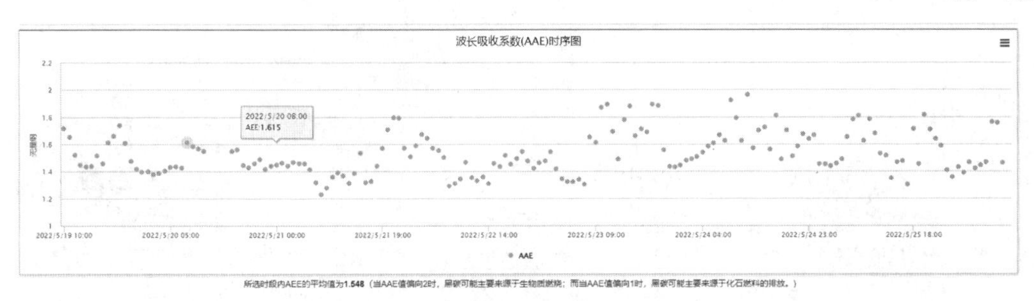

图 8－23　波长吸收系数分析示意

AEE 通过式（8－2）计算得到，其中 Abs_{λ_1} 表示波长 λ_1 下的吸收系数（Mm^{-1}），Abs_{λ_2} 表示波长 λ_2 下的吸收系数（Mm^{-1}）（崔杰等，2017）。当 *AEE* 值接近于 1，吸光性气溶胶的主要成分为黑碳，其主要来源于化石燃料的排放。当 *AEE* >1 时，吸光性气溶胶的主要成分为棕色碳（Helin et al.，2021）。当 *AEE* 值偏向于 2 时，可能主要来源于生物质燃烧；当 *AEE* 值接近 6 时，可能来源于类腐殖质燃烧。

$$AAE = -\frac{\ln(Abs_{\lambda_1}/Abs_{\lambda_2})}{\ln(\lambda_1/\lambda_2)} \tag{8-2}$$

三、颗粒物化学特征分析

（一）组分分析

颗粒物的化学组成较为复杂，主要包括碳质组分、水溶性二次离子、其他水溶性离子、无机元素等。碳质组分包含有机碳（organic carbon，OC）和元素碳（elemental carbon，EC）；水溶性二次离子是最主要的离子组分，主要包括铵盐（NH_4^+）、硫酸盐（SO_4^{2-}）和硝酸盐（NO_3^-）；其他水溶性离子包括 Cl^-、Na^+、K^+、Ca^{2+} 和 Mg^{2+} 等；无机元素包括金属元素和地壳元素（安学文，2019）。组分分析即分析大气气溶胶中上述组分所占的比例，得到大气气溶胶的组成结构。

系统提供了颗粒物成分分析功能，绘制气溶胶组分浓度时间序列图、气溶胶组分百分比时间序列图、气溶胶组分平均浓度柱状图和气溶胶组分平均占比饼图（图 8－24），判断该气溶胶的来源，用于分析各种污染变化过程。气溶胶组分浓度时间序列图，可用于各种污染变化过程的特征分析；气溶胶组分百分比时间序列图，可查看气溶胶不同组分的瞬时占比情况，并用于简单预测污染物源的变化情况；气溶胶组分平均占比饼图，可以掌握一段时间内不同气溶胶组分的组成情况。

（二）组分重构分析

气溶胶的组分构成十分复杂，通过仪器直接测定的组分仅占其组成的一部分，通过组分重构方法对气溶胶的化学成分进行重构，可以了解气溶胶的主要构成以及各组

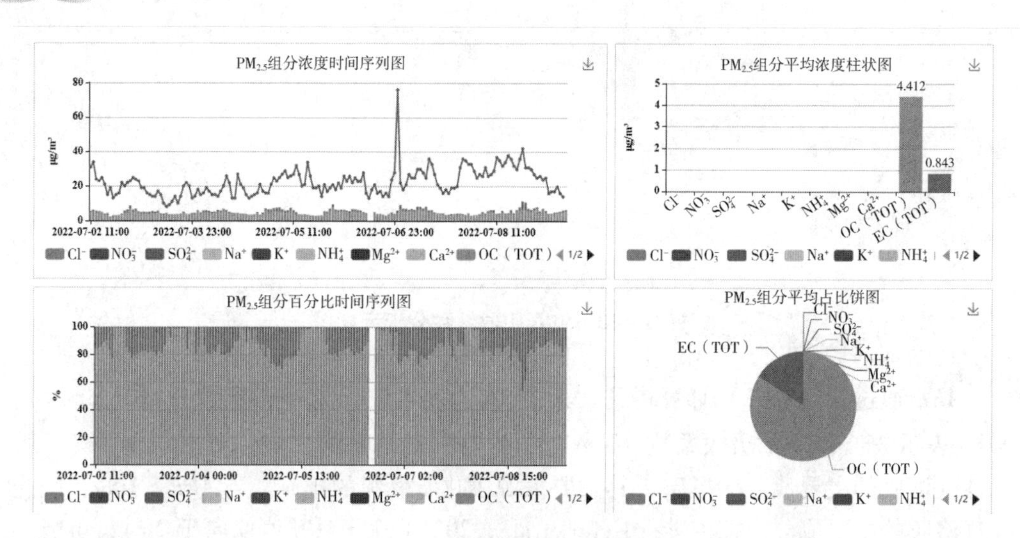

图 8－24　气溶胶组分分析示意

分对气溶胶的贡献（张智答，2018）。系统提供了颗粒物组分重构分析的功能，组分重构的内容及公式如表 8－1 所示，参考自中国环境监测总站 2021 年制定的《大气颗粒物组分手工监测数据审核技术指南（试行）》。结合各重构组分的浓度之和，比较其与 $PM_{2.5}$浓度的变化趋势，可以辅助判断组分数据异常情况。

表 8－1　质量重构的计算公式

序号	重构后名称	公式
1	有机物（OM）	=1.6×［OC］
2	硝酸盐（NO_3^-）	=NO_3^-
3	硫酸盐（SO_4^{2-}）	=SO_4^{2-}
4	铵盐（NH_4^+）	=NH_4^+
5	元素碳（EC）	=EC
6	氯盐（Cl^-）	=Cl^-
7	地壳物质	=[Al×2.2]+[Si×2.49]+[Ca^{2+}×1.63]+[Fe×2.42]+[Ti×1.94]
8	微量元素	=[K^+]+[Mg^{2+}]+[F^-]+[Ba]+[Cd]+[Sn]+[V]+[Cr]+[Mn]+[Co]+[Ni]+[Cu]+[Zn]+[As]+[Se]+[Pb]+[Sc]+[P]+[Na^+]
9	其他	=$PM_{2.5}$质量－([OM]+[NO_3^-]+[SO_4^{2-}]+[NH_4^+]+[EC]+[Cl^-]+[地壳物质]+[微量元素])
10	重构后质量浓度	=[OM]+[NO_3^-]+[SO_4^{2-}]+[NH_4^+]+[EC]+[Cl^-]+[地壳物质]+[微量元素]
11	重构后质量浓度比值	$\frac{\text{重构后质量浓度}}{\text{PM2.5 质量浓度}}$ = 0.7～1.2

系统根据重构后的各组分浓度绘制气溶胶组分质量浓度堆叠趋势图、气溶胶重构组分平均浓度柱状图、气溶胶重构组分百分比时间序列图、气溶胶重构组分平均占比饼图、重构后物质与气溶胶浓度比值时序图和重构后物质与气溶胶相关性分析图，并支持数据和图表的导出（图 8－25）。

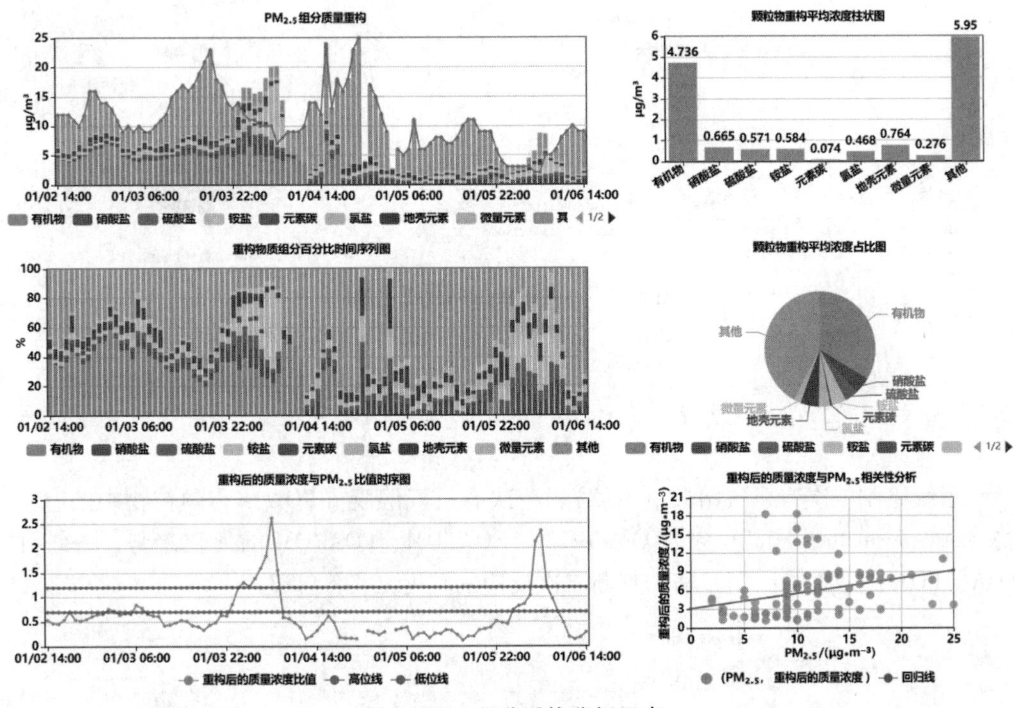

图 8－25　组分重构分析示意

（三）化学转化率分析

大气 $PM_{2.5}$ 主要由一次、二次气溶胶组成。一次气溶胶主要来自直接排放，包括黑碳、矿尘、重金属和一次有机气溶胶（primary organic aerosol，POA）；二次气溶胶主要由气态前体物（SO_2、NO_2、NH_3 和挥发性有机物 VOCs 等）通过一系列复杂的化学反应生成，包括二次无机气溶胶（secondary inorganic aerosol，SIA）和二次有机气溶胶（secondary organic aerosol，SOA）（李康为，2018）。系统对 SIA 生成的关键指标进行分析能了解环境中二次气溶胶的生成潜能（图 8－26），包括硫氧化率（sulfur oxidation rate，SOR）、氮氧化率（nitrogen oxidation rate，NOR）和氨氧化率（Ammonia oxidation rate，NTR）等，SOR、NOR 和 NTR 分别表示 SO_2、NO_2、NH_3 的二次转化作用。SOR、NOR 和 NTR 的值越大，硫氧化过程、氮氧化过程和氨氧化过程越强。研究表明，SOR 和 NOR 高于 0.1，表明有明显的二次转化反应发生（Wang et al.，2006）。

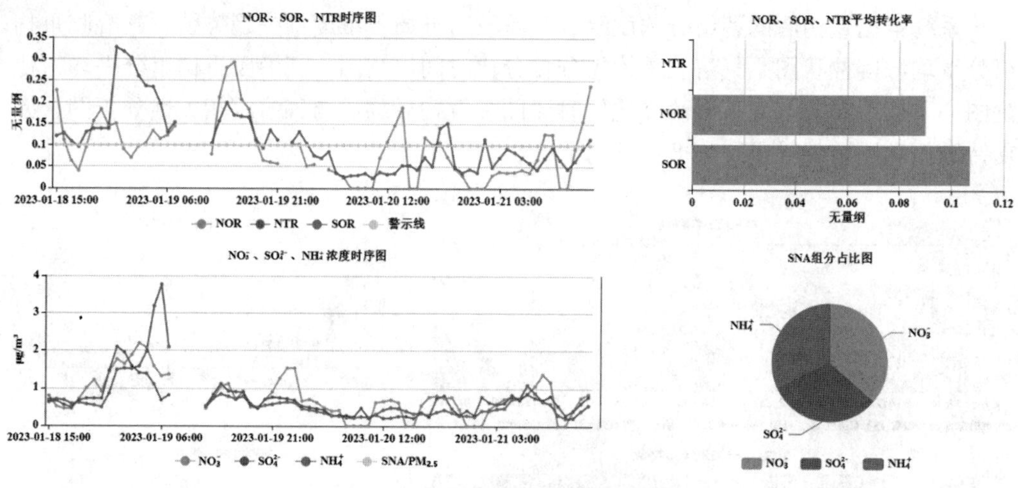

图 8 -26　化学转化率分析示意

（四）二次气溶胶分析

系统绘制二次有机气溶胶（SOA）、一次有机气溶胶（POA）和颗粒物中的有机物（organic matter，OM）以及 OM/$PM_{2.5}$、SOA/OM、POA/OM 的变化趋势，并统计SOA、POA 占 OM 的比例，辅助判断二次反应的程度（图 8 -27）。

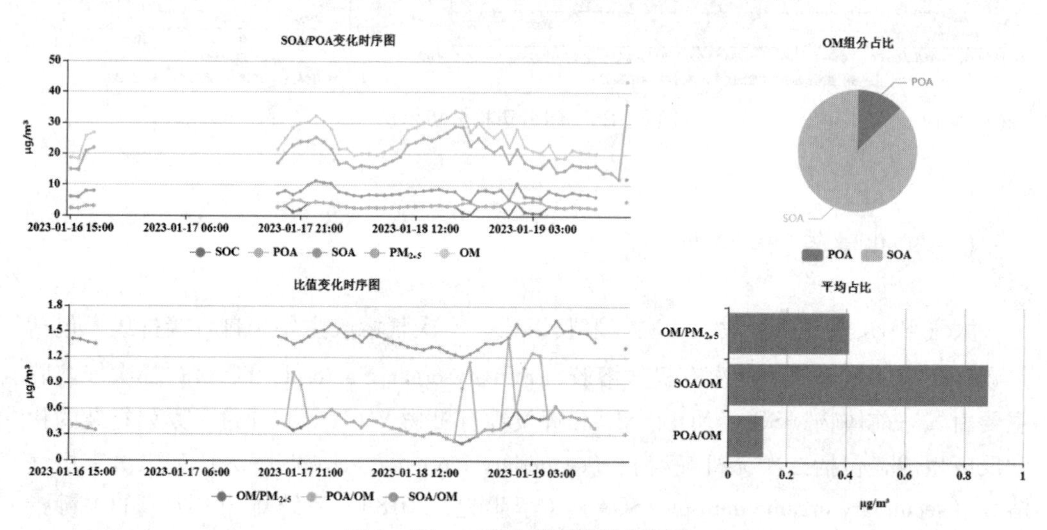

图 8 -27　二次生成转化分析示意

（五）组分相关性分析

不同站点和不同颗粒物之间某些组分浓度之间的相关性，在一定程度上反映了它们的共同来源，或来自同一种化合物的组成。通过对其进行相关性分析可判断不同站点不同组分因子之间的同源性、关联性。相关性越强，说明颗粒物上该组分浓度中由单一源排放所占的比例越大，从而可以推断出排放该组分的主要源类以及某些源类的排放特征（唐孝炎等，2006）。组分相关分析功能展示了一段时间内的颗粒物组分间的相关性分析矩阵，以表格填色的方式体现离子组分、碳组分、元素组分间的相关性结果（图 8－28）。

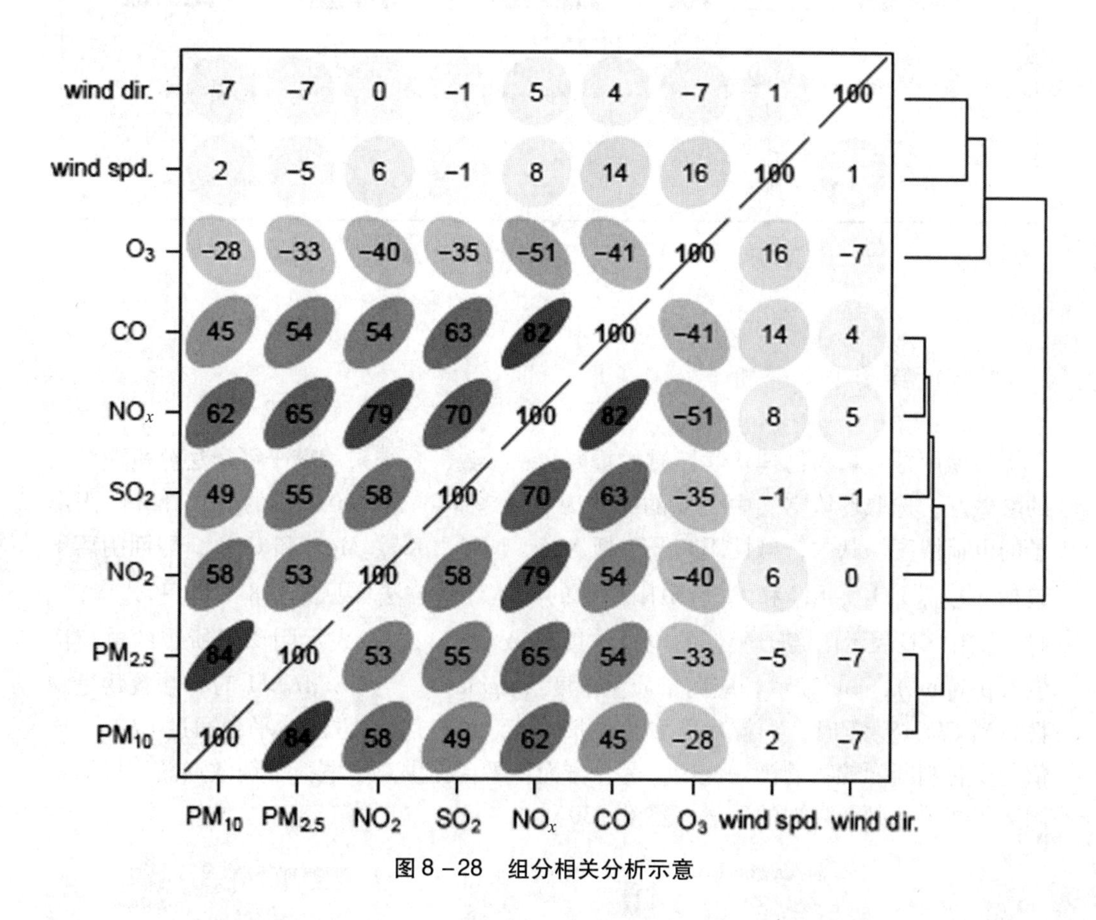

图 8－28　组分相关分析示意

（六）组分对比分析

为便于了解大气颗粒物组分结构的变化，系统提供了不同时段内颗粒物组分浓度与历史数据的同比、环比分析结果展示功能，展示方式包括堆叠图、折线图、面积堆积图、百分比图、面积堆叠百分比图等（图 8－29）。

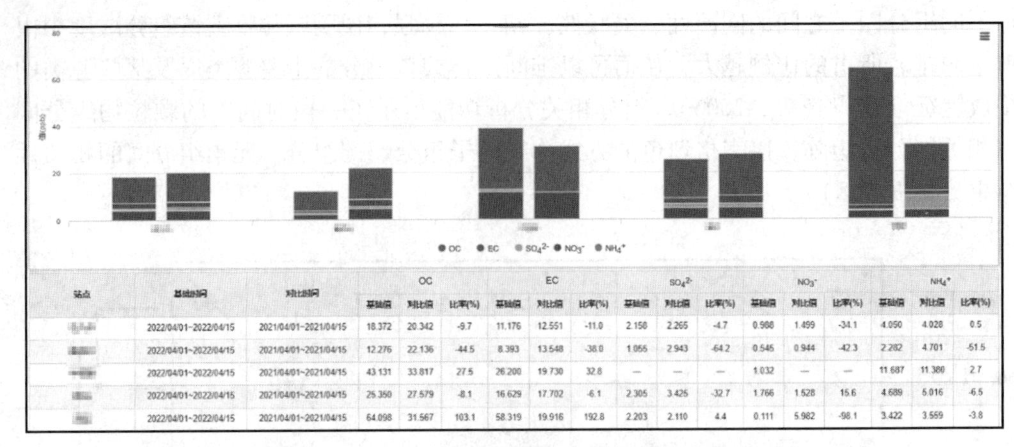

站点	基础时间	对比时间	OC			EC			SO_4^{2-}			NO_3^-			NH_4^+		
			基础值	对比值	比率(%)	基础值	对比值	比率(%)	基础值	对比值	比率(%)	基础值	对比值	比率(%)	基础值	对比值	比率(%)
	2022/04/01~2022/04/15	2021/04/01~2021/04/15	18.372	20.342	-9.7	11.176	12.551	-11.0	2.158	2.265	-4.7	0.968	1.499	-34.1	4.050	4.028	0.5
	2022/04/01~2022/04/15	2021/04/01~2021/04/15	12.276	22.136	-44.5	8.393	13.548	-38.0	1.055	2.943	-64.2	0.545	0.944	-42.3	2.282	4.701	-51.5
	2022/04/01~2022/04/15	2021/04/01~2021/04/15	43.131	33.817	27.5	26.200	19.730	32.8	—	—	—	1.032	—	—	11.687	11.380	2.7
	2022/04/01~2022/04/15	2021/04/01~2021/04/15	25.350	27.579	-8.1	16.629	17.702	-6.1	2.305	3.426	-32.7	1.766	1.528	15.6	4.689	5.016	-6.5
	2022/04/01~2022/04/15	2021/04/01~2021/04/15	64.098	31.567	103.1	58.319	19.916	192.8	2.203	2.110	4.4	0.111	5.982	-98.1	3.422	3.559	-3.8

图 8－29　组分对比分析示意

（七）离子平衡分析

酸碱度是颗粒物物理化学性质的重要指示参数，系统采用离子平衡法分析颗粒物的酸碱度，选取环境空气中主要的必测因子参考 Wei 等（2019）的方法计算阴阳离子的电荷浓度。其中，碱性阳离子包括 Na^+、NH_4^+、K^+、Mg^{2+}和 Ca^{2+}，酸性阴离子包括 SO_4^{2-}、NO_3^-、Cl^-和 F^-。阴阳离子的具体计算方法详见式（8－3）和式（8－4），式中 *CE* 表示阳离子所带的电荷浓度（$\mu eq/m^3$），*AE* 表示阴离子所带的电荷浓度（$\mu eq/m^3$），[ ] 表示相应离子质量浓度（$\mu g/m^3$）。当 $CE/AE>1$ 时，颗粒物呈碱性；当 $CE/AE<1$ 时，颗粒物呈酸性（张金等，2020）。一方面，平台通过 *CE/AE* 比值的变化判断颗粒物的污染成因；另一方面，平台提供离子电荷平衡散点图，根据阴阳离子相关性判断数据的质量（图 8－30）。

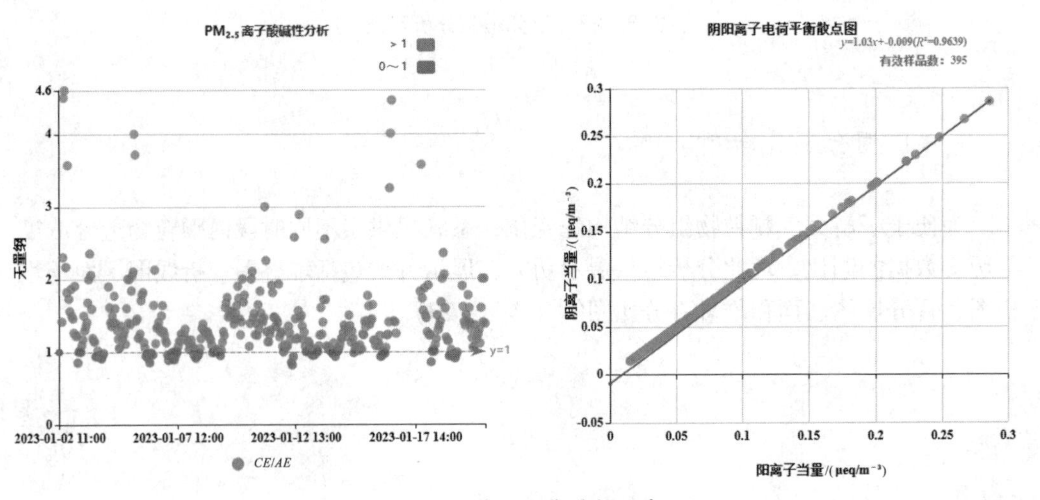

图 8－30　离子平衡分析示意

$$CE = \frac{[Na^{+}]}{23} + \frac{[NH_4^{+}]}{18} + \frac{[K^{+}]}{39} + \frac{[Mg^{2+}]}{12} + \frac{[Ca^{2+}]}{20} \tag{8-3}$$

$$AE = \frac{[SO_4^{2-}]}{48} + \frac{[NO_3^{-}]}{62} + \frac{[Cl^{-}]}{35.5} + \frac{[F^{-}]}{19} \tag{8-4}$$

（八）富集因子分析

为了评价颗粒物中不同元素受人为来源的影响程度，通过富集因子法对大气中的重金属来源进行分析。富集因子（enrichment factor，EF）描述了大气气溶胶或土壤中金属元素的富集程度，可根据其判断和评价大气气溶胶中重金属元素的来源。相关研究表明，当某一元素的 $EF<10$ 时，表明其主要来源于自然源；当 $EF>10$ 时，表明样品中该元素相对于参考物质是被富集或稀释的，认为该元素受人为影响显著。系统基于重金属仪器的监测数据和土壤背景值，通过式（8－5）计算金属富集因子结果。其中 Ci 为金属元素 i 的浓度，Cr 为选定参考元素的浓度。在迁移过程中，通常使用惰性的铝元素作为参考元素。图8－31为系统富集因子分析示意，结果显示某站点排名前三的富集因子依次为镉、硒、锑。

$$EF = \frac{(Ci/Cr)_{颗粒}}{(Ci/Cr)_{背景}} \tag{8-5}$$

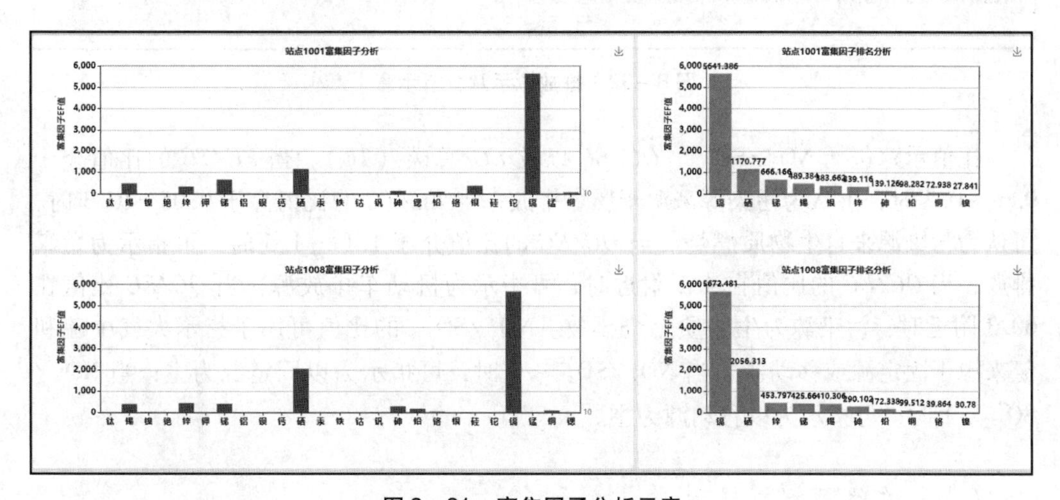

图8－31　富集因子分析示意

（九）排放源示踪分析

为了判断大气颗粒物的排放源，系统提供了示踪物分析方法快速指示和判断污染来源（图8－32），根据不同污染来源典型指示物的浓度变化分析颗粒物污染来源。平台绘制气溶胶离子组分中 Br^{-}、Cl^{-}、F^{-}、NO_3^{-}、NO_2^{-}、PO_4^{3-}、SO_4^{2-}、NH_4^{+}、Ca^{2+}、Li^{+}、Mg^{2+}、Na^{+}、K^{+}、Ca^{2+}、EC、OC 和有机酸等质量浓度及其在气溶胶中浓度占比的时间序列。排放源示踪分析包括燃煤源示踪、生物质燃烧源示踪、扬尘源示踪、移动源示踪、比值示踪等，根据指示物的相关性矩阵图分析 $PM_{2.5}$ 的排放源。系统采用 Cl^-、EC、锌、砷、锡、锑、铅、钛、F^- 用于指示燃煤源对 $PM_{2.5}$ 贡献的变化；采用 K^+、EC、钾、氯、Cl^- 用于指示生物质燃烧源对 $PM_{2.5}$ 贡献的变化；采用 Mg^{2+}、Ca^{2+}、铝、硅、铁、钡、Na^+、钛用于指示扬尘源对 $PM_{2.5}$ 贡献的变化；采用铬、铜、锌、镉、钡、EC 用于指示移动源对 $PM_{2.5}$ 贡献的变化。

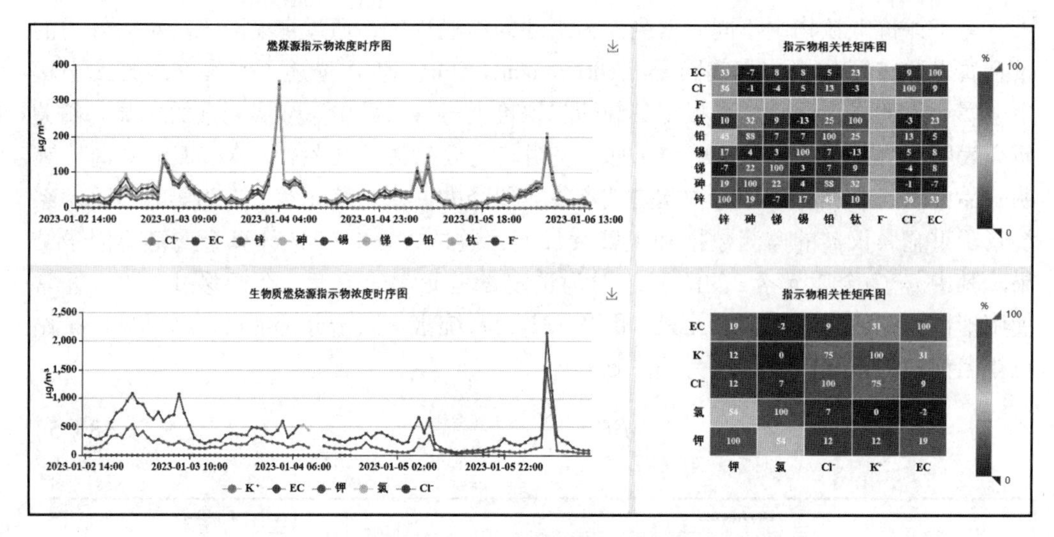

图 8－32　排放源示踪分析示意

比值示踪包括 NO_3^-/SO_4^{2-}、OC/EC 以及 $EC/$总碳（TC）。当 EC/TC 的比值介于 0.6～0.7 时，可认为污染源来源于燃煤排放；当 EC/TC 的比值介于 0.05～0.3 时，可认为污染源来自生物质燃烧。当 OC/EC 的比值介于 1.1～1.5 时，可指示为燃煤排放；当 OC/EC 的比值在 4.1 附近时，可指示为机动车排放源；当 OC/EC 比值在 60.3 附近时，污染源为生物质燃烧排放。NO_3^-/SO_4^{2-} 的比值可用于指示大气中硫和氮来源于固定源或移动源。当 $NO_3^-/SO_4^{2-} < 1$ 时，可指示为以固定源为主；当 $NO_3^-/SO_4^{2-} > 1$ 时，可指示为以移动源为主。

（十）在线源解析展示

由于 SOA 物种测量具有很大的困难，因此使用受体模型法估算 SOA。常用的受体模型包括化学质量平衡（chemical mass balance，CMB）、正交矩阵因子分析（positive matrix factorization，PMF）等。CMB 是基于各污染物指纹谱的差异，依据质量守恒定律，通过检测受体中各种物质的含量来确定各类污染源的贡献率（李雯香等，2019）。PMF 是一种多变量因子分析方法，假设污染物在排放源和受体位置之间存在质量守恒，从而将污染物浓度看作多个随时间变化的排放源贡献的线性叠加。

系统结合环境监测数据及污染源源谱情况，采用 PMF、CMB 等模型对颗粒物进行在线源解析，同时支持源解析结果与绘制的图片的导出功能。用户可自行选择颗粒物源解析参数设置，包括超级站站点名称、分析时段、分析污染物物种、污染源分类数等（图 8－33）。根据模型的结果，系统自动绘制源贡献浓度图、源贡献占比图、化学组分贡献浓度图、特征因子图、因子来源玫瑰图、矩阵相关分析图、模拟值与实测值关系图、源谱图、特征因子分析以及因子空间来源玫瑰图。特征因子分析以及因子空间来源玫瑰图的分析应用将源解析的结果与气象要素进行结合，可用于确定污染物来源方向的分布。如图 8－34 为源贡献浓度变化示意，展示了 PMF 源贡献浓度、源解析百分比、VOCs 组分时间变化和 VOCs 组分平均占比。

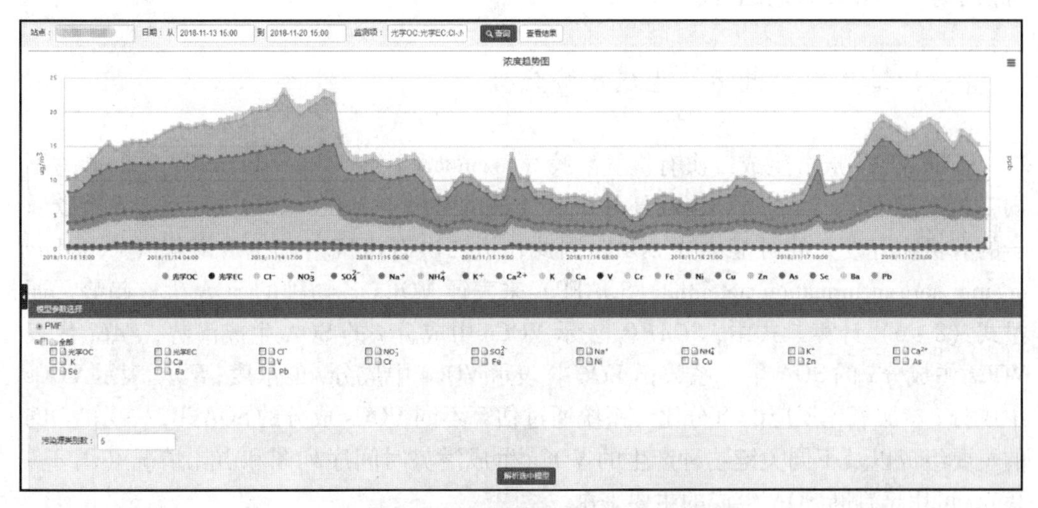

图 8－33　颗粒物 PMF 源解析参数设置示意

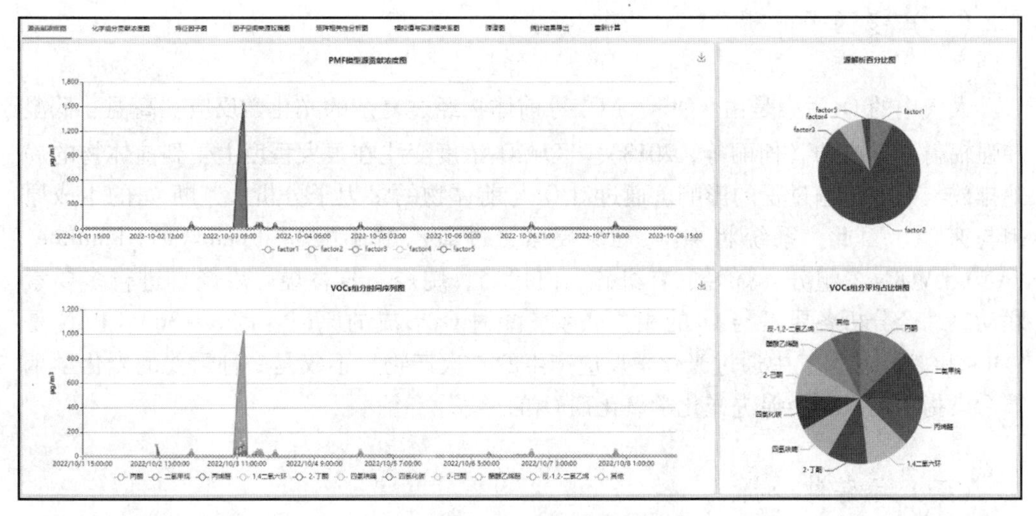

图 8－34　源贡献浓度变化示意

四、VOCs 特征分析

挥发性有机物（volatile organic compounds，VOCs）是城市光化学烟雾的重要前体物质，是一类沸点低、分子量小、化学活性强的复杂化合物，主要包括烷烃、烯烃、芳香烃、炔烃、含氧化合物（OVOCs，如酮、酚、醛和醚等）和卤代烃等（王成辉等，2020）。VOCs 所含多种成分在高浓度时对人体产生直接影响。我国《大气污染物综合排放标准》（GB 16297—1996）也对其排放量进行了规定。对 VOCs 分析可便于掌握 VOCs 排放趋势。

（一）二次有机气溶胶生成潜势分析

不同 VOCs 成分生成二次有机气溶胶（secondary organic aerosol，SOA）的能力不同，相对分子量较大的 VOCs 成分对 SOA 生成的贡献更大，一般情况下高于 6 个碳原子的有机物有较大的可能生成 SOA。因此，用二次有机气溶胶生成潜势（secondary organic aerosol formation potential，SOAFP）来表征 VOCs 各物种的 SOA 生成趋势，通过式（8－6）计算。式中，$SOAFP_i$ 表示 VOCs 中成分 i 的 SOA 生成潜势；FAC_i 代表 VOCs 中成分 i 的 SOA 生成系数；$[VOC]_i$ 表示 VOCs 中成分 i 的浓度；F_{VOCri} 表示 VOCs 中成分 i 参加氧化反应的百分比。系统通过估算不同 VOCs 成分的 SOAFP，展示 VOCs 的主要组成以及不同关键物种产生的 VOCs 生成潜势时间序列图和占比情况（图 8－35），可用于判断 SOA 生成的主要来源。

$$SOAFP_i = FAC_i \times [VOC]_i \times (1 - F_{VOCri})^{-1} \tag{8-6}$$

（二）多因子分析

大气中的 O_3 污染是由 VOCs、NO_x 等前体物经过复杂的光化学反应在高温、低湿和强辐射下形成的（何丽等，2018）。区域 O_3 浓度变化在很大程度上受到前体物的局地排放与大气传输过程的影响。通过对 O_3 与前体物的多因子分析，判断 O_3 的生成原因与来源。因此，系统将 O_3 与气象要素、过氧乙酰硝酸酯（peroxyacetyl nitrate，PAN）、VOCs 各组分（烯烃、有机硫、卤代烃、烷烃、芳香烃、炔烃）进行多要素联动，综合分析各要素与 O_3 的相关联系，探讨 O_3 形成的原因（图 8－36）。PAN 是 VOCs 和 NO_x 在大气中通过光化学反应产生的二次产物，不仅是一种重要的光化学烟雾污染指示剂，还会促进光化学氧化剂 O_3 的形成。

（三）示踪物分析

VOCs 污染常见的污染源有柴油车尾气源、汽油车尾气源、自动喷涂、燃煤源、汽车尾气源、植物源等。系统根据不同排放源的典型指示物对污染源进行判断。其

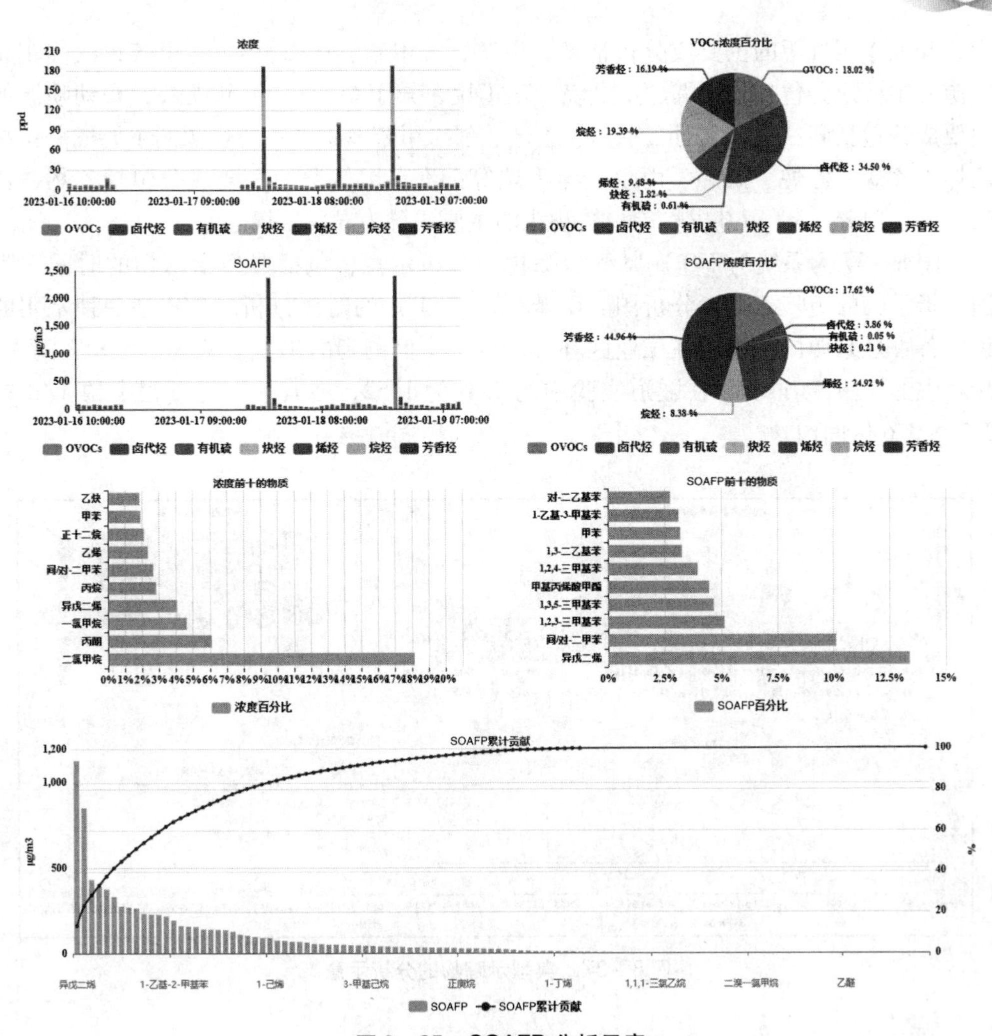

图 8－35　SOAFP 分析示意

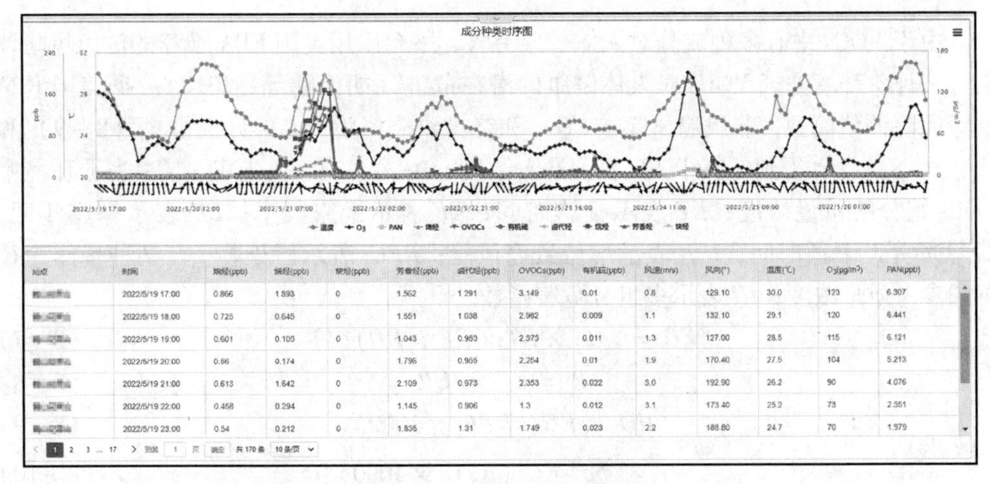

站点	时间	烷烃(ppb)	烯烃(ppb)	炔烃(ppb)	芳香烃(ppb)	卤代烃(ppb)	OVOCs(ppb)	有机硫(ppb)	风速(m/s)	风向(°)	温度(℃)	O_3(μg/m³)	PAN(ppb)
[illegible]	2022/5/19 17:00	0.866	1.893	0	1.562	1.291	3.149	0.01	0.8	129.10	30.0	123	6.307
[illegible]	2022/5/19 18:00	0.725	0.645	0	1.551	1.038	2.982	0.009	1.1	132.10	29.1	120	6.441
[illegible]	2022/5/19 19:00	0.601	0.103	0	1.043	0.953	2.373	0.011	1.3	127.00	28.5	115	6.121
[illegible]	2022/5/19 20:00	0.66	0.174	0	1.796	0.965	2.254	0.01	1.9	170.40	27.5	104	5.213
[illegible]	2022/5/19 21:00	0.613	1.642	0	2.109	0.973	2.353	0.022	3.0	192.90	26.2	90	4.076
[illegible]	2022/5/19 22:00	0.458	0.294	0	1.145	0.906	1.3	0.012	3.1	173.40	25.2	73	2.551
[illegible]	2022/5/19 23:00	0.54	0.212	0	1.835	1.31	1.749	0.023	2.2	188.80	24.7	70	1.979

1 2 3 … 17 到第 1 页 确定 共 170 条 10 条/页

图 8－36　多因子分析示意

中，柴油车尾气源的主要成分包括苯、甲苯、二甲苯、1，2，4－三甲苯；汽油车尾气源的主要成分包括异戊烷、正戊烷、正丁烷、异丁烷、3－甲基戊烷；自动喷涂的主要成分包括间二甲苯、对二甲苯、乙苯、邻二甲苯、甲苯；燃煤源的主要成分包括乙烯、乙炔、乙烷、丙烯、丙烷、异丁烷等；汽车尾气源的主要成分包括乙烯、乙炔、苯、甲苯、3－甲基戊烷等；植物源的主要成分为异戊二烯。

图 8－37 为系统对 VOCs 典型示踪物的分析示意，包括典型指示物的时间序列图、指示物的矩阵相关性分析图、甲苯/苯（T/B）的时序分析。T/B 是一种常用的识别芳香烃来源的指标，在工业区环境的空气中监测到的 T/B 在 4.8～5.8 区间内，涂料中的 T/B 为 11.5，在隧道实验中的 T/B 为 1.52，在其他燃烧过程中的 T/B 在 0.2～0.6 区间内。

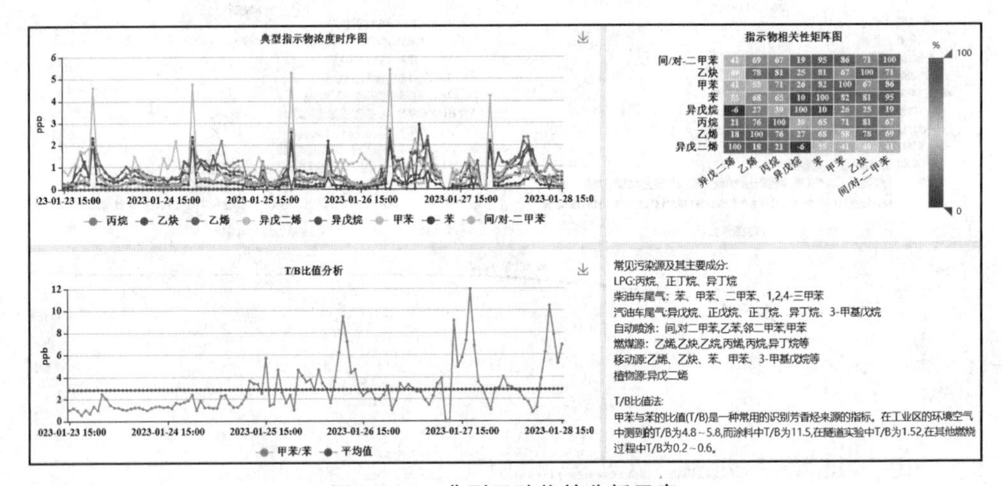

图 8－37　典型示踪物的分析示意

（四）健康风险评估

由于 VOCs 中有多种成分对人体健康有害，平台采用美国 EPA 推荐的健康风险评估方法评价环境空气 VOCs 对人体健康的潜在危害（胡天鹏等，2018）。据美国 EPA 健康风险评估模型，非致癌风险（HQ）和终身致癌风险（R）分别由式（8－9）和式（8－8）计算得到。其中 EC 表示暴露浓度，由式（8－7）计算；CA 表示环境中 VOCs 组分的质量浓度；ET 表示暴露时间；EF 表示暴露频率；ED 表示暴露年限；AT 表示平均暴露时间；IUR 表示单位致癌风险；RFC_i 表示污染物 i 在某种暴露途径下的参考质量浓度；HI 表示多组分危害指数。

$$EC = (CA \times ET \times EF \times ED)/AT \tag{8-7}$$

$$R = EC \times IUR \tag{8-8}$$

$$HQ = EC/(RFC_i \times 1000) \tag{8-9}$$

$$HI = \sum [EC/(RFC_i \times 1000)] \tag{8-10}$$

为评估 VOCs 对人体健康的危害，系统综合考虑 VOCs 浓度水平及环境效应，自动计算 VOCs 对人体健康的影响，筛选出对人体健康影响的关键组分，计算并展示 VOCs 主要污染物种的非致癌风险（*HQ*）和终身致癌风险（*R*）（图 8－38）。

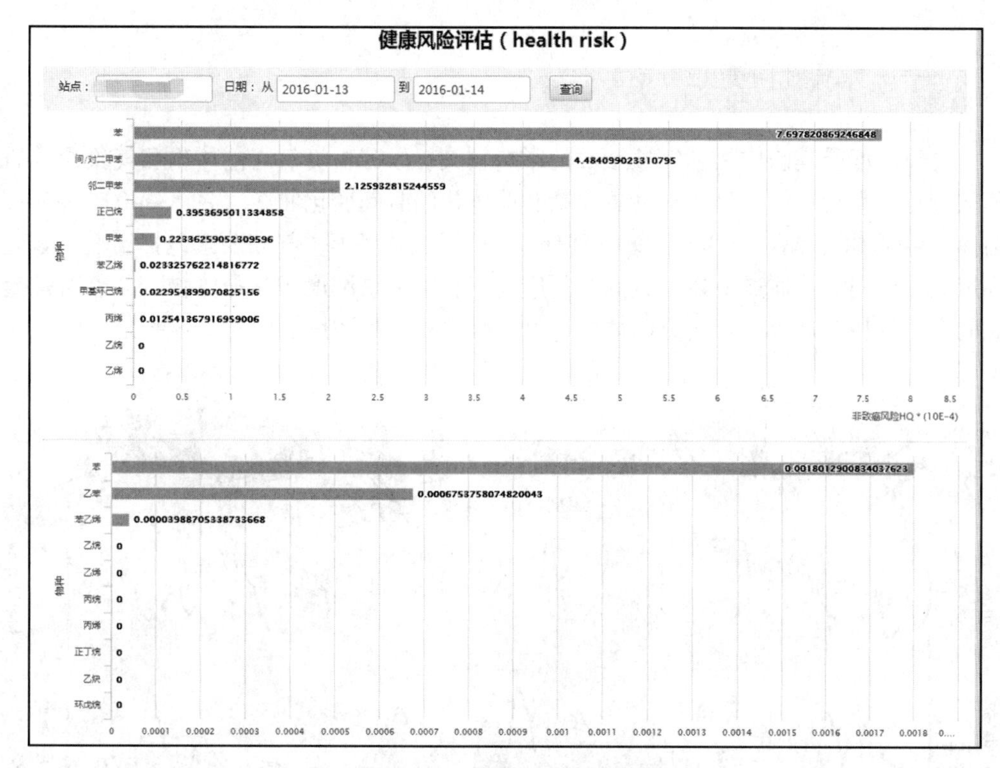

图 8－38 健康风险评估示意

（五）典型组分比值分析

特征物质比值法广泛应用于物种来源分析和光化学分析，可通过物种相关比值分析图的变化特征快速判断 VOCs 排放源。平台提供了 8 组物种相关比值分析法，包括苯与甲苯，乙苯与间、对二甲苯，乙苯与苯，反－2－戊烯与顺－2－戊烯，反－2－丁烯与顺－2－丁烯，1－戊烯和 1－丁烯，异戊烷和正戊烷，正丁烷与异丁烷（图 8－39）。例如，当 OH 自由基存在时，苯、甲苯、乙苯和间、对－二甲苯的光化学寿命分别为 12.5 d、2 d、23 h 和 7.8 h。间、对－二甲苯/苯、甲苯/苯和乙苯/苯的比值越大，说明气团存在老化程度越低，离石化排放源越近，或者说受石化排放源影响越大。

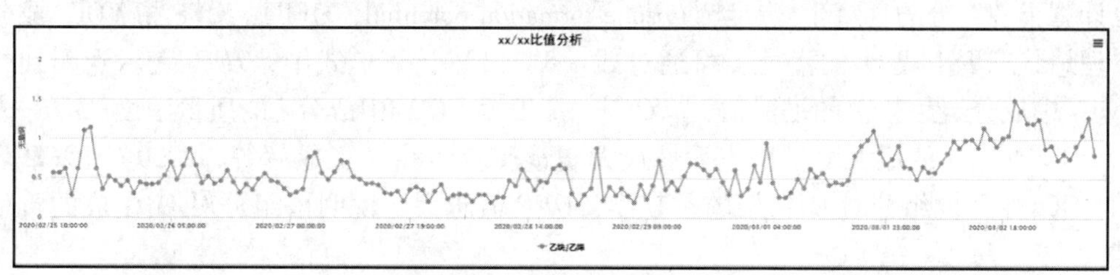

图 8－39 组分比值分析示意

五、臭氧分析

（一）臭氧时间变化分析

臭氧浓度受其前体物和气象参数的影响较大，为分析臭氧与前体物和气象参数的相关变化，平台提供了臭氧与气象要素、前体物的时间变化曲线（图 8－40）。其中，前体物包括 CO、NO、NO_2、NO_x、TVOCs、非甲烷总烃等，气象要素包括温度、湿度和风速、风向等。通过上述参数的时间序列图总结臭氧浓度与其前体物、气象因素随时间变化的相关规律，为研究前体物、气象因素对臭氧浓度的影响奠定基础。

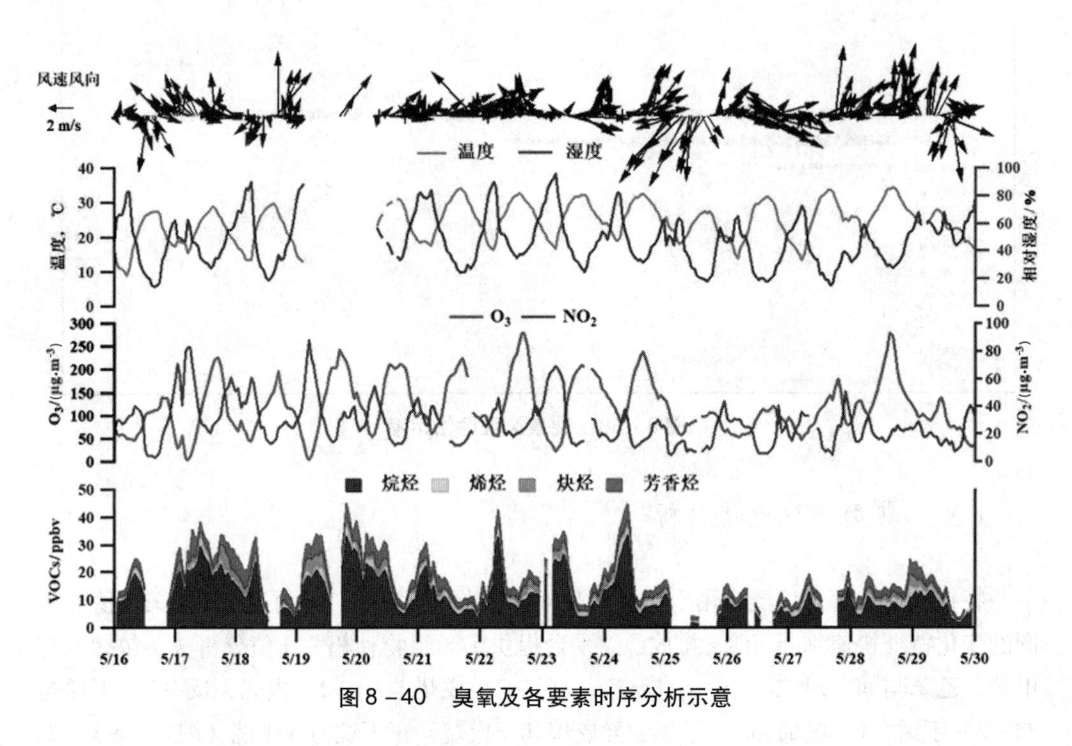

图 8－40　臭氧及各要素时序分析示意

（二）臭氧生成潜势分析

由于 VOCs 是臭氧生成的重要前体物质，平台提供了 VOCs 组分浓度变化的同时，也计算了各组分的臭氧生成趋势（ozone formation potential，OFP）。OFP 指 VOCs 成分在理想状态下生成 O_3 的潜能，可通过式（8－11）计算。式中，OFP_i 表示观测到的 VOCs 中成分 i 生成 O_3 的潜势值；$[VOC]_{mass,i}$ 表示 VOCs 中成分 i 的质量浓度；MIR_i 表示 VOCs 成分 i 的最大增量反应活性最大增量反应活性（王成辉等，2020）。OFP 表示 VOCs 中不同组分对 O_3 污染的贡献度，OFP 值越大，说明该组分对 O_3 生成的贡献越大。

$$OFP_i = [VOC]_{mass,i} \times MIR_i \qquad (8-11)$$

系统绘制了 VOCs 组分浓度占比堆叠趋势图、*OFP* 各成分贡献堆叠趋势图，VOCs 组分平均浓度和 *OFP* 平均贡献柱状图及占比饼图，并统计了 *OFP* 贡献前十的组分和 VOCs 浓度占比前十的组分（图 8-41）。依据 VOCs 不同化学组成时间序列及占比饼图，分析不同 VOCs 种类特征及占比变化。通过对比 VOCs 组分的浓度占比和 *OFP*，了解对本地 O_3 污染贡献较大的物种，有助于进一步制定相应的 VOCs 管控对策。VOCs 中关键物种的浓度变化及 *OFP* 累计贡献图，可用于分析 VOCs 物种对臭氧的生成贡献。

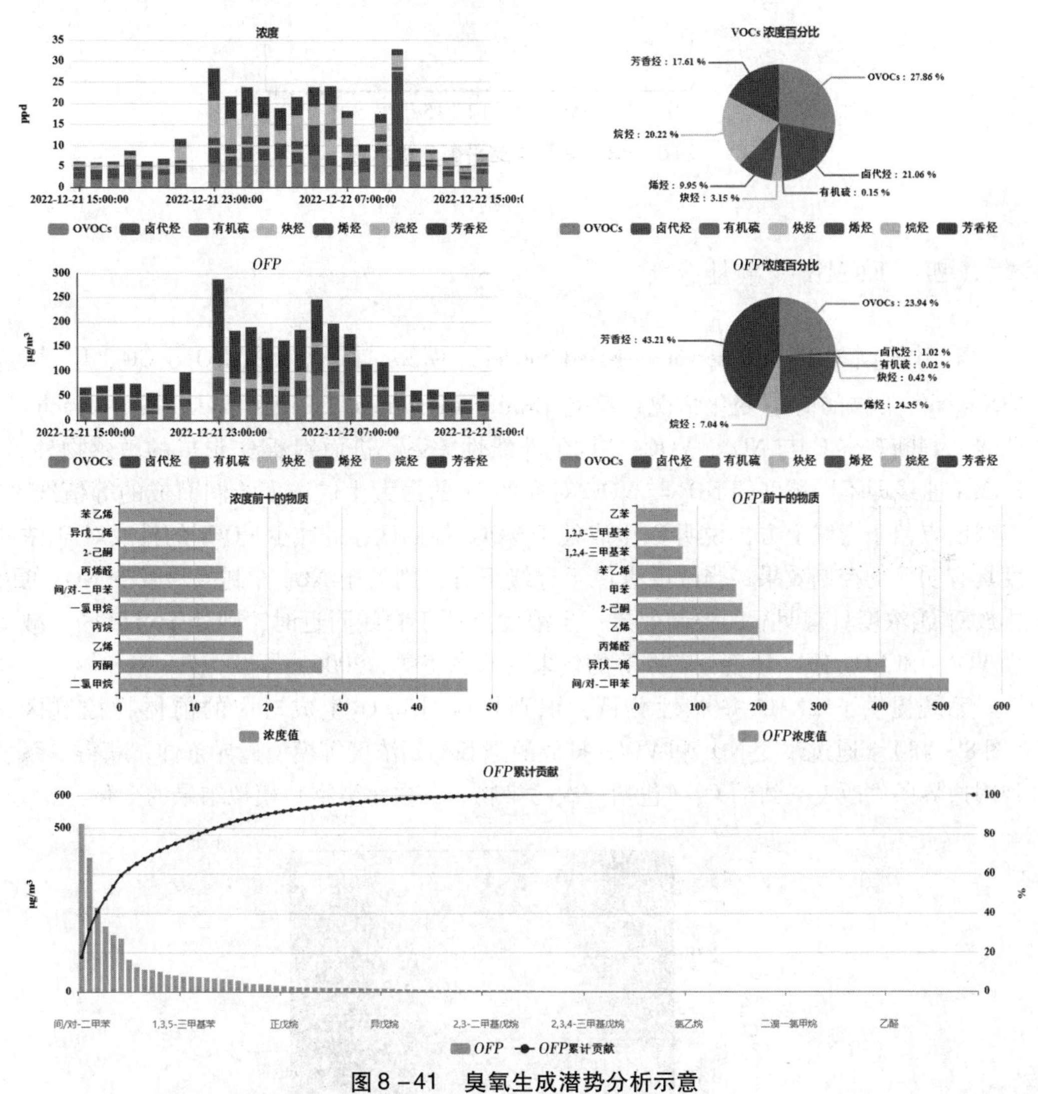

图 8-41　臭氧生成潜势分析示意

（三）臭氧收支平衡分析

系统提供了 O_3 收支平衡分析功能，可识别本地生成的 O_3 与外地传输 O_3 的比例（图 8-42），判定 O_3 污染主要来源于本地生成还是外地区域传输。

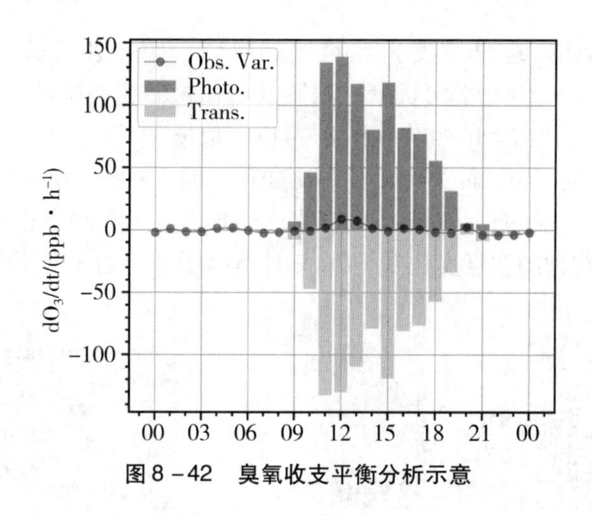

图 8-42　臭氧收支平衡分析示意

（四）EKMA 敏感性分析

采用美国 OBM（observation-based model）模型，综合考虑 NO_x、CO、甲醛、VOCs 等污染物的时空变化情况，绘制 EKMA（empirical kinetics modeling approach）曲线，判断观察 O_3与 NO_x、VOCs 之间的非线性关系，进而判断 O_3形成的敏感物种。EKMA 曲线即不同浓度的 NO_x 与 VOC 对应的 O_3的最大生成浓度绘制而成的等值线。当浓度点位于脊线上方，说明 O_3生成处于 VOCs 控制区，即减少 VOCs 的排放对 O_3浓度具有明显的控制效果；当浓度点位于脊线下方，则处于 NO_x 控制区，减少 NO_x 的排放对 O_3浓度具有明显的控制效果；当浓度点位于脊线附近时，则处于过渡区，减少 VOCs 和 NO_x 对 O_3浓度具有同等的效果（唐孝炎等，2006）。

系统提供了 EKMA 敏感性分析，识别相应时间 O_3生成对应的前体物控制区（图 8-43）。通过改变 NO_x 和 VOCs 排放源强和初始浓度等模型边界条件，获得一系列因边界条件改变导致的 O_3（包括一次污染物、二次污染物）模拟结果的变化。

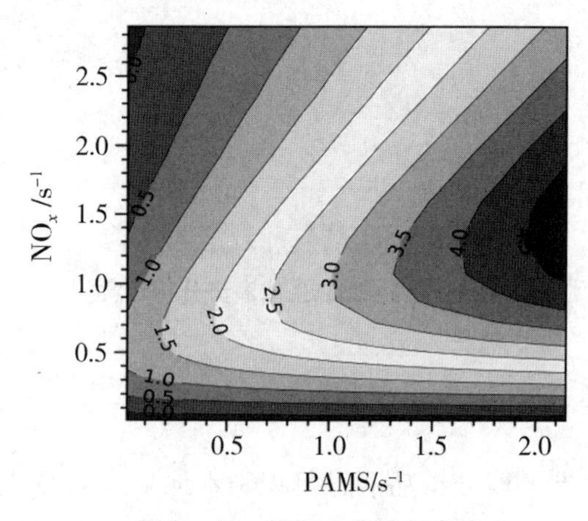

图 8-43　EKMA 曲线示意

（五）RIR 增量反应活性分析

相对增量反应活性（relative incremental reactivity，RIR）是划分 O_3生成敏感性的重要参数，表明 O_3生成速率的改变率与前体物浓度改变率的比值关系，其计算方式见式（8－12）。其中，$RIR(x)$ 为物种 x 的相对增量反应活性；$P_{O_3}(x)$ 为07：00—19：00之间 O_3生成速率的积分值；$\Delta C(x)$ 为物种 x 的浓度变化量；$P_{O_3}(x-\Delta x)$ 为物种 x 浓度变化 $\Delta C(x)$ 后对应的 P_{O_3}。系统基于 O_3前体物的实际观测数据和设定的情景模拟数据计算各前体物的 *RIR*，并展示时间段内的 *RIR* 变化趋势（图 8－44），*RIR* 值越大表明 O_3生成对该前体物的敏感性越强。

$$RIR(x)=\frac{[P_{O_3}(x)-P_{O_3}(x-\Delta x)]/P_{O_3}(x)}{\Delta C(x)/C(x)} \tag{8-12}$$

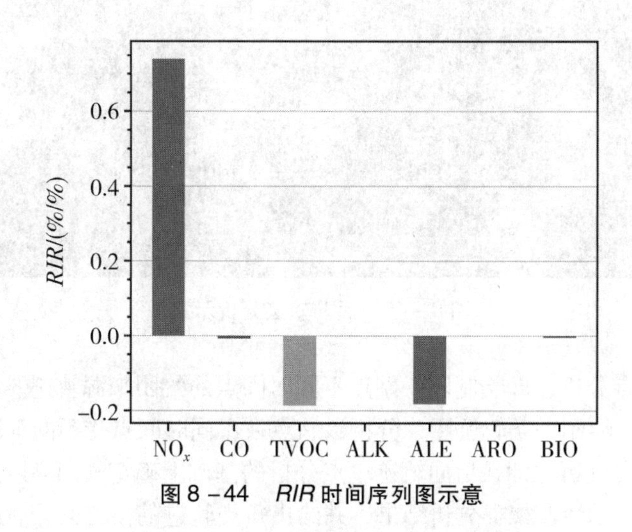

图 8－44　*RIR* 时间序列图示意

六、污染传输分析

大气污染同时受本地污染物排放和跨区域输送的影响（刘咸德等，2010）。因此，对于大气污染的治理不仅需要确定污染物排放源，也需要了解大气污染扩散路径与辐射范围（汪蕊等，2021）。

（一）后向轨迹分析

利用颗粒物精细化快速溯源分析模型（hybrid single particle lagrangian integrated trajectory model，HYSPLIT）计算和分析大气污染物输送、扩散的后向轨迹（图 8－45），包括后向轨迹单点分析和后向轨迹聚类分析。HYSPLIT 模型计算方法是拉格朗日方法的一种混合方法，它使用了移动的参考系来进行对流和扩散计算，因为轨迹或空气气团从其初始位置开始移动，而欧拉方法则使用固定的三维网格作为计算污染物空气浓度的参考框架。HYSPLIT 通过假定粉扑或颗粒的分散度来计算污染物的分散度。在粉扑模型中，粉扑会膨胀直至超过气象网格的大小（水平或垂直），然后分成几个新的粉扑，每个粉扑都有其一定的污染物质量份额。在粒子模型中，固定数量的粒子通过平均风场绕模型域平流，并通过湍流分量扩散。模型的默认配置假设为三维粒子分布（水平和垂直）。

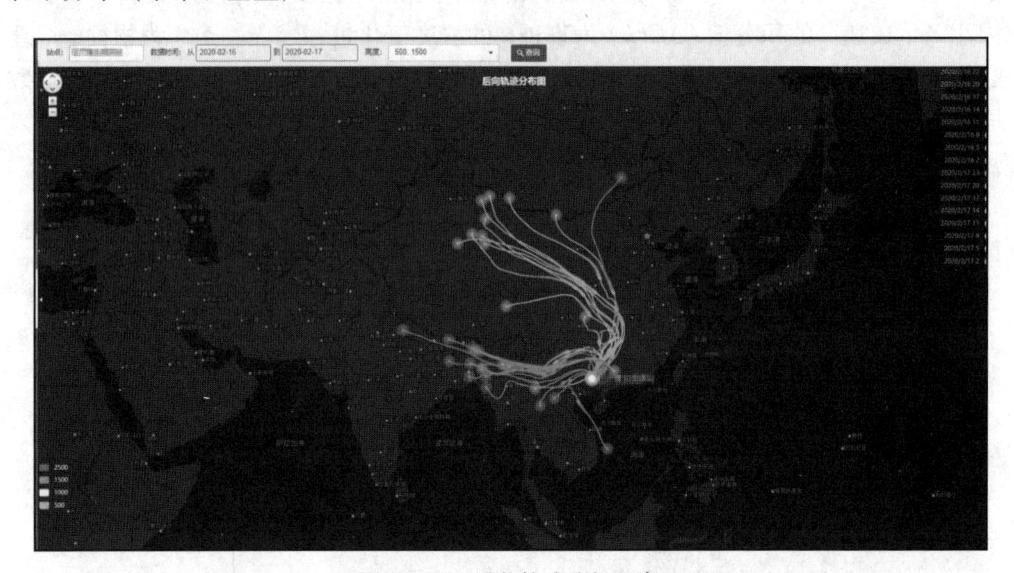

图 8－45　后向轨迹分析示意

后向轨迹单点分析，即绘制同一站点不同时间点的气团来源轨迹。后向轨迹单点分析可每间隔 3 小时绘制一条轨迹图，分析该站点在不同时间点受不同气团的影响特征。

后向轨迹聚类分析，即在后向轨迹单点分析的基础上确定气团高度及聚类数，绘制该站点在该高度处的轨迹聚类分析结果，并给出每类轨迹的占比值。后向轨迹聚类分析主要用于判断该地区气团的主要传输通道，再通过分析污染物在各聚类轨迹上的分布情况判断污染物的主要来源。

（二）污染物潜在源分析

由于跨区域传输对城市的颗粒物污染有显著贡献，潜在源贡献函数（potential source contribution function，PSCF）分析法和浓度权重轨迹（concentration weighted trajectory，CWT）分析法被广泛用于识别潜在源区，研究污染物的跨区域输入。PSCF 分析法通过计算条件概率确定每个网格对受体位置的潜在源贡献，可以反映每个网格中污染轨迹所占该网格总轨迹数的比值。在 PSCF 分析的基础上，使用 CWT 分析法计算潜在源区内的污染物浓度权重，分析潜在源区的污染程度，给出不同源区贡献的相对大小。

因此，在站点大气污染物输送、扩散的后向轨迹的基础上，平台提供了 PSCF 和 CWT 模型利用轨迹印痕特征、源数据信息，定性分析周边区域对目标地点的污染贡献。根据潜在源贡献结果（图 8 - 46），分析研究区域污染物传输情况以及周边对该地的污染贡献影响特征，研判污染物传播的影响因素及来源。

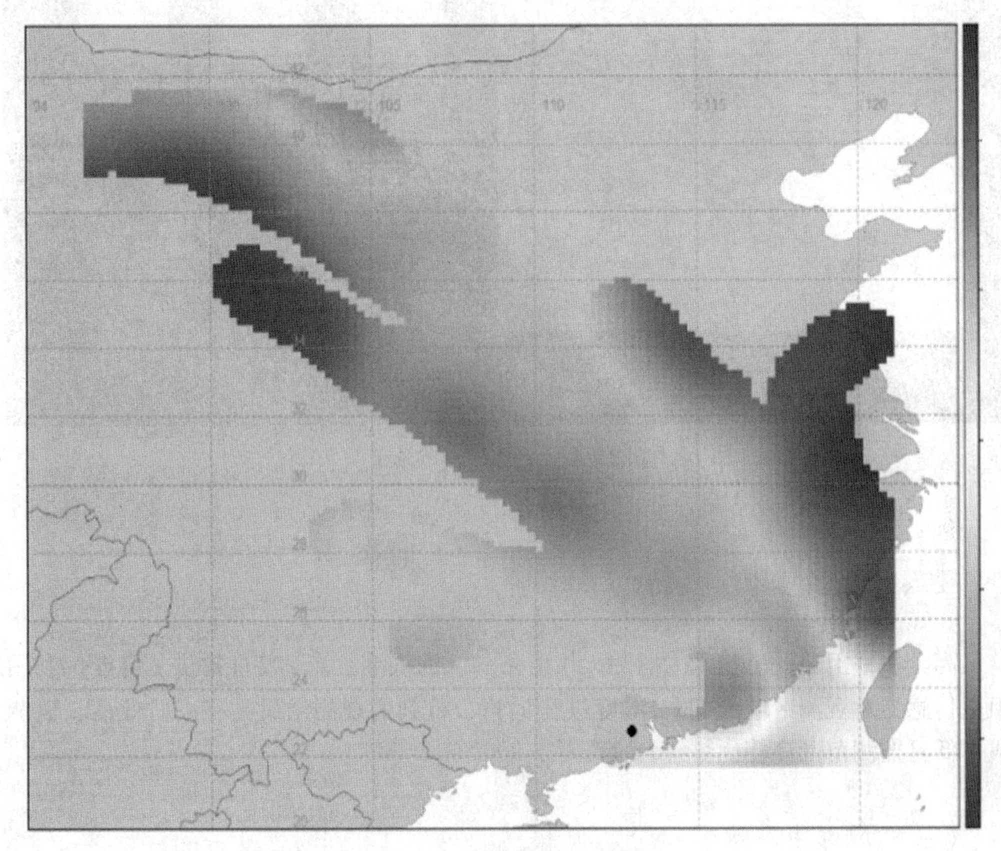

图 8 - 46 PSCF 潜在源分析示意

（三）污染源扩散影响预测

大气环境保护工作建立在大气环境质量保护规划的基础上，用大气污染物扩散迁移模型定性定量地分析大气中各种污染物的浓度变化，可以为环境功能区的划分提供科学依据。因此，平台提供了污染物扩散影响预测的功能，通过选择时间、污染源类型、行业分类、浓度类型、污染源和污染物等，可得到污染物扩散影响预测 GIS 分布图和污染源对周边站点的浓度贡献排名统计表（图 8 - 47）。

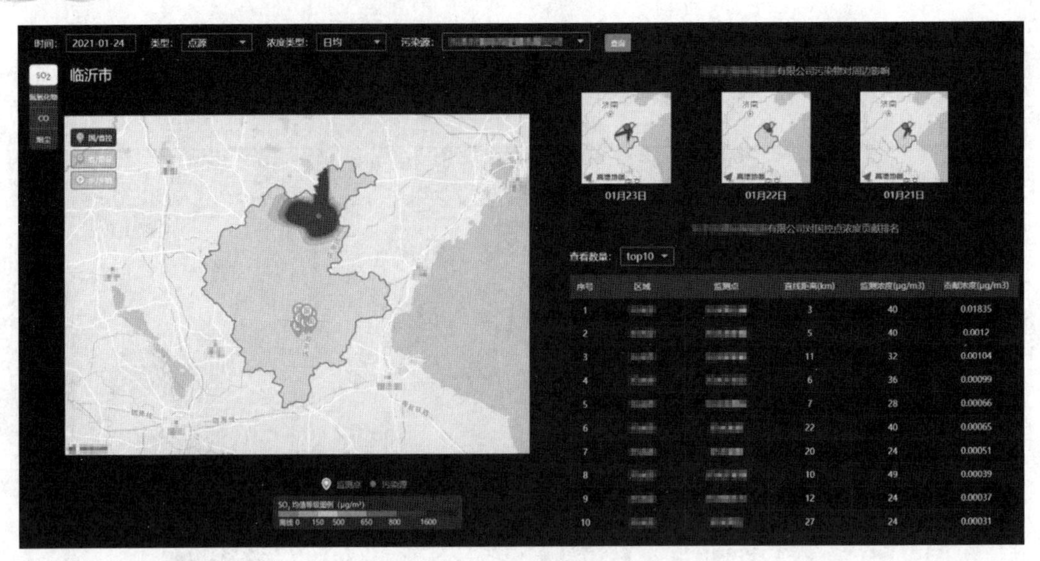

图 8－47　污染源影响分布

七、遥感分析

高分辨率卫星遥感技术为监测大尺度条件下的气溶胶光学特性提供了可能，利用卫星传感器对观测区域的 $PM_{2.5}$ 浓度进行估算，得到的观测结果具有高时效性、监测成本低且监测范围广等优势（章文星等，2002）。

（一）风廓线雷达

风是影响污染物扩散和传输的重要气象要素，对下边界层内精细化风场结构和演变特征以及垂直动力条件等进行分析，便于解析颗粒物污染过程的形成机制。其中，边界层风廓线雷达具有高时间、空间（垂直方向）分辨率特征，可用于研究污染过程中的风场三维特征。平台绘制了风廓线雷达伪彩图时间序列图，展示海拔 50 ～ 3450 m 的水平风速、水平风向和垂直气流速度（图 8－48）。通过站点的风廓线雷达监测结果可判断三维风场信息及外部传输信息，分析高空气象变化特征，同时验证气象预报结果，分析和预测大气扩散能力和污染传输路径。

（二）气溶胶激光雷达

由于激光雷达具有探测距离远、相干性好、时空分辨率高等独特技术优势，常用于辅助常规地面监测技术探测气溶胶垂直分布及其快速变化（赵一鸣等，2014）。平台提供了收集气溶胶激光雷达数据的接口，可利用激光雷达数据绘制气溶胶激光雷达反演结果时间序列图，包括消光系数和退偏振比等参数。气溶胶激光雷达如图 8－49

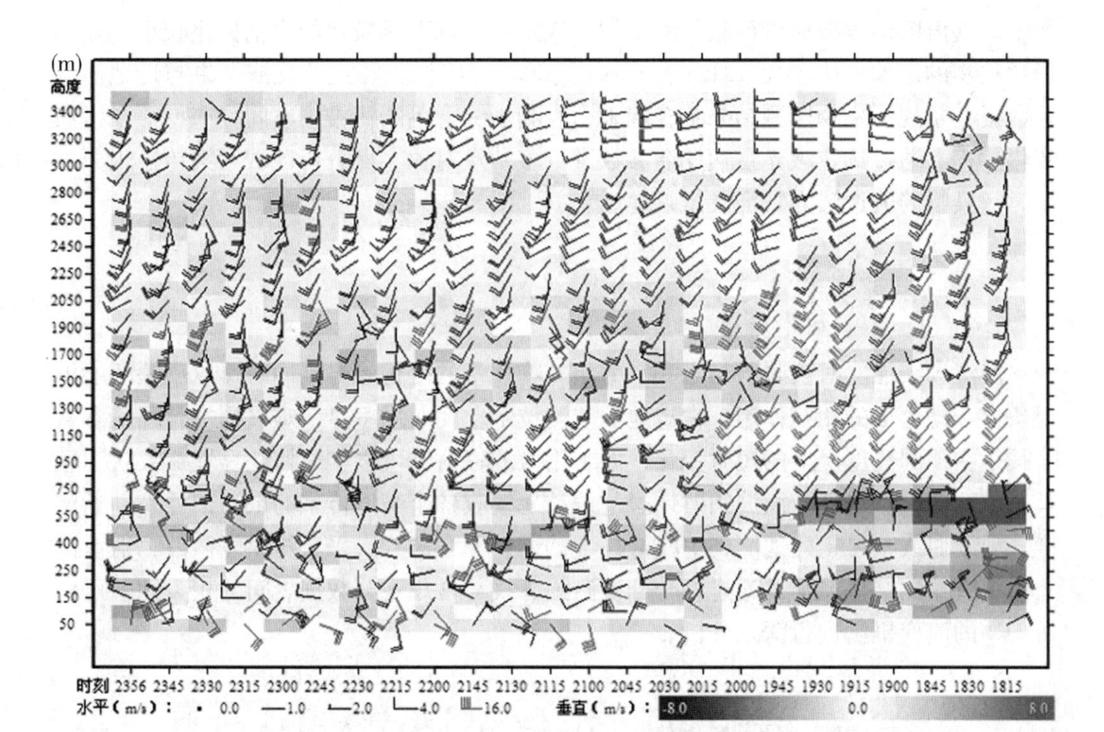

图 8－48 风廓线雷达示意

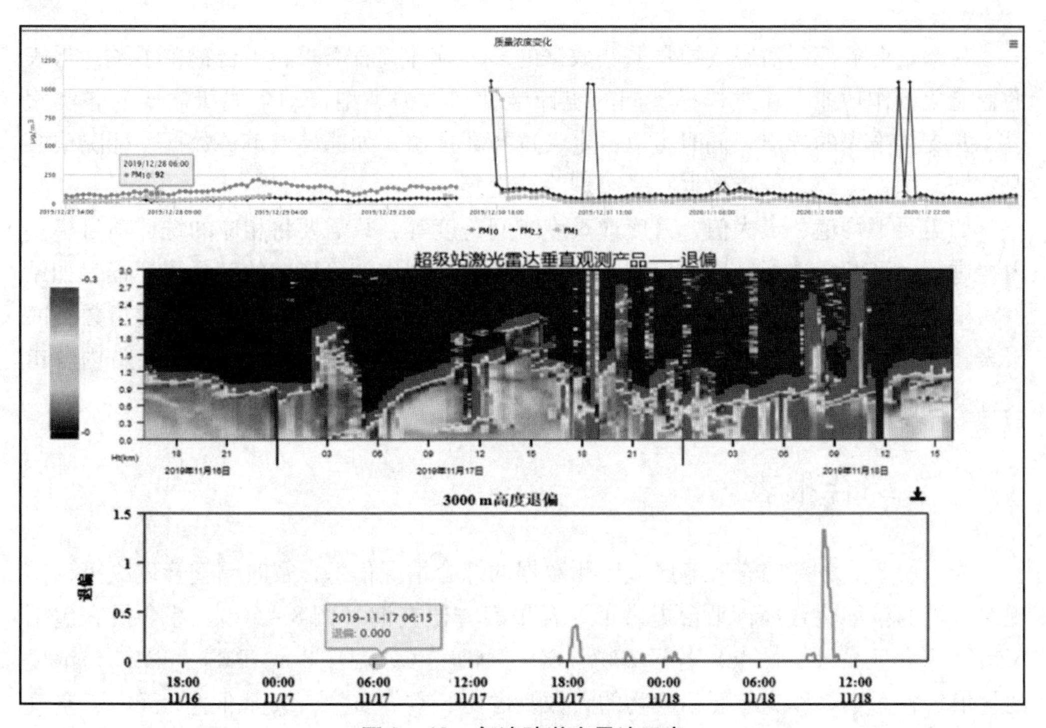

图 8－49 气溶胶激光雷达示意

所示。气溶胶退偏振比可反映其形状的不规则性，球形颗粒物的退偏振比较小，非球形颗粒物的退偏振比较大（Huang et al.，2008）。将激光雷达的反演结果与近地面气象数据、常规污染物监测结果结合起来，有利于综合判断污染物空间分布特征和污染变化过程。通过选定激光雷达反演参数进行多站点对比，可分析区域污染传输现象发生时污染物的输送演变特征及影响地区。

（三）温湿廓线雷达

温湿廓线能实时反映与热力和动力相关物理量的变化趋势，同时可以反映环境温湿条件与动力场的相互作用。常规地面监测技术空间布局不足，难以捕捉到环境参数尤其是在不同高度层上的短时变化，而利用微波辐射计可以实时捕获环境参数状态且具有较高的时空密度。微波辐射计通过被动地接收各个高度传来的微波信号来判断温度、湿度曲线，可构建地面到10 km高度的遥感温湿廓线。平台提供了微波辐射计的立体垂直监测结果展示，通过综合分析温湿廓线与常规观测数据之间的相关性，可对污染物的演变机制进行深入分析。

第五节　快速分析报表

为满足业务部门对空气质量监测数据的多种统计查看需求，平台提供了统计报表的智能化制作功能，通过选择不同的统计维度和数据类型自动生成所需要的各类报表，并支持报表的导出。同时可以自定义选择数据源，如原始或审核数据、标况或实况数据、国控点或省控点数据，是否剔除沙尘等。

如需要平均值、最大值、月度或季度时间跨度等，只需要将相应的统计项目模块内容进行横列配置选择，即可完成统计报表的智能制作。可形成的部分统计报表如站点污染物浓度日/周/月/季/年报、站点主要污染物统计报表、站点空气质量指数实时报表、站点污染物同期对比统计报表等。智能报表功能可灵活、快捷地满足省内各市及各类不同统计报表制作的需求，实现从多角度查看空气质量污染状况信息。

一、综合报表

为了便于业务部门查看各区域监测数据的综合情况信息，及时调整管理决策，实现对区域的精细化管理，平台提供了综合报表方便查询（图8－50）。综合报表包括城市（市、区、县、站点）各污染物（SO_2、NO_2、CO、O_3_8 h、PM_{10}、$PM_{2.5}$）浓度的均值、各污染物作为首要污染物的天数及占比、空气质量一级标准达标天数、空气质量二级标准达标天数、优良天数、优良率、超标天数、重污染天数、重污染比例和综合指数。

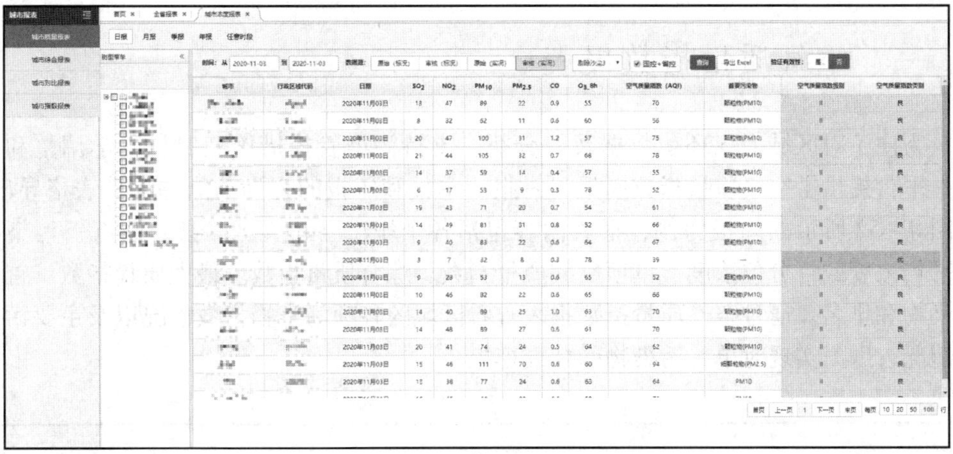

城市	行政区域代码	日期	SO_2	NO_2	PM_{10}	$PM_{2.5}$	CO	O_3_8h	空气质量指数（AQI）	首要污染物	空气质量指数级别	空气质量指数类别
[illegible]	[illegible]	2020年11月03日	13	47	89	22	0.9	55	70	颗粒物(PM10)	II	良
[illegible]	[illegible]	2020年11月03日	8	32	62	11	0.6	60	56	颗粒物(PM10)	II	良
[illegible]	[illegible]	2020年11月03日	20	47	100	31	1.2	57	75	颗粒物(PM10)	II	良
[illegible]	[illegible]	2020年11月03日	21	44	105	32	0.7	68	78	颗粒物(PM10)	II	良
[illegible]	[illegible]	2020年11月03日	14	37	59	14	0.4	57	55	颗粒物(PM10)	II	良
[illegible]	[illegible]	2020年11月03日	6	17	53	9	0.3	78	52	颗粒物(PM10)	II	良
[illegible]	[illegible]	2020年11月03日	19	43	71	20	0.7	54	61	颗粒物(PM10)	II	良
[illegible]	[illegible]	2020年11月03日	14	49	81	31	0.8	52	66	颗粒物(PM10)	II	良
[illegible]	[illegible]	2020年11月03日	9	40	83	22	0.6	64	67	颗粒物(PM10)	II	良
[illegible]	[illegible]	2020年11月03日	3	7	32	8	0.3	78	39	—	I	优
[illegible]	[illegible]	2020年11月03日	9	28	53	13	0.6	65	52	颗粒物(PM10)	II	良
[illegible]	[illegible]	2020年11月03日	10	46	82	22	0.6	65	66	颗粒物(PM10)	II	良
[illegible]	[illegible]	2020年11月03日	14	40	89	25	1.0	63	70	颗粒物(PM10)	II	良
[illegible]	[illegible]	2020年11月03日	14	48	89	27	0.6	61	70	颗粒物(PM10)	II	良
[illegible]	[illegible]	2020年11月03日	20	41	74	24	0.5	64	62	颗粒物(PM10)	II	良
[illegible]	[illegible]	2020年11月03日	15	46	111	70	0.6	60	94	细颗粒物(PM2.5)	II	良
[illegible]	[illegible]	2020年11月03日	13	38	77	24	0.6	63	64	PM10	II	良

图 8－50　城市综合报表

二、对比排名报表

为了方便业务部门了解污染与历年同期水平的对比情况，平台提供了各城市（市、区、县、站点）污染物浓度和空气质量的对比排名报表。对比排名报表将不同污染物的均值与前一年该时间段的均值进行对比，并给出城市每项污染物的排名（图 8－51）。对比的内容总共包含：SO_2均值、NO_2均值、PM_{10}均值、$PM_{2.5}$均值、O_3_8 h 的第 90 百分位、CO 的第 95 百分位、综合指数、优良天数、优良比例、重污染天数。报表支持 Excel 表格导出。通过掌握各监测站监测数据的比对情况和每项污染物的同比变化，可及时调整相应的管理决策。对低排名的区域进行精细化管理，从而达到空气质量持续改善的效果。

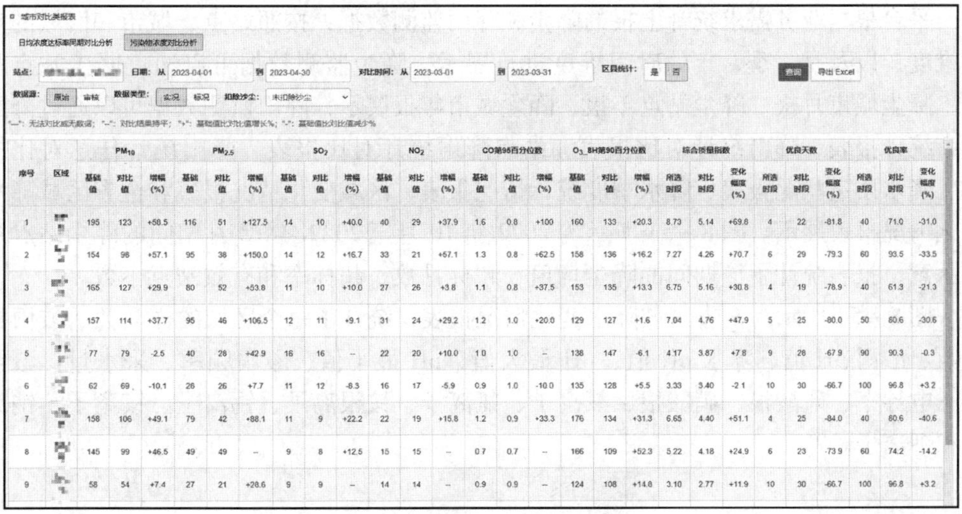

"—"：无法对比或无数据；"--"：对比结果持平；"+"：基础值比对比值增长%；"-"：基础值比对比值减少%

序号	区域	PM_{10}			$PM_{2.5}$			SO_2			NO_2			CO第95百分位数			O_3_8H第90百分位数			综合质量指数			优良天数			优良率		
		基础值	对比值	增幅(%)	基础值	对比值	增幅(%)	基础值	对比值	增幅(%)	基础值	对比值	增幅(%)	基础值	对比值	增幅(%)	基础值	对比值	增幅(%)	所选时段	对比时段	变化幅度(%)	所选时段	对比时段	变化幅度(%)	所选时段	对比时段	变化幅度(%)
1	[illegible]	195	123	+58.5	116	51	+127.5	14	10	+40.0	40	29	+37.9	1.6	0.8	+100	160	133	+20.3	8.73	5.14	+69.8	4	22	-81.8	40	71.0	-31.0
2	[illegible]	154	98	+57.1	95	38	+150.0	14	12	+16.7	33	21	+57.1	1.3	0.8	+62.5	158	136	+16.2	7.27	4.26	+70.7	6	29	-79.3	60	93.5	-33.5
3	[illegible]	165	127	+29.9	80	52	+53.8	11	10	+10.0	27	26	+3.8	1.1	0.8	+37.5	153	135	+13.3	6.75	5.16	+30.8	4	19	-78.9	40	61.3	-21.3
4	[illegible]	157	114	+37.7	95	46	+106.5	12	11	+9.1	31	24	+29.2	1.2	1.0	+20.0	129	127	+1.6	7.04	4.76	+47.9	5	25	-80.0	50	80.6	-30.6
5	[illegible]	77	79	-2.5	40	28	+42.9	16	16	--	22	20	+10.0	1.0	1.0	--	138	147	-6.1	4.17	3.87	+7.8	9	28	-67.9	90	90.3	-0.3
6	[illegible]	62	69	-10.1	26	26	+7.7	11	12	-8.3	16	17	-5.9	0.9	1.0	-10.0	135	128	+5.5	3.33	3.40	-2.1	10	30	-66.7	100	96.8	+3.2
7	[illegible]	158	106	+49.1	79	42	+88.1	11	9	+22.2	22	19	+15.8	1.2	0.9	+33.3	176	134	+31.3	6.65	4.40	+51.1	4	25	-84.0	40	80.6	-40.6
8	[illegible]	145	99	+46.5	49	49	--	9	8	+12.5	15	15	--	0.7	0.7	--	166	109	+52.3	5.22	4.18	+24.9	6	23	-73.9	60	74.2	-14.2
9	[illegible]	58	54	+7.4	27	21	+28.6	9	9	--	14	14	--	0.9	0.9	--	124	108	+14.8	3.10	2.77	+11.9	10	30	-66.7	100	96.8	+3.2

图 8－51　城市对比排名报表

三、空气质量指数报表

为便于对区域大气环境数据及时分析，支持污染管控措施及时、科学调整和落实，平台提供了空气质量指数周报、月报、季报和年报的查询功能并支持表格导出。以图 8－52 所示的周报为例，报表内容包括各个城市（市、区、县、站点）污染物的平均浓度或百分位浓度、单项空气质量指数、综合质量指数、最大质量指数、首要污染物和排名。通过空气质量指数报表查看区域的各项污染物指数情况以及主要污染物情况，助力实现对单一污染物的精准把控。

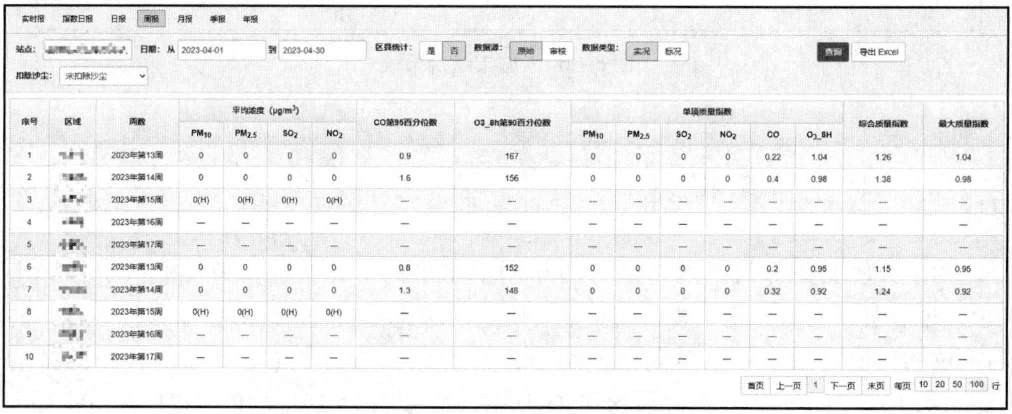

实时报　指数日报　日报　周报　月报　季报　年报

站点：　日期：从 2023-04-01　到 2023-04-30　区县统计：是 否　数据源：原始 审核　数据类型：实况 标况　查询　导出 Excel

扣除沙尘：未扣除沙尘

序号	区域	周数	平均浓度（μg/m³）				CO第95百分位数	O3_8h第90百分位数	单项质量指数						综合质量指数	最大质量指数
			PM_{10}	$PM_{2.5}$	SO_2	NO_2			PM_{10}	$PM_{2.5}$	SO_2	NO_2	CO	O_3_8H		
1		2023年第13周	0	0	0	0	0.9	167	0	0	0	0	0.22	1.04	1.26	1.04
2		2023年第14周	0	0	0	0	1.6	156	0	0	0	0	0.4	0.98	1.38	0.98
3		2023年第15周	0(H)	0(H)	0(H)	0(H)	—	—	—	—	—	—	—	—	—	—
4		2023年第16周	—	—	—	—	—	—	—	—	—	—	—	—	—	—
5		2023年第17周	—	—	—	—	—	—	—	—	—	—	—	—	—	—
6		2023年第13周	0	0	0	0	0.8	152	0	0	0	0	0.2	0.95	1.15	0.95
7		2023年第14周	0	0	0	0	1.3	148	0	0	0	0	0.32	0.92	1.24	0.92
8		2023年第15周	0(H)	0(H)	0(H)	0(H)	—	—	—	—	—	—	—	—	—	—
9		2023年第16周	—	—	—	—	—	—	—	—	—	—	—	—	—	—
10		2023年第17周	—	—	—	—	—	—	—	—	—	—	—	—	—	—

首页　上一页　1　下一页　末页　每页　10　20　50　100　行

图 8－52　城市空气质量指数报表

四、降尘和降雨报表

平台根据业务需求统计上报的降尘和降雨监测数据，按照站点、城市和区域的空间维度，以及月、季、年的时间维度进行展示。降尘监测数据可以通过降尘站点月报、降尘城市月报、降尘站点年报、降尘城市年报展示；降雨监测数据可以通过降雨城市统计报表、降雨统计对比报表、站点降雨统计对比报表、降雨统计任意对比报表、降水质量状况报表、降水季度统计情况报表、区域变化情况报表和全省区域降水变化情况报表展示。图 8－53 所示为 2022 年 10 月至 2022 年 12 月期间的降尘站点月报示意，报表统计了该期间的降尘均值、超标月数、超标率和有效站点个数。

图 8－54 所示为全省区域降水变化情况报表，统计了每个区域的样品数、酸雨样品数、酸雨 pH 值、降水 pH 值、pH 最大值、pH 最小值、酸雨频率、采水量、酸雨量、电导率、硫酸根、硝酸根、氟离子、氯离子、铵根离子、钙离子、镁离子、钠离子和钾离子。

降尘站点月报

站点：[illegible]　日期：从 2022-10 到 2022-12　查询　导出 Excel

城市名称	站点名称	2022年10月	2022年11月	2022年12月	均值	超标月数	超标率	站点有效个数
佛山	[illegible]	3.500	3.800	2.700	3.333	0	0	3
佛山	[illegible]	3.800	3.700	1.900	3.133	0	0	3
佛山	[illegible]	2.600	3.700	2.700	3.000	0	0	3
佛山	[illegible]	2.800	3.400	4.800	3.667	0	0	3
佛山	[illegible]	3.300	4.400	2.600	3.433	0	0	3
佛山	[illegible]	3.400	3.100	2.000	2.833	0	0	3
佛山	[illegible]	2.600	2.500	0.800	1.967	0	0	3
潮州	[illegible]	1.430	0.580	1.450	1.153	0	0	3
潮州	[illegible]	1.510	0.870	1.350	1.243	0	0	3
潮州	[illegible]	2.200	1.300	1.780	1.760	0	0	3
东莞	[illegible]	1.900	1.500	2.500	1.967	0	0	3
东莞	[illegible]	2.600	1.000	2.800	2.133	0	0	3
东莞	[illegible]	2.400	1.600	2.600	2.200	0	0	3
广州	[illegible]	5.000	—	—	5.000	0	0	1

共119条　首页　上一页　1　2　下一页　末页　每页　10　20　50　100　行

图 8－53　降尘站点月报示意

全省区域变化情况报表

统计年份：2023　查询　导出 Excel　打印 PDF　导出 Word

区域名称	样品数	酸雨样品数	酸雨pH值	降水pH值	pH最大值	pH最小值	酸雨频率	采水量	酸雨量	电导率	硫酸根	硝酸根	氟离子	氯离子	铵根离子	钙离子	镁离子	钠离子	钾离子
[illegible]	61	5	5.26	5.97	7.80	5.01	8.20	600.17	56.00	1.60	1.53	2.01	0.06	2.08	0.90	1.03	0.22	1.05	0.16
[illegible]	9	0	0	6.18	7.80	5.82	0	91.20	0	1.80	2.13	1.03	0.08	1.24	0.83	0.35	0.09	0.21	0.14
[illegible]	14	0	0	6.74	7.70	6.10	0	77.40	0	2.30	4.36	4.80	0.34	3.02	1.75	0.72	0.18	1.01	0.31
[illegible]	16	11	5.24	5.29	6.40	5.10	68.75	295.00	254.60	1.35	1.43	2.12	0.05	1.35	0.76	0.68	0.24	0.92	0.18
[illegible]	100	16	5.25	5.68	7.80	5.01	16	1063.77	310.60	1.60	1.76	2.16	0.08	1.87	0.90	0.85	0.21	0.94	0.17

图 8－54　全省区域降水变化情况报表示意

五、智能简报

平台根据业务部门对仪器和数据的考核要求，以及对数据分析报告的内容及格式要求定制化形成智能简报。智能简报内容应根据监测数据的采集情况、统计特征的分析提取结果、污染过程的成因和特征及来源分析结果定制模板。监测数据的采集情况包含监测数据的有效率、缺失率，统计特征应包含监测数据的最大值、最小值、均值，污染过程的成因及来源包括 $PM_{2.5}$ 和臭氧等监测数据进行源解析获取的污染来源信息等。

智能简报可按不同数据分析时间纬度进行分析，例如日、周、月、年等，根据不同的报表要求和报告格式以不同的形式展示相关的内容，如复合污染报告、颗粒物污染报告、VOCs 分析报告、臭氧分析报告和气象聚类污染分析报告。呈现形式可包括数据分析图表、文字描述等。以复合污染月报为例，内容可包含空气质量总体状况分析、气象条件分析、颗粒物和 VOCs 污染特征分析及来源分析，并给出分析结论（图 8 -55）。

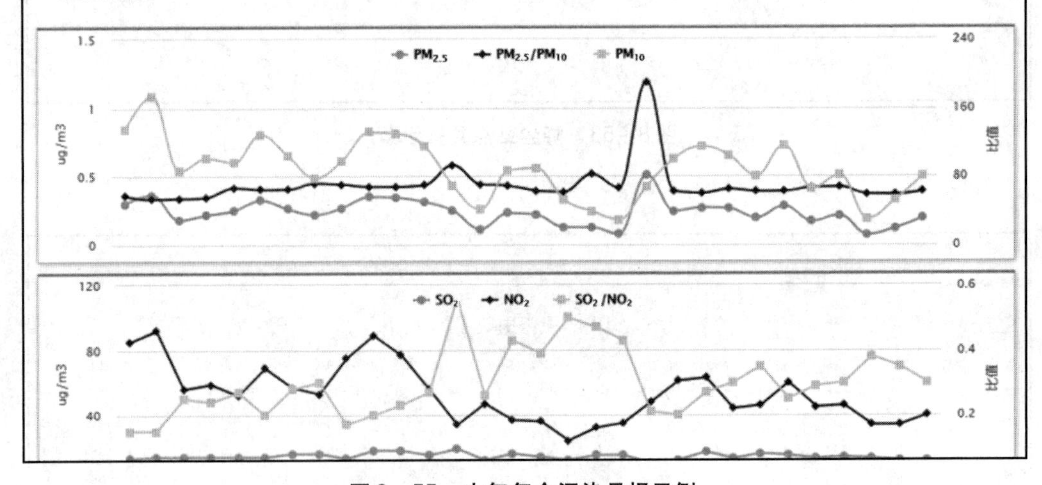

大气复合污染月报

×××环境监测中心站　　签发：**

VOC站点：　时间：2019-11　查询

2019年11月，××出现一次大范围的污染过程，多个城市出现轻度污染。从6日开始至11日出现第一次轻度污染水平，PM_{10}和$PM_{2.5}$日平均值分别于2日和11日达到本次过程中的峰值，分别为129，76 μg/m³（3-8 h日平均浓度于6日达到本次污染过程中的峰值，为165 μg/m³）。

一、总体情况

图 8 -55　大气复合污染月报示例

第九章　智能化运维管理

在当今智能化发展的新形势下，急需结合物联网、大数据等技术对环境质量监测中的运维管理进行优化改善，提高监测站点、设备的整体运维服务水平及环保业务的信息化和智能化程度，提升其对管理决策的支持和公众服务能力。

第一节　运维角色管理

角色管理的目的是实现对用户账号、系统角色、用户状态等用户信息的综合管理，并提供编辑、重置密码功能。图 9－1 所示为不同用户角色对应的功能，运维用户可使用智能化运维管理系统的运维状况、子站管理、运维管理、设备管理、安防管理和运维管理 App 等功能，监测站用户可使用管理系统的所有功能。

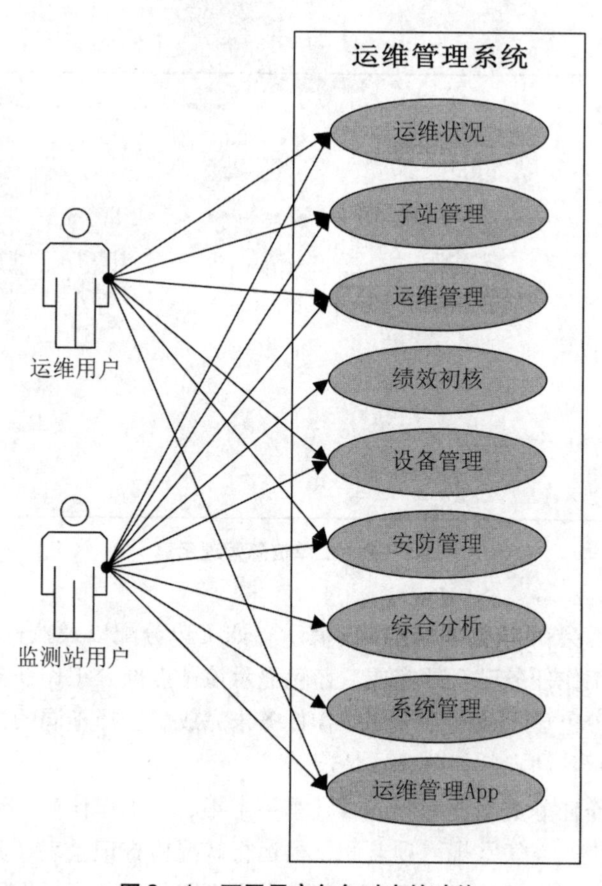

图 9－1　不同用户角色对应的功能

智能化运维管理系统提供了多层级多角色的系统权限管理划分服务，可对用户信息和用户类型进行设置和修改，根据不同的用户类型、角色类型，可展示不同的信息内容并提供不同的功能使用，避免权限分配、控制问题导致系统资料、信息被异常操作或泄露。通过配置权限，可实现如下具体权限管理：

（1）管理人员可查看与审核所有站点的数据。

（2）各级站点用户仅可查看其所属站点的数据。

（3）运维人员仅可对数据进行查看操作，但不能对数据进行修改、添加、删除操作。

第二节　工单信息管理

工单信息管理功能记录了所有历史运维工单信息，并提供了运维工单的创建和审核功能（图9－2）。运维管理系统可以查询该工单名下所有任务表格的填写情况及现场证据资料，支持按时间、站点、工单类型查询工单执行情况，且能够显示各站点的任务完成情况等。新建运维工单须填写工单类型、监测站点名称、运维单位、运维时间等信息。

站点：　工单号：　隐藏已完成工单：是　年份：2023　> 更多　查询　导出EXCEL

序号	运维单位	省	城市	站点	任务周期	工单号	工单创建类型	创建人	创建时间	工单类型	颗粒物	紧急程度	工单标题	工单状态	当前节点	任务状态	当前处理人	下发方式	是否更换备机	操作
1	[illegible]	[illegible]	[illegible]	[illegible]	周	CH2308[illegible]	计划外	[illegible]	2023-08-18 11:45:50	检查	否	一般	查看仪器状态	处理中	巡检单审核	待分配		App推送		详细
2	[illegible]	[illegible]	[illegible]	[illegible]	半年	CH2308[illegible]	计划外	[illegible]	2023-08-18 11:45:49	检查	否	一般	检查仪器	处理中	巡检单填写	执行中	[illegible]	App推送		详细
3	[illegible]	[illegible]	[illegible]	[illegible]	年	BDCH230[illegible]	计划外		2023-08-18 11:45:31	验收比对巡检单	否	一般	测试。。。。。	处理中	巡检	执行中		App推送		详细
4	[illegible]	[illegible]	[illegible]	[illegible]	周	CH2308[illegible]	计划外	[illegible]	2023-08-18 11:43:42	检查	否	一般	检查O3.CO仪器运…	处理中	巡检单填写	执行中	[illegible]	App推送		详细
5	[illegible]	[illegible]	[illegible]	[illegible]	年	CH2308[illegible]	计划	[illegible]	2023-08-18 11:43:35	检查	否	中等	任务检查单	处理中	巡检单填写	执行中	[illegible]	App推送		详细
6	[illegible]	[illegible]	[illegible]	[illegible]	年	BDCH230[illegible]	计划外	[illegible]	2023-08-18 11:42:10	验收比对巡检单	否	一般	........，测试	待处理	巡检	待分配		App推送		详细
7	[illegible]	[illegible]	[illegible]	[illegible]	半年	CH2308[illegible]	计划外	[illegible]	2023-08-18 11:41:41	检查	否	一般	2023年5月16日…	处理中	巡检单填写	执行中	[illegible]	App推送		详细
8	[illegible]	[illegible]	[illegible]	[illegible]	周	CH2308[illegible]	计划外	[illegible]	2023-08-18 11:40:33	检查	否	一般	进站查看数据回补	处理中	巡检单审核	待分配		App推送		详细
9	[illegible]	[illegible]	[illegible]	[illegible]	周	CH2308[illegible]	计划	[illegible]	2023-08-18 11:37:42	检查	否	中等	任务检查单	处理中	巡检单填写	执行中	[illegible]	App推送		详细
10	[illegible]	[illegible]	[illegible]	[illegible]	周	CH2308[illegible]	计划外	[illegible]	2023-08-18 11:37:42	检查	否	一般	拍照站房	处理中	巡检单填写	执行中	[illegible]	App推送		详细

首页　上一页　1　2　3　4　5　6　7　8　9　10　下一页　末页　每页　10　20　50　100　行　总记录数：5387　共1/539页

图9－2　工单信息管理示意

工单进行状态会在工作待办事项中展示，如工单分配以及执行情况（图9－3）。绿色显示该站点工作任务已全部完成，蓝色显示该站点部分工作任务已完成、部分工作任务未完成，橙色显示该站点全部工作任务未完成。选择不同的工作任务，站点工作明细会切换显示各站点的任务完成情况。

运维日常工作任务类型分为周、月、季、半年、年工作任务。周工作任务又细分为站点巡检记录表、空气常规六项监测仪器运行状况检查记录表、其他仪器和设备运行检查记录表以及每周巡检工作汇总表，其余类型工作任务也根据国家标准规范要求结合实际应用情况制定检查记录表。

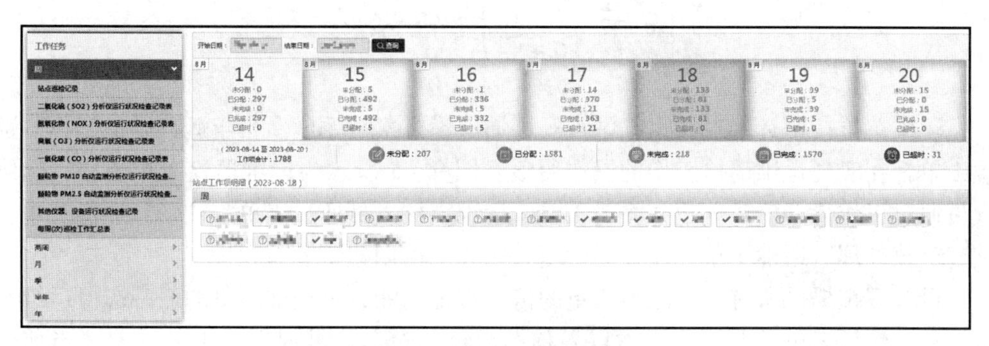

图9－3　工作待办事项

第三节　停电工单申请

停电工单申请主要针对运维单位创建的停电工单进行审核和管理。审核通过的停电工单在运维绩效考核时计入因停电造成的有效天数不足计算。如图9－4所示为停电流程，但出现需要停电运维的情况时，应提前在运维管理系统中提交停电工单申请，再依流程经网络检查单位和监测中心审核同意后进行。

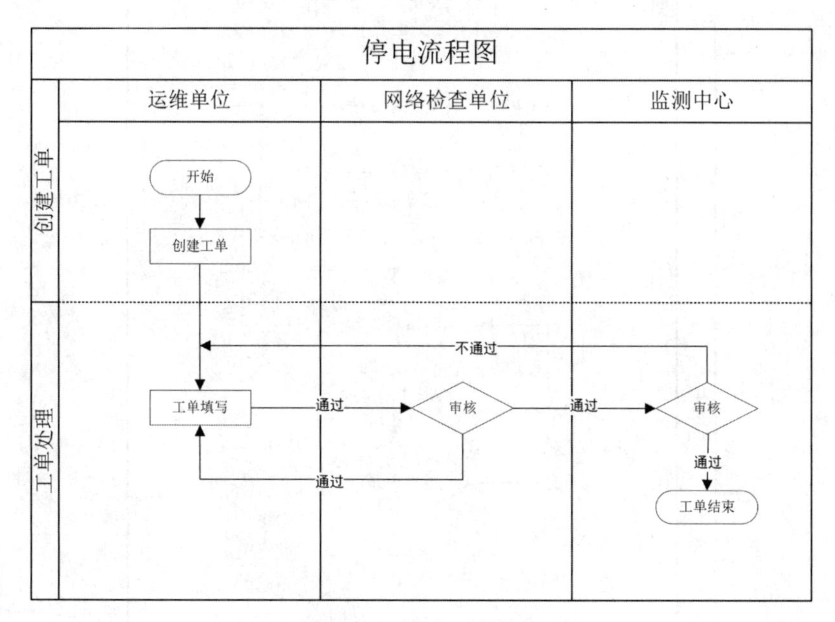

图9－4　停电工单流程

第四节　巡检任务管理

运维单位按照计划对所运维站点开展周次、月次、季度、半年运行维护工作。巡检工单旨在实现运维巡检工作的操作留痕。图 9－5 所示为运维巡检工单流程，运维人员通过工作待办事项创建并派遣工单，运维审核人员通过工单审核管理进行工单复核和审核处理。巡检工单必须在巡检当天完成工单创建、填写和提交。

运维系统提供所有巡检运维工单的信息管理功能，可查询历史的任一巡检运维工单信息，包括工单类型、监测站点名称、运维单位、运维时间、工单状态、当前节点、工单号等；可查询该工单名下所有任务表格的填写情况及现场证据资料等；还可对计划外巡检工单进行新增派遣。

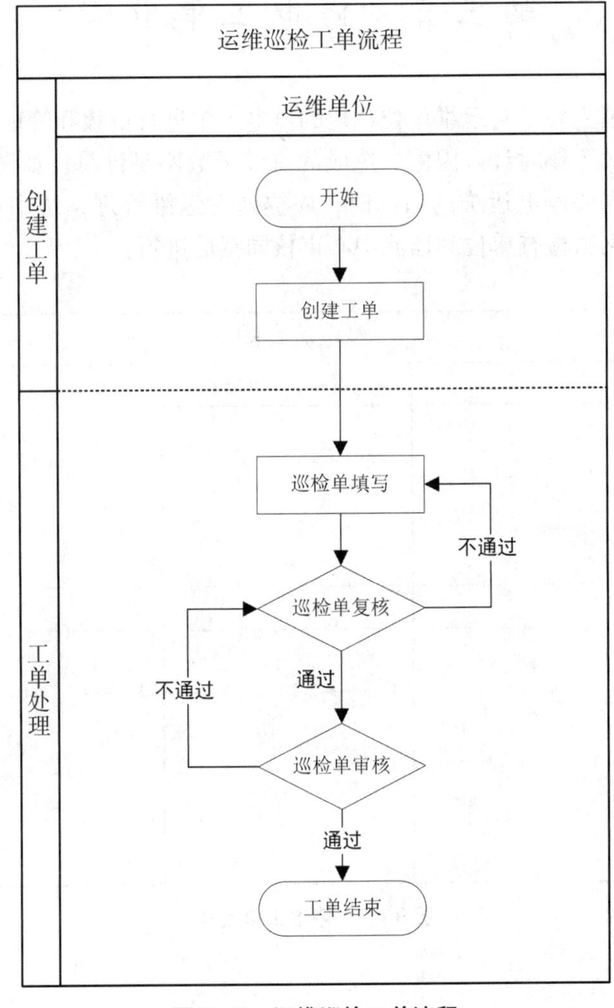

图 9－5　运维巡检工单流程

第五节　故障任务管理

运维单位对站点设备进行上下架、现场维修和检查等操作，通过故障工单在运维系统进行留痕。其重点关注设备的更换情况，控制备机使用。图9－6所示为故障工单处理流程，在故障任务管理处创建工单后，可进行故障处理并填写工单。故障处理有更换备机、换回原机、更新设备、现场维修和其他5种处理方式，不同的处理方式其流程节点和实际作用有所不同。例如，未更换设备的处理方式选择“现场维修”或“其他”，待更换设备为站点备机的处理方式选择“更换备机”，待更换设备为站点原机的处理方式选择“换回原机”，待更换设备为更新的原机的“处理方式”选择“更新设备”。当处理方式为“更换备机”时，应在更换备机后3个工作日之内在运维管理系统上传更换备机报告。

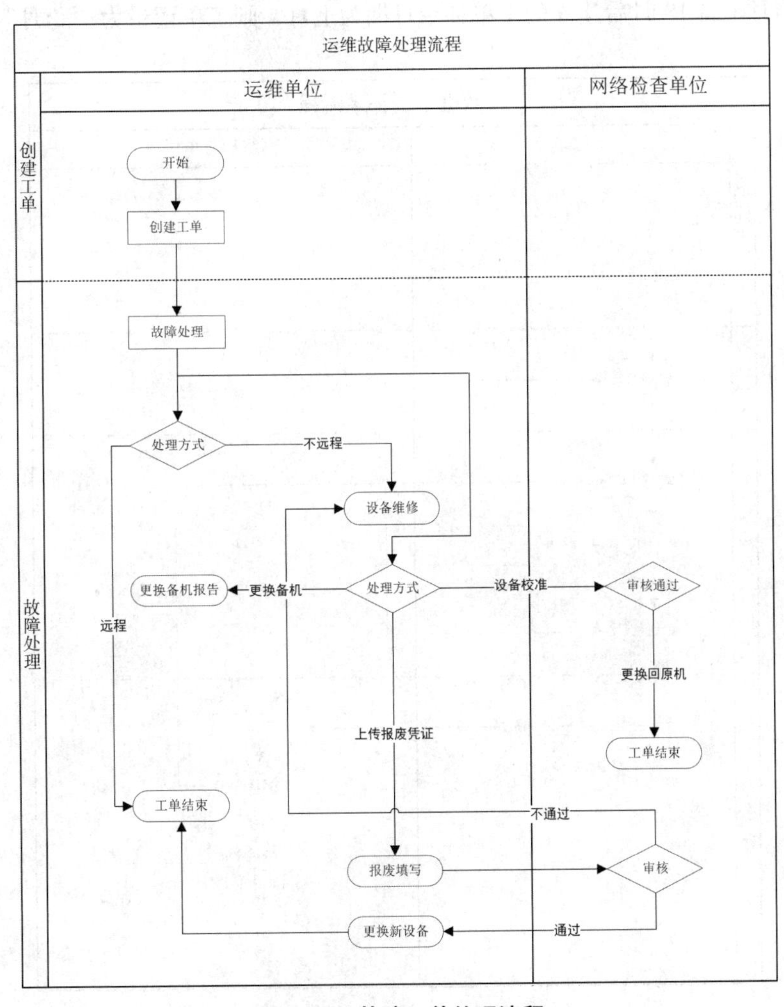

图9－6　故障工单处理流程

运维管理系统提供了所有故障任务工单的信息管理功能，可查询历史的任一故障任务工单信息，包括工单类型、监测站点名称、运维单位、运维时间、工单状态、当前节点、工单号等，还可以查询该工单名下所有任务表格的填写情况及现场证据资料等。可通过站点、设备、处理信息、工单信息等进行检索查询。

第六节　数据手工补录

运维管理系统提供了数据手工补录功能，可补录因网络故障、数据采集工控机故障等传输问题而缺失的站点数据。如图 9 - 7 所示为数据手工补录流程，运维单位通过建立数据补录工单，填写缺失时段的数据，网络检查单位对工单补录数据进行复核，最终将缺失时段的数据手工导入系统。工单可设置超时控制，若创建工单日期减去补录开始日期大于 2 天时，工单被标记为“补录填写超期”，工单首页“上报超期”记录为“超期”。若当月 1 日 18 时后建立的工单补录日期为上月，则工单记录为“跨月”。

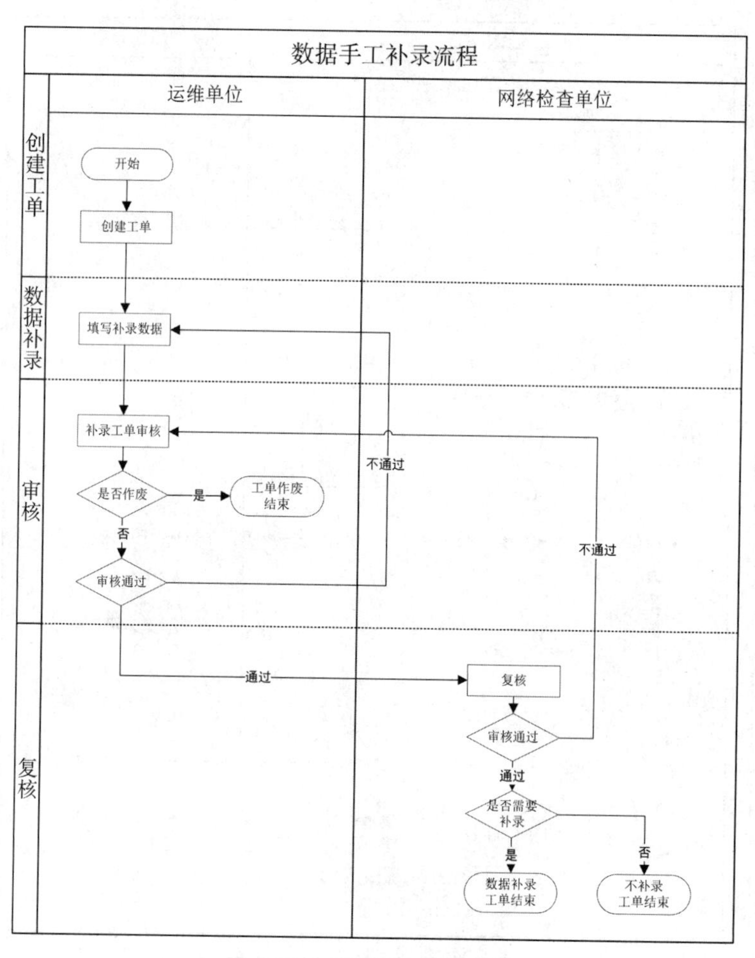

图 9 - 7　数据手工补录流程

第七节 标气申领管理

运维管理系统提供了标气申领管理功能，记录每个站点的标气使用情况及更换情况，记录更换记录及凭证，使标气使用更合理调配。图9－8所示为标气申领工单流程，运维人员创建并填写标气工单，交由运维单位自行初审，再由网络检查单位审核。

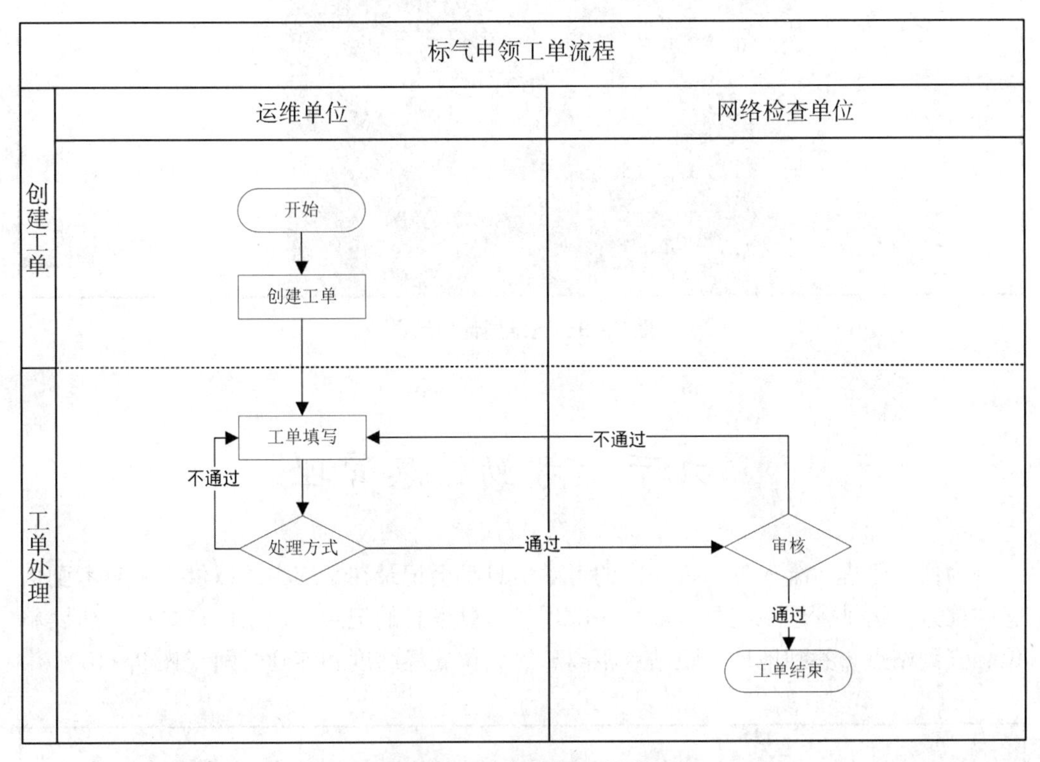

图9－8 标气申领工单流程

第八节 运维计划管理

运维计划管理是运维负责人根据日常运维工作要求和实际情况，在运维管理系统上提前制订日常运维计划，合理安排合适的运维人员到现场执行运维任务。安排临时任务时，可指定优先级同时明确任务的时间要求。运维人员可根据计划有序开展工作，智能化运维管理系统会自动识别并提醒工作冲突情况，便于人员安排或任务调整。

运维管理系统以列表的形式展示所有站点运维计划的制订及未制订的信息。黑色表示计划已分配完成（图9-9）。按时间维度，运维计划可分为周计划、两周计划、月计划、季计划、半年计划和年计划。管理人员可通过计划制订情况，了解已制订计划的站点数、未制订计划的站点数及完成比例，可根据实际情况进行调整。在进行现场检查时，可根据需求对运维计划进行变更管理，调整后的计划经审核后才可执行。

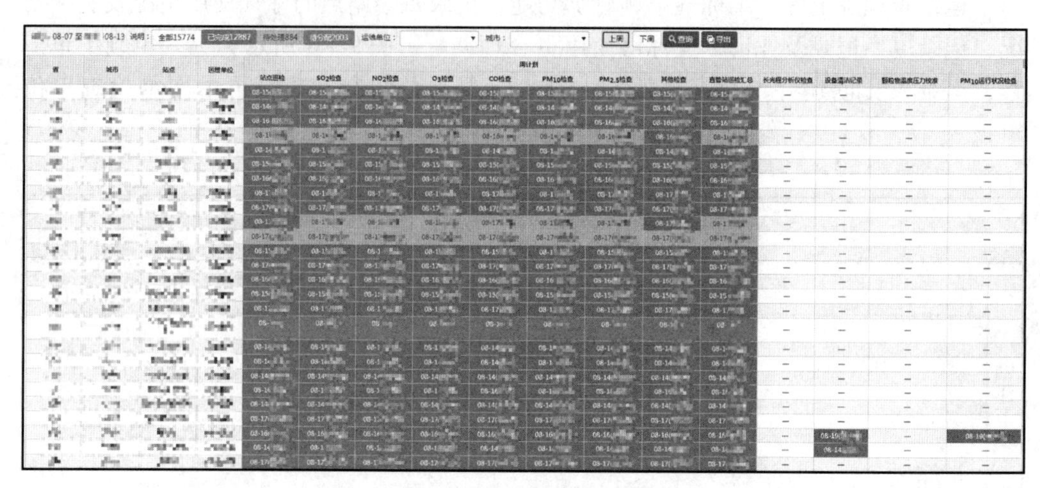

图9-9　运维周计划示意

第九节　考勤信息管理

为便于管理运维人员，每一次的考勤信息都会记录在系统中，以供未来对考勤信息的检查。运维管理系统可查询每一次现场考勤信息的记录，包括用户名称、所属单位、签到站点、签到地址、距站点距离、签到位置经纬度和签到时间（图9-10）。

用户名称：　所属单位：　查询

序号	用户名称	所属单位	签到站点	签到地址	距站点距离(米)	签到位置经纬度		签到时间
						经度	纬度	
1	[illegible]	[illegible]	[illegible]	[illegible]	46.40	113.272285	22.652104	2021/8/19 9:21:39
2	[illegible]	[illegible]	[illegible]	[illegible]	66.30	113.503966	22.63096	2021/8/18 9:53:21
3	[illegible]	[illegible]	[illegible]	[illegible]	81.70	113.449347	22.358776	2021/8/17 13:50:58
4	[illegible]	[illegible]	[illegible]	[illegible]	26.20	113.528172	22.497715	2021/8/16 10:10:44
5	[illegible]	[illegible]	[illegible]	[illegible]	31.90	113.272972	22.652331	2021/8/12 11:03:41
6	[illegible]	[illegible]	[illegible]	[illegible]	62.30	113.504004	22.630951	2021/8/11 9:14:20
7	[illegible]	[illegible]	[illegible]	[illegible]	85.00	113.449434	22.358707	2021/8/10 14:59:25
8	[illegible]	[illegible]	[illegible]	[illegible]	33.70	113.528361	22.497994	2021/8/9 14:35:03
9	[illegible]	[illegible]	[illegible]	[illegible]	48.00	113.504142	22.630934	2021/8/5 18:06:57
10	[illegible]	[illegible]	[illegible]	[illegible]	33.90	113.273064	22.652136	2021/8/5 14:17:51

图9-10　考勤信息记录

第十节　运维设备管理

可建立设备电子档案库，对各类监测设备进行识别和管理，对设备的采购、维修、库存、报废等管理流程进行信息化管理。主要包括设备库存管理、设备借出管理、设备信息管理、设备日志管理、设备生命周期、设备报废管理、设备使用查询、运维耗材管理、运维备件管理。

（一）设备库存管理

运维管理系统提供了全省所有省控点的监测设备库存信息管理功能，可查询不同监测类别的监测仪器在备件库的清单信息，以列表的形式进行展示（图 9 – 11）。库存备机上架的功能可直接将该设备的资料登记在指定站点的名下。登记入库的设备，可通过站点名称查询该站点名下各个监测设备的详细信息。

设备编号：　监测类型：==请选择==　设备品牌：==请选择==　> 更多　查询　导出EXCEL

库存汇总(399)　CO(75)　NO_2(95)　O_3(54)　PM_{10}(63)　$PM_{2.5}$(51)　SO_2(60)　动态校准仪(1)　工控机(0)　零气发生器(0)　气象五参数(0)

监测类型	设备品牌	设备型号	购置日期	设备编号	运维单位	设备状态	类型	仓库	操作
NO_2	TE	42i	2018-08-22	[illegible]	[illegible]	库存备用	正式	备件库	设备上架
PM_{10}	TH	2000	2020-03-26	[illegible]	[illegible]	库存备用		备件库	设备上架
$PM_{2.5}$	TE	5014		[illegible]	[illegible]	库存备用	备机	备件库	设备上架
PM_1	[illegible]	AR1000		[illegible]	[illegible]	库存备用	正式	备件库	设备上架
SO_2	TE	43		[illegible]	[illegible]	库存备用	备机	备件库	设备上架
SO_2	API	100		[illegible]	[illegible]	库存备用	正式	备件库	设备上架
$PM_{2.5}$	Thermo	SHARP5030	2015-08-04	[illegible]	[illegible]	库存备用	备机	备件库	设备上架
CO	ESA	CO12		[illegible]	[illegible]	库存备用	备机	备件库	设备上架
PM_{10}	ESA	MP101	2015-09-13	[illegible]	[illegible]	库存备用	备机	备件库	设备上架
O_3	YT	301		[illegible]	[illegible]	库存备用	正式	备件库	设备上架
$PM_{2.5}$	ESA	MP101	2018-10-01	[illegible]	[illegible]	库存备用	正式	备件库	设备上架
PM_{10}	YT	301		[illegible]	[illegible]	库存备用	正式	备件库	设备上架
NO_2	API	M200		[illegible]	[illegible]	库存备用	备机	备件库	设备上架
$PM_{2.5}$	XH	XHPM2000E	2019-04-30	[illegible]	[illegible]	库存备用	备机	备件库	设备上架
NO_2	TE	42	2019-11-01	[illegible]	[illegible]	库存备用	备机	备件库	设备上架
CO	ESA	CO12		[illegible]	[illegible]	库存备用	正式	备件库	设备上架
NO_2	TE	42	2019-07-22	[illegible]	[illegible]	库存备用	备机	备件库	设备上架
$PM_{2.5}$	Thermo	5014i	2021-07-10	[illegible]	[illegible]	库存备用	备机	备件库	设备上架
PM_{10}	TH	2000PM	2020-05-20	[illegible]	[illegible]	库存备用	备机	备件库	设备上架

图 9 – 11　设备库存管理示意

（二）设备借出管理

设备的借出与入库都被运维管理系统记录在库，通过设备借出管理可查询所有站点不同监测类别的监测仪器借出的清单信息，以列表的形式进行展示。设备借出可直接将设备借出至某个站点，并记录相应的归还时间与备注信息。

（三）设备信息管理

运维管理系统提供所有站点的监测设备的信息管理功能，包括对设备信息、设备品牌、设备型号和设备仓库的管理。查询设备信息时，不同监测类别的监测仪器的详细记录信息以列表的形式进行展示，包括监测类型、设备品牌、设备型号、设备编号、购置日期、类型、运维单位、城市、上架时间、验收时间、设备运行时间、批次、设备生产厂家、厂家电话、售后单位、售后电话、质保期限、供应商、供货商电话、设备管理员、产权所属单位。当备机出现超期使用、违规更换等情况时，智能化的运维管理系统会进行报警提醒及时更换设备。

（四）设备日志管理

运维管理系统提供了所有站点的监测设备使用日志管理功能，以列表的形式展示每一台监测设备所发生事件的信息记录，包括事件类型、操作人员、设备所属站点、设备状态、运维单位等相关信息。

（五）设备生命周期

运维管理系统提供了所有站点的监测设备生命周期记录管理的功能，用户可通过该功能查询指定设备在进行上架之后的所有痕迹记录，包括故障处理信息、维修信息、校准信息、下架信息、定期的巡检与校准信息，并可具体查询每一项信息的详细任务工单记录（图9－12）。

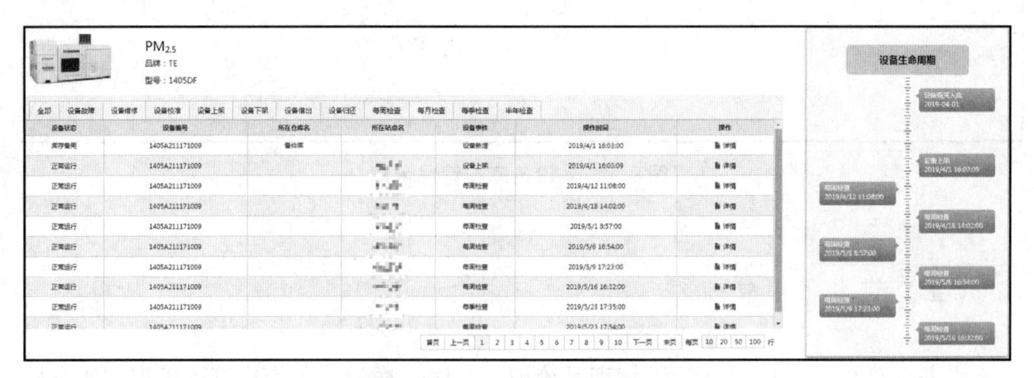

图9－12　设备运维痕迹

（六）设备报废管理

运维管理系统提供了所有站点的监测设备报废信息管理功能，可查询不同监测类别的监测仪器被报废的清单信息，以列表的形式进行展示。检索条件包括站点、监测类型、设备编号、设备品牌、类型、设备型号、设备状态、运维单位及购置日期。

（七）设备使用查询

运维管理系统提供了所有站点的监测设备信息使用过程的管理功能，可通过站点名称查询该站点名下各个监测设备的使用过程信息。查询时的检索条件包括站点、类型、监测类型、设备编号、设备品牌、设备型号、设备状态、运维单位和购置日期等。

（八）运维耗材管理

运维管理系统提供了各个站点运维耗材的信息管理功能，记录每个监测站名下各类型耗材（滤膜、泵膜、采样管路等）的使用情况。记录信息包括对应的部门单位、城市、耗材品牌、耗材名称、适用范围、耗材编号、度量单位、保质期和保管人。运维耗材管理统计运维单位在巡检过程中使用耗材的详细情况且支持查询，包含工单使用耗材明细情况、站点合计及总合计情况。设备耗材明细如图 9－13 所示。

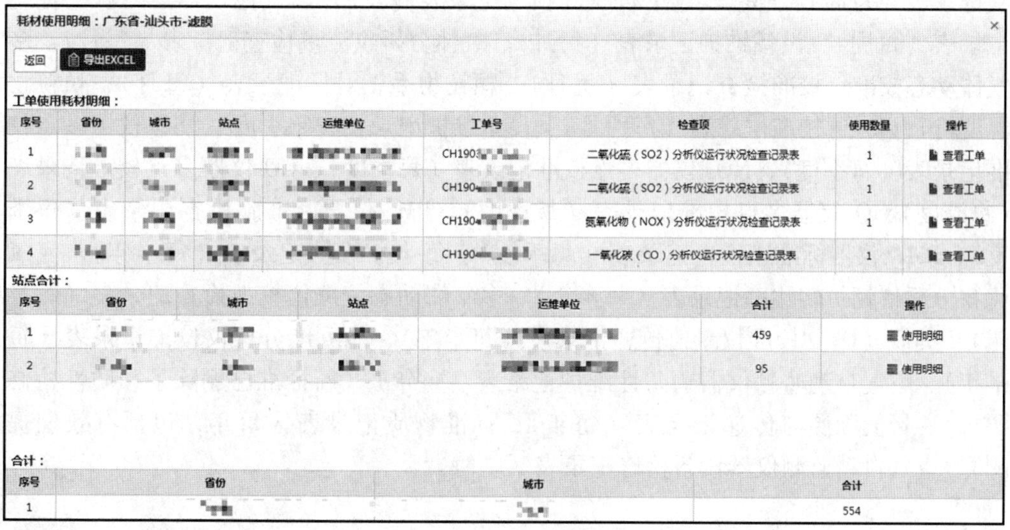

耗材使用明细：广东省-汕头市-滤膜　×

返回　导出EXCEL

工单使用耗材明细：

序号	省份	城市	站点	运维单位	工单号	检查项	使用数量	操作
1	[illegible]	[illegible]	[illegible]	[illegible]	CH190[illegible]	二氧化硫（SO2）分析仪运行状况检查记录表	1	查看工单
2	[illegible]	[illegible]	[illegible]	[illegible]	CH190[illegible]	二氧化硫（SO2）分析仪运行状况检查记录表	1	查看工单
3	[illegible]	[illegible]	[illegible]	[illegible]	CH190[illegible]	氮氧化物（NOX）分析仪运行状况检查记录表	1	查看工单
4	[illegible]	[illegible]	[illegible]	[illegible]	CH190[illegible]	一氧化碳（CO）分析仪运行状况检查记录表	1	查看工单

站点合计：

序号	省份	城市	站点	运维单位	合计	操作
1	[illegible]	[illegible]	[illegible]	[illegible]	459	使用明细
2	[illegible]	[illegible]	[illegible]	[illegible]	95	使用明细

合计：

序号	省份	城市	合计
1	[illegible]	[illegible]	554

图 9－13　设备耗材明细

（九）运维备件管理

运维管理系统提供了各个站点运维备件的信息管理功能，记录每个运维单位名下各类型备件（流量传感器、温湿度传感器、NO 分析仪等）的情况。记录信息包括对应的部门单位、城市、配件品牌、配件名称、配件编号、数量、度量单位、保质期和

保管人。

第十一节　运维管理记录表格说明

按照国家发布的质量手册中空气自动监测站定期的维护工作内容设计相关的报表，实现运维表单的电子化记录，平台需内嵌各类型运维表单模板，运维人员需通过运维 App 或平台端实现运维表单的记录与上传，各项运维表单中涉及仪器参数的数据均需自动读取监测子站仪器的数据进行自行填写。内容包含但不限于以下内容：日常运维计划清单、日常运维计划表、日常运维完成状态统计表、日常运维统计表、二氧化硫（SO_2）分析仪运行状况检查记录表、氮氧化物（NO_x）分析仪运行状况检查记录表、颗粒物（PM_{10}、$PM_{2.5}$）分析仪运行状况检查记录表、臭氧（O_3）分析仪运行状况检查记录表、一氧化碳（CO）分析仪运行状况检查记录表、站点运维情况现场质控检查评分表。

日常运维计划包括但不限于：每周工作汇总表、站房巡检记录表、SO_2仪器运行状况检查记录表（每周）、NO_x仪器运行状况检查记录表（每周）、O_3仪器运行状况检查记录表（每周）、CO 仪器运行状况检查记录表（每周）、$PM_{2.5}$仪器运行状况检查记录表（每周）、PM_{10}仪器运行状况检查记录表（每周）、其他仪器运行状况检查记录表（每周）、设备维护记录表（每月）、气体分析仪流量检查记录表（每月）、多气体动态校准仪校准检查记录表（每月）、颗粒物手工对比记录表（每月）、颗粒物温度/压力/时钟校准记录表（每两月）、设备维护记录表（每季度）、SO_2仪器多点校准记录表（每季度）、NO_x仪器多点校准记录表（每季度）、CO 仪器多点校准记录表（每季度）、O_3仪器多点校准记录表（每季度）、PM_{10}仪器标准膜检查记录表（每季度）、$PM_{2.5}$仪器标准膜检查记录表（每季度）、每半年维护记录表（每半年）、氮氧化物分析仪钼炉转化率记录表（每半年）、多气体动态校准仪校准检查记录表（每半年）、臭氧（O_3）校准仪量值传递记录表（每半年）、能见度分析仪校准记录表（每半年）、空气自动监测仪器预防性维护记录表（每年）（新标准已删除了预防性检修要求）、量值溯源与传递记录表（每年）、标准物质记录表（每年，包括有效期提醒）、空气自动监测仪器设备检修记录表（临时）。

第十章　应 用 案 例

第一节　中国环境监测总站大气环境监测物联网与智能化平台

一、背景与需求

2012 年新的《环境空气质量标准》（GB 3095—2012）颁布实施后，我国组织开展了空气质量新标准能力建设，目前已建成 1613 个国家城市环境空气质量监测站点、92 个区域空气质量监测站点、16 个大气背景监测站点、京津冀及周边与汾渭平原大气颗粒物和光化学组分监测站点。监测数据实时发布并上传至国家、省、市三级环境监测管理平台，为指引公众健康出行、评价城市环境空气质量状况、考核大气污染治理成效提供了重要依据。一方面，背景站、城市站、乡镇站、颗粒物组分站、光化学组分站的增加，对环境空气质量监测的设备运行维护、监测数据采集与处理、监测网络质量控制与质量保证等工作，提出了全面的挑战。另一方面，中国环境监测总站组织完成监测事权上收后，国控城市站点的运维管理工作暴露出了一些问题，主要包括：运维过程记录纸质化，记录审核时效性差；运维人员分散在各个城市，对运维过程及数据生产过程缺乏有效的监管手段。

因此，中国环境监测总站利用物联网、大数据等先进技术建立起国家环境空气质量监测联网管理系统和国家环境空气质量监测网城市站运维管理系统，实现了全国环境监测数据采集、传输、存储、处理、发布与质控管理的自动化和智能化，以及运维工作的信息化、智能化管理。联网系统有助于促进监测行为规范化以及评价体系的建立，强化监督考核手段，最终推动了环境空气监测技术的全面提升。运维系统的建成有助于提升国控城市站点的整体运维监管水平，保证监测数据质量，为管理部门提供了有力的技术支撑，并为政府与公众及时、全面、准确地掌握环境空气质量状况及特征提供了有力的保障，为国家大气污染联防联控、空气质量预报预警等空气质量改善工作提供了准确的数据支撑。

中国环境监测总站在使用本书的技术体系及系统后，运维效率和数据质量有了较大的提升，数据获取率达到了 99.97%，提高了 0.18%。质控频率由原来的一周一次零跨检查提高到自动质控的两天一次零跨检查后，单个站点每年完成的质控任务数量可达到 1464 个，是未运用该体系前的 3.5 倍；质控合格率达到了 98.64%，提高了 0.09%。

二、系统功能

中国环境监测总站大气环境监测物联网与智能化平台从功能上可以分为国家环境空气质量监测信息集成与管理系统、环境空气质量监测网城市站运维管理系统。

（一）国家环境空气质量监测信息集成与管理系统

国家环境空气质量监测信息集成与管理系统主要包括网络概况、在线质控、数据复核、图表分析、实时发布、设备管理、城市及站点异常分析和系统管理等内容（图10－1）。网络概况包括站点布局、联网状态、网络分析、离线一览等功能模块，基于GIS展示联网站点的空间分布，可实时掌握联网站点的运行状况。在线质控包括周期质控任务的设置、质控结果的查询与统计分析以及远程质控管理等功能，通过设置周期质控任务并对其结果进行分析以保证监测数据的精密性和完整性。数据复核包括算法自动复核、数据复核、总站直审、沙尘数据扣除和审核异常查询等功能，为中国环境监测总站提供高效的数据审核服务。图表分析中包括监测数据分析、城市评价分析、数据质量分析和仪器状态分析等，通过对不同维度数据进行分析，掌握全国监测状况。实时发布包括发布数据审核、历史发布信息、发布配置等，将全国的站点空气质量最新小时数据进行滚动发布，让公众了解和知悉全国环境空气质量实况。设备管理包括仪器管理、标气管理、设备信息配置、站房管理等，全面把握仪器设备的使用状态。城市及站点异常分析包括偏差清单和多城市/站点单因子分析，通过图形化的对比，分析各污染物的时间变化特征与相关性。系统管理实现了平台访问与管理的分级功能，包括站点管理、区县管理、地区管理、站点配置、用户管理、角色管理、系统配置等功能。

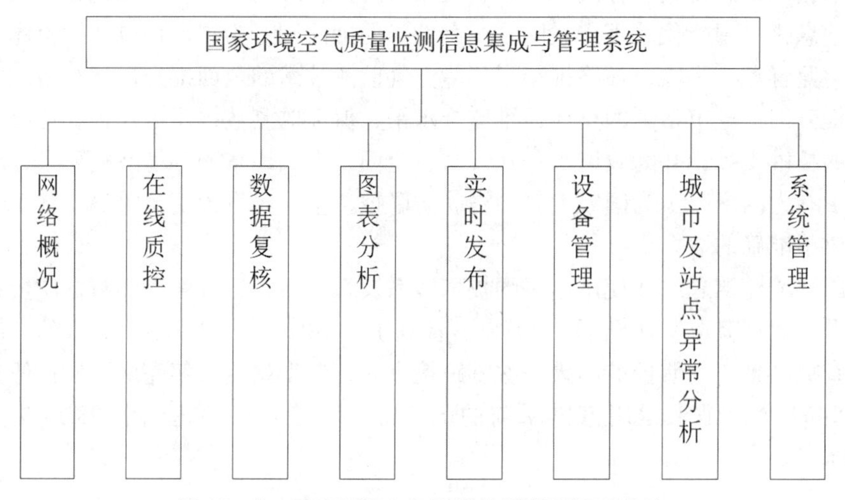

图10－1　国家环境空气质量监测联网管理系统

（二）环境空气质量监测网城市站运维管理系统

环境空气质量监测网城市站运维管理系统主要包括运行状况、子站管理、运维管理、设备管理、资产管理、网络检查、综合分析、更新与验收、现场检查、质管室、手工对比、报警管理、质控与分析、智能站房巡检、系统管理和应用设计等内容（图 10－2）。

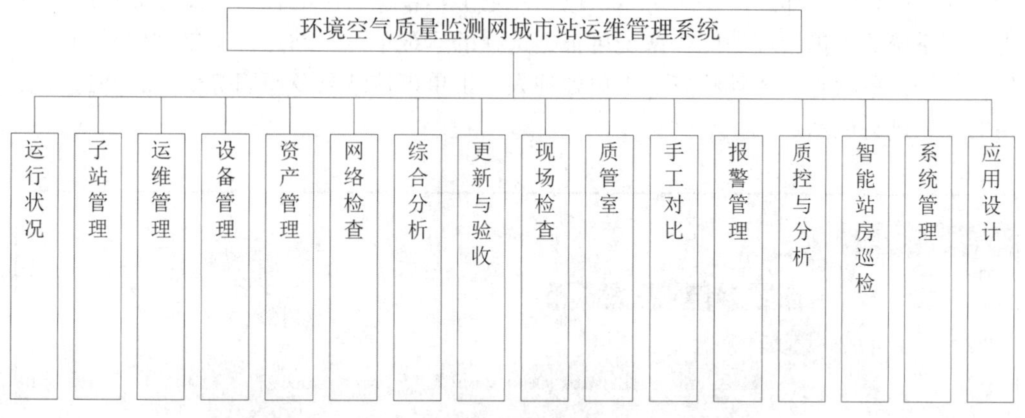

图 10－2　环境空气质量监测网城市站运维管理系统

子站管理能够提供站房信息、站点变更、进站申请、站点交接管理，以及仪器设备信息、核心配置参数、运行状态数据等内容监控，确保用户可实时掌握人员进/出站房的时间、工作动态，以及仪器设备的动静态属性、运行状态。运维管理主要满足日常运维任务、运维人员、运维所需仪器设备、备品备件的管理需求，实现对运维工作的痕迹管理。设备管理主要满足现场检查任务、现场检查人员、现场检查所需仪器设备、备品备件的管理需求，实现对现场检查单位的检查行为及检查痕迹进行统一管理。资产管理主要包括资产入库、变更和报废管理，实现所有空气质量监测设备与其他空气质量监测相关固定资产的规范化编码和统一化、特定化管理。网络检查功能包括对站点降尘数据分析、数据手工补录管理、网络检查报告查询和问题管理以及数据异常检查整改。综合分析主要对现场运维、现场检查、监测数据审核/复核、手工对比等工作的成效分析提供辅助分析图表工具。现场检查满足用户对现场检查任务、现场检查人员、现场检查所需仪器设备、备品备件的管理需求，实现对现场检查单位的检查行为及检查痕迹进行统一管理。质管室主要对质控任务执行过程中产生的数据进行采集及保存，包括质量监督检查站点安排和进展情况查询以及计划外检查报告下载。手工对比主要满足手工对比痕迹管理需求，便于用户对手工对比任务计划的创建、反馈、仪器设备派遣、现场接收与调试、采样、运输、称量、手工数据审核等过程进行管理。报警管理包括报警工单的数据查询、管理和数据统计功能，通过实时监控及关联分析可及时发现站点运行过程中出现的各种运行异常、数据异常。质控与分析主要编排制定质控任务并开展远程质控工作，实现对设备零/跨检查校准、精度检查、多点校准等，并针对质控的结果进行统计分析，监控质控成效。

三、特点功能展示

（一）停电统计管理

停电统计管理如图 10－3 所示，包括停电工单管理、停电统计、点位数据缺失管理和旧系统的工单管理功能。系统可根据选择的运维单位、站点、工单创建时间段等项，查询工单状态、任务状态、工单处理人、工单审核结果及原因等信息，并通过表格的方式进行展示。

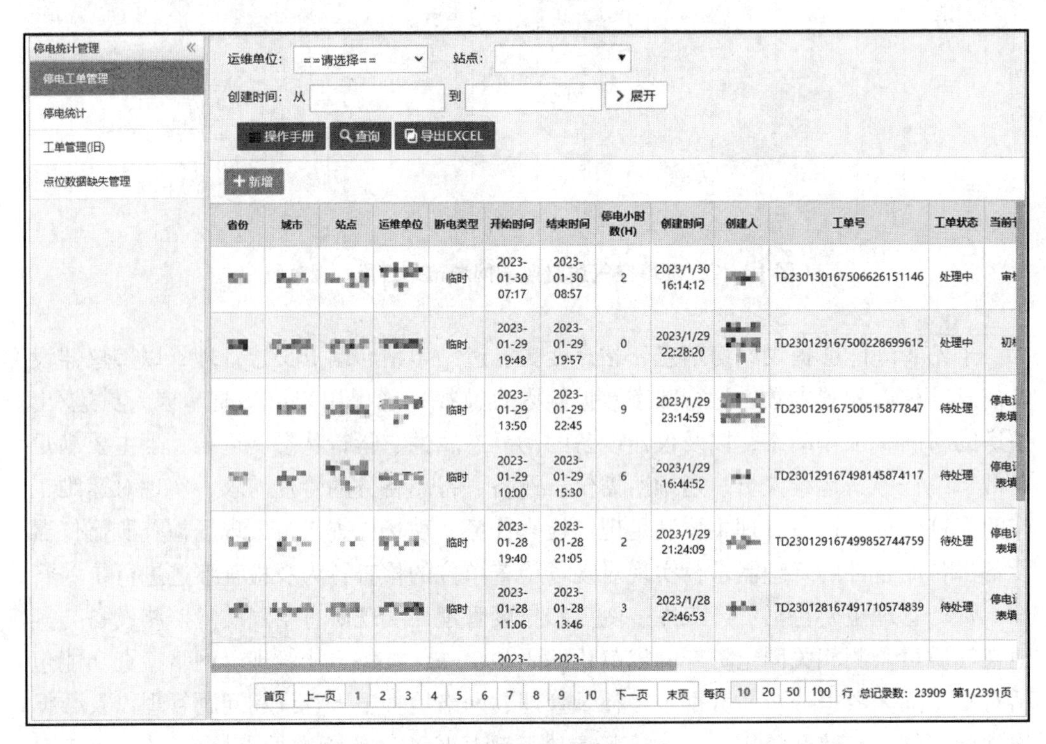

图 10－3　停电统计管理示意

（二）故障任务管理

故障任务管理如图 10－4 所示，包括监测设备故障管理、视频设备故障管理、异常情况录入和备机变更申请管理。以监测设备故障为例，系统根据选择的运维单位、设备类型、站点、站点批次、批次类型、工单号等项进行查询。

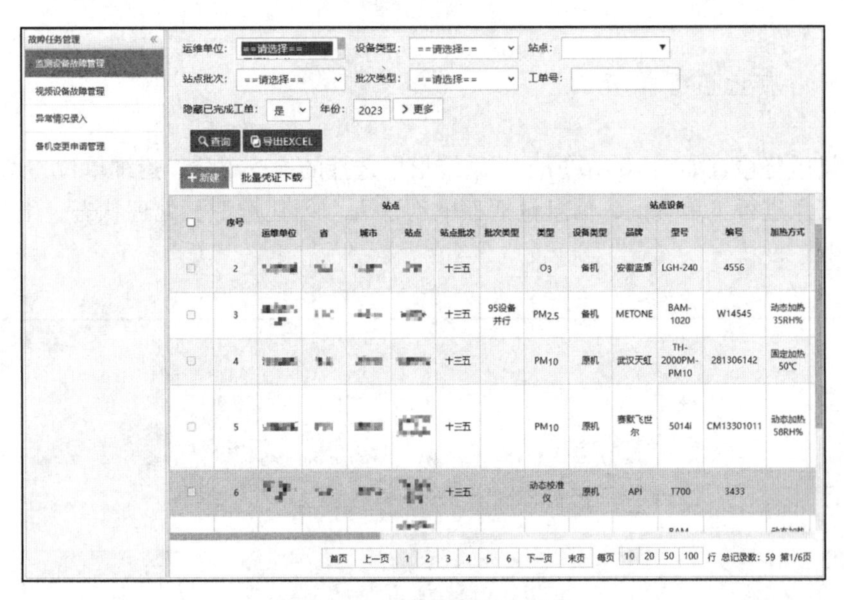

图 10－4　故障任务管理示意

（三）运维单位巡检工单

巡检任务管理如图 10－5 所示，以表格的方式展示所有信息，包括巡检任务管理、工作待办事项、下月计划管理、计划变更管理、质量检查痕迹、远程软件管理和运维受限管理。系统根据选择的站点、站点批次、批次类型、工单号等信息，可查询时间段所选站点的巡检任务结果。

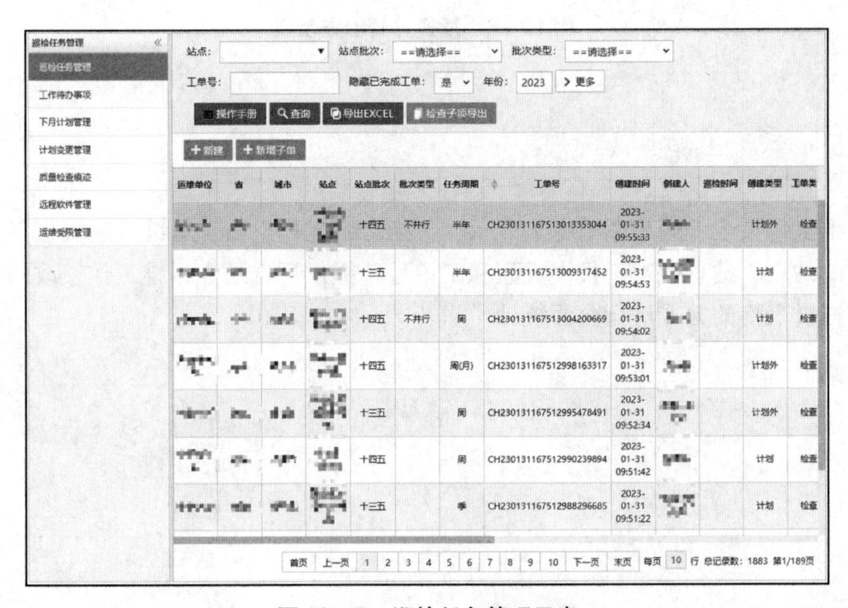

图 10－5　巡检任务管理示意

（四）质量监督检查

质量监督检查如图 10 – 6 所示，系统根据选择的检查单位、运维单位、站点、工单号等信息进行工单查询，信息包括工单创建人、创建类型、处理状态、工单进度、处理人等。

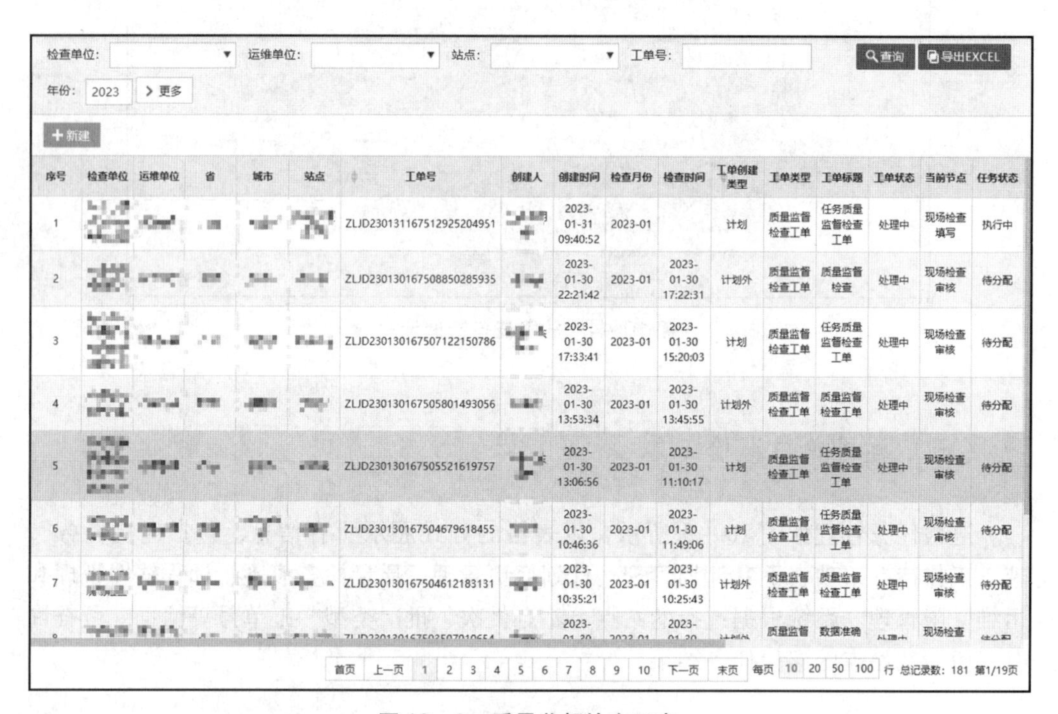

检查单位： 运维单位： 站点： 工单号： 查询 导出EXCEL

年份：2023 更多

新建

序号	检查单位	运维单位	省	城市	站点	工单号	创建人	创建时间	检查月份	检查时间	工单创建类型	工单类型	工单标题	工单状态	当前节点	任务状态
1	[illegible]	[illegible]	[illegible]	[illegible]	[illegible]	ZLJD230131167512925204951	[illegible]	2023-01-31 09:40:52	2023-01		计划	质量监督检查工单	任务质量监督检查工单	处理中	现场检查填写	执行中
2	[illegible]	[illegible]	[illegible]	[illegible]	[illegible]	ZLJD230130167508850285935	[illegible]	2023-01-30 22:21:42	2023-01	2023-01-30 17:22:31	计划外	质量监督检查工单	质量监督检查	处理中	现场检查审核	待分配
3	[illegible]	[illegible]	[illegible]	[illegible]	[illegible]	ZLJD230130167507122150786	[illegible]	2023-01-30 17:33:41	2023-01	2023-01-30 15:20:03	计划	质量监督检查工单	任务质量监督检查工单	处理中	现场检查审核	待分配
4	[illegible]	[illegible]	[illegible]	[illegible]	[illegible]	ZLJD230130167505801493056	[illegible]	2023-01-30 13:53:34	2023-01	2023-01-30 13:45:55	计划外	质量监督检查工单	质量监督检查工单	处理中	现场检查审核	待分配
5	[illegible]	[illegible]	[illegible]	[illegible]	[illegible]	ZLJD230130167505521619757	[illegible]	2023-01-30 13:06:56	2023-01	2023-01-30 11:10:17	计划	质量监督检查工单	任务质量监督检查工单	处理中	现场检查审核	待分配
6	[illegible]	[illegible]	[illegible]	[illegible]	[illegible]	ZLJD230130167504679618455	[illegible]	2023-01-30 10:46:36	2023-01	2023-01-30 11:49:06	计划	质量监督检查工单	任务质量监督检查工单	处理中	现场检查审核	待分配
7	[illegible]	[illegible]	[illegible]	[illegible]	[illegible]	ZLJD230130167504612183131	[illegible]	2023-01-30 10:35:21	2023-01	2023-01-30 10:25:43	计划外	质量监督检查工单	质量监督检查工单	处理中	现场检查审核	待分配

首页 上一页 1 2 3 4 5 6 7 8 9 10 下一页 末页 每页 10 20 50 100 行 总记录数：181 第1/19页

图 10 – 6　质量监督检查示意

（五）运维工作整改管理

运维工作整改管理如图 10 – 7 所示，包括运维工作整改和运维整改报告。系统根据选择的站点、站点批次、批次类型和工单号，提供所选站点运维工作整改的详细结果，并通过表格的方式进行全面统计。

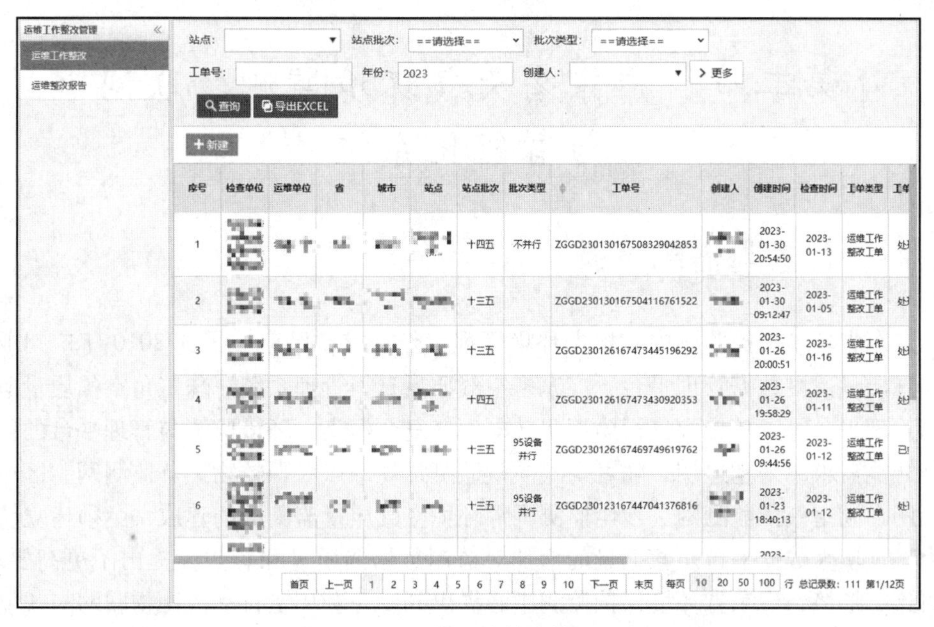

图 10－7　运维工作整改管理示意

（六）数据异常检查整改

数据异常检查整改如图 10－8 所示，包括站点单管理、城市单管理和台账管理的功能。系统根据选择的运维单位、派单人、派单时间、工单号、站点等信息，通过表格的方式提供数据异常检查整改的详细结果。

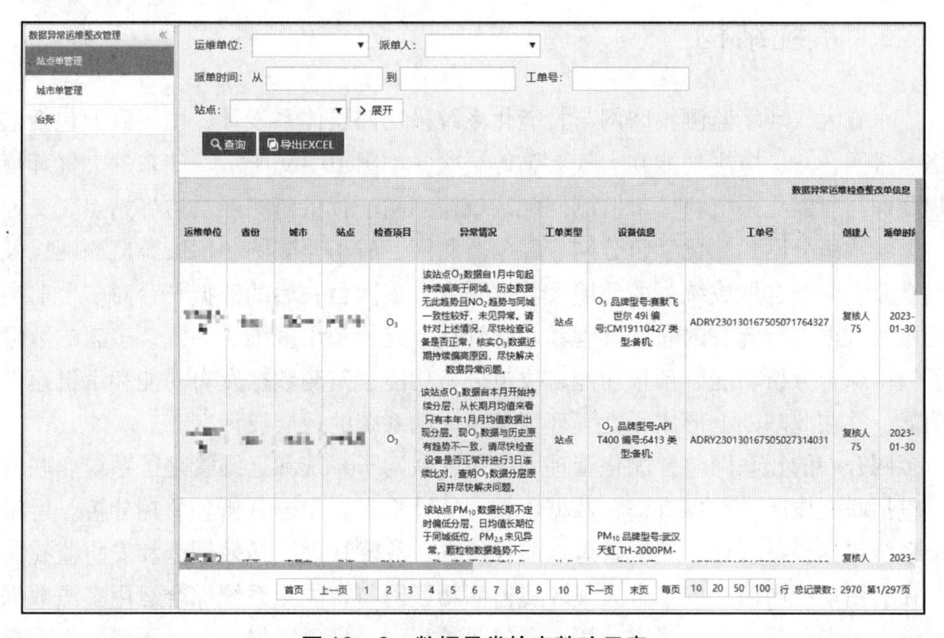

图 10－8　数据异常检查整改示意

第二节　广东省大气环境监测物联网与智能化系统

一、背景与需求

广东省环境保护监测中心根据环境管理工作需求，已建立了如2010年广州亚运会空气质量监测数据管理平台、广东省空气质量日报管理系统、珠三角空气质量监测联网管理平台等。随着大气污染逐步转向大气复合污染，环境监测与管理平台的信息化与智能需求越来越迫切。随着空气质量监测常规站点、颗粒物组分监测网、区域站监测网、温室气体监测网、沙尘监测网等环境空气质量监测网的建成，亟须建立统一的生态环境大数据平台。数据量的增加对监测数据的质量和有效性提出了更高要求，针对这一形势，广东省环境保护监测中心提出开发一套环境自动监测物联网与智能化系统，精准防治大气复合污染，实现大气环境监测的智能化。

统一系统的建成整合了原来各自独立的监测网，提供了常规站和组分站数据的综合分析功能，并在原有广东省运维系统上增加对颗粒物组分网、挥发性有机物成分网的站点和设备的运维，对所有站房及众多的仪器的运行进行智能站房展示，可实时查看各个站点视频画面、站房动力参数、仪器设备状态及质控执行情况，实现对异常报警的快速响应，最大限度地保障数据的有效性，实现了所有省控站点的站房及仪器设备的精细化管理。

二、系统结构

广东省大气环境监测物联网与智能化系统采用四层体系设计，由下到上包括监测网络、多网合一、应用功能和大气大脑等层次，如图10－9所示。广东省大气环境监测物联网与智能化系统将城市监测网、区域监测网、背景监测网、边界站点、交通站点、颗粒物组分网、光化学组分网、降尘监测网、酸雨监测网、污染源监测网以及高空垂直监测网整合形成统一的环境大数据平台。多网合一后的数据平台对多个监测网络的监测数据进行统一的联网管理和运维管理，充分利用多维、多源、多态的数据设计了数据综合分析功能、预报功能、决策分析功能、监测数据发布功能和手机短信报送功能，并在此基础上形成了大气环境智慧大脑系统的顶层设计。

多网合一的物联网与智能化管理系统包含联网子系统和运维管理子系统。联网子系统包括联网概况、数据查询、数据审核、统计报表、图形分析和质控分析。运维管理子系统包括设备管理、巡检管理、质控任务、故障管理、绩效管理和安防监控。

在应用功能层面，广东省大气环境监测物联网与智能化系统综合运用多源数据提供了统计图形分析、数据报表分析、空气质量报告、气象预报、空气质量预报、臭氧

图10－9　广东省大气环境监测物联网与智能化系统四层体系设计

敏感区预报、臭氧污染形势智能诊断、空气质量达标研判、减排模拟效果评估、发布数据审核、发布数据查询、发布站点管理、污染综合分析、污染传输溯源分析、区域传输分析等功能。

大气环境智慧大脑系统高度整合了现有大气环境相关业务系统，能够对海量生态环境大数据进行数据挖掘、数据钻取、数据多维分析等，结合优异的可视化展示效果，以空气质量达标为核心目标，以空气质量协同减排为主要目的，可掌握现状、了解过去、预测未来，助力于决策，为环境管理者提供一站式的全景环境形式可视化综合研判及决策支持服务，有效支撑了大气污染防治工作。

三、特点功能展示

（一）多网合一

系统将广东省内背景站、区域站、城市站、乡镇站、交通站、港口站、常规站、颗粒物组分站、光化学组分站等多网站点的监测数据整合，形成统一的大数据平台。全省空气自动监测站实现了空气质量数据的采集，实现了统一汇聚到中心端平台，实现了省站工作人员通过中心端平台查看全省站点监测数据，并能完成监测数据对比、报表统计、图形分析以及在线远程质控等业务工作，实现空气质量实况数据分析展示、数据共享以及数据对外发布。通过多网合一的工作，实现了为整个广东省空气质量监测联网管理平台进一步扩展做好基础的数据准备工作，并且为区域空气质量重污染过程、预报预警等工作提供了有力的数据与技术支撑。

1. 数据的采集和质量控制

广东省省控点在常规站点与组分站点中均使用了质控联动仪，实现了对环境空气站和组分站站房环境、采样过程、质控流程等进行全方位一体化的精准监控，实时掌握监测数据异常与站房环境状态异常，从而提高监测点位监测数据的真实性、有效性，保障数据质量，实现站点质控的自动化操作。

多网合一的物联网与智能化管理系统通过数据采集与传输系统完成了常规站点与颗粒物组分站点的监测数据集中采集。质控联动仪对常规站点气态污染物（SO_2、O_3、CO、NO_2）以及组分站点部分监测项如非甲烷总烃和 NH_3 实现了质控任务的自动化，质控任务包括气态污染物监测仪器的零点检查和跨度检查。同时，结合物联网前端感知设备，提供智能化质控与远程质控功能。

2. 数据审核

常规站点与颗粒物组分站点的监测数据集中收集上传至系统后，系统为环境监测人员提供了三级互动数据审核功能，可根据不同类型数据的特点优化 AI 自动审核算法在子站端对异常数据进行标记，为数据审核人员提供审核参考，减少了人工审核繁杂冗余的工作量。

系统为不同监测网络的数据审核提供了统一处理入口。每日站点数据审核状态情况以月历图的方式展示（图 10 - 10），包括未审核、待上报、待复核、复核通过及数据直审各个审核状态的站点数量统计，并且提供了详细的站点情况及站点状态。

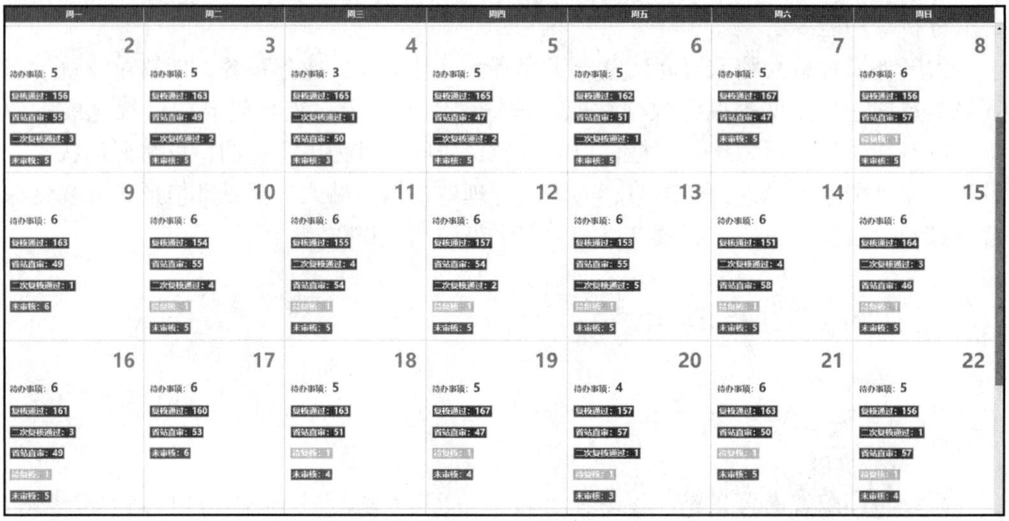

图 10 - 10　数据审核情况示意

（二）降尘和酸雨数据分析报表

广东省大气环境监测物联网与智能化管理平台接入了降尘监测网和酸雨监测网的

监测数据，通过附件导入手工监测的降尘和酸雨数据（图 10－11），提供了站点监测数据的查询和个性化的分析报表功能。降尘监测数据分析报表包括降尘站点月报、降尘城市月报、降尘站点年报、降尘城市年报；降雨监测数据分析报表包括降雨城市统计报表、降雨统计对比报表、站点降雨统计对比报表、降雨统计任意对比报表、降水质量状况报表、降水季度统计情况报表、区域变化情况报表等。

降尘报送(省级)

站点：[illegible]　月份：2023-01　申请状态：==请选择==　批量导入：选择文件 未...文件

模板下载：模板下载

查询　重算城市降尘　关闭操作　通过　不通过

新增

序号	城市名称	站点名称	月份	降尘量(吨/公里2·月)	硫酸盐化速率（SO_3毫克/100厘米2碱片·日）	经度	纬度	申请状态	操作状态	操作
1	潮州	[illegible]	2023-01	0.760	—	116.6178	23.67139	未申请	是	编辑 删除
2	潮州	[illegible]	2023-01	0.850	—	116.6447	23.67056	未申请	是	编辑 删除
3	潮州	[illegible]	2023-01	1.080	—	116.6178	23.6608	未申请	是	编辑 删除
4	东莞	[illegible]	2023-01	2.600	—	113.746250	23.027639	未申请	是	编辑 删除
5	东莞	[illegible]	2023-01	2.800	—	113.754722	23.049444	未申请	是	编辑 删除
6	东莞	[illegible]	2023-01	2.400	—	113.781944	23.053611	未申请	是	编辑 删除
7	广州	[illegible]	2023-01	—	—	113.2346111	23.14222222	未申请	是	编辑 删除
8	广州	[illegible]	2023-01	3.600	0.181	113.2415556	23.11722222	未申请	是	编辑 删除

共107条　首页　上一页　1　2　3　4　5　6　7　8　9　10　下一页　末页　每页　10　20　50　100　行

图 10－11　降尘报送示意

图 10－12 所示为酸雨监测网导入的降雨数据示意，主要包括降雨样品的采样开始和结束时间、降水类型、降雨量、pH 值和电导率数据。可根据降水数据的 pH 值判断该降水样品是否为酸雨，从而监测降水质量状况。

降雨数据查询

站点：[illegible]　日期：从 2023-01-12　到 2023-02-26　批量导入：选择文件 未...文件　模板下载：模板下载

查询　导出Excel　导出国家版xls

新增　批量删除

城市	站点名称	采样开始时间	采样结束时间	降水类型	降雨量（mm）	PH	电导率（mS/m）	操作
广州	[illegible]	2023-01-12 09:00	2023-01-13 09:00	雨	11.2	6.88	2.8	编辑 删除
广州	[illegible]	2023-01-12 13:12	2023-01-13 09:00	雨	7.6	6.59	3.33	编辑 删除
深圳	[illegible]	2023-01-13 09:00	2023-01-14 09:00	中雨	11.3	6.41	1.06	编辑 删除
深圳	[illegible]	2023-01-13 09:25	2023-01-14 09:00	中雨	19.8	6.51	1.78	编辑 删除
珠海	[illegible]	2023-01-13 09:00	2022-01-14 09:00	雨	4.7	5.47	2.23	编辑 删除
汕头	[illegible]	2023-01-13 09:00	2023-01-14 09:00	小雨	4	6.1	3	编辑 删除
汕头	[illegible]	2023-01-14 09:00	2023-01-15 09:00	中雨	11.6	6.4	0.8	编辑 删除
佛山	[illegible]	2023-01-12 09:00	2023-01-13 09:00	小雨	8	6.05	1.76	编辑 删除
佛山	[illegible]	2023-01-12 09:00	2023-01-13 09:00	中雨	10.6	6.2	1.34	编辑 删除

共20条　首页　上一页　1　2　下一页　末页　每页　10　20　50　100　行

图 10－12　降雨数据查询示意

以降雨统计任意对比报表为例（图 10－13），报表可对比任意时段选择的监测项的变化情况，可对比的监测项包括酸雨 pH 值、降雨 pH 值、pH 最大值、pH 最小值、酸雨频率、采水量、酸雨量、电导率、硫酸根、硝酸根、氟离子、氯离子、铵根离子、钙离子、镁离子、钠离子和钾离子。

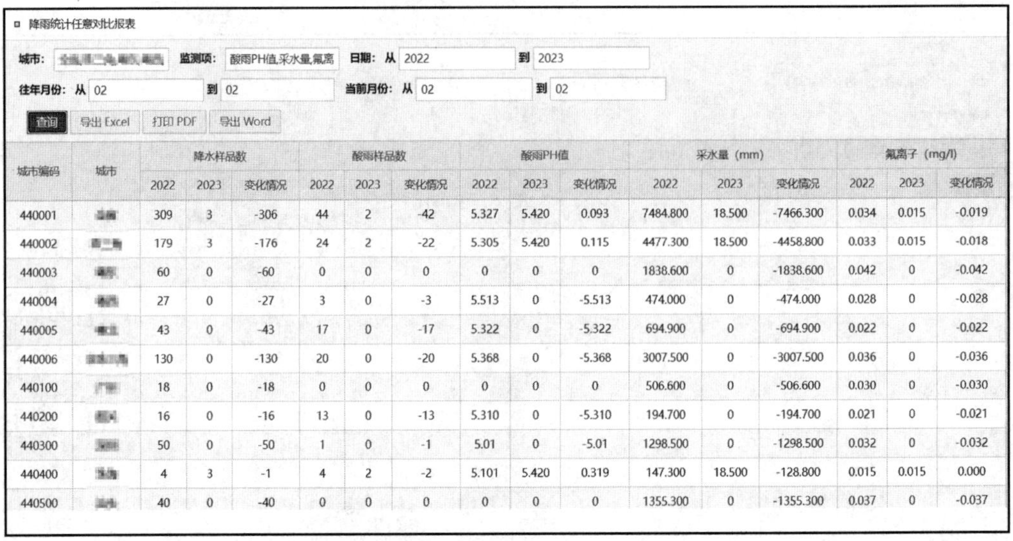

降雨统计任意对比报表

城市： 监测项：酸雨PH值,采水量,氟离 日期：从 2022 到 2023

往年月份：从 02 到 02 当前月份：从 02 到 02

查询 导出 Excel 打印 PDF 导出 Word

城市编码	城市	降水样品数			酸雨样品数			酸雨PH值			采水量（mm）			氟离子（mg/l）		
		2022	2023	变化情况	2022	2023	变化情况	2022	2023	变化情况	2022	2023	变化情况	2022	2023	变化情况
440001		309	3	-306	44	2	-42	5.327	5.420	0.093	7484.800	18.500	-7466.300	0.034	0.015	-0.019
440002		179	3	-176	24	2	-22	5.305	5.420	0.115	4477.300	18.500	-4458.800	0.033	0.015	-0.018
440003		60	0	-60	0	0	0	0	0	0	1838.600	0	-1838.600	0.042	0	-0.042
440004		27	0	-27	3	0	-3	5.513	0	-5.513	474.000	0	-474.000	0.028	0	-0.028
440005		43	0	-43	17	0	-17	5.322	0	-5.322	694.900	0	-694.900	0.022	0	-0.022
440006		130	0	-130	20	0	-20	5.368	0	-5.368	3007.500	0	-3007.500	0.036	0	-0.036
440100		18	0	-18	0	0	0	0	0	0	506.600	0	-506.600	0.030	0	-0.030
440200		16	0	-16	13	0	-13	5.310	0	-5.310	194.700	0	-194.700	0.021	0	-0.021
440300		50	0	-50	1	0	-1	5.01	0	-5.01	1298.500	0	-1298.500	0.032	0	-0.032
440400		4	3	-1	4	2	-2	5.101	5.420	0.319	147.300	18.500	-128.800	0.015	0.015	0.000
440500		40	0	-40	0	0	0	0	0	0	1355.300	0	-1355.300	0.037	0	-0.037

图 10－13　降雨统计任意对比报表示意

（三）常规数据与组分数据的融合分析

各监测网络数据统一后的环境大数据平台综合利用了多维、多源的监测数据，在原来的图形分析和统计报表中增加了对常规数据与组分数据的融合分析，用以精准防控大气复合污染，形成了常规分析、气溶胶物理分析、气溶胶光学分析、气溶胶化学分析、光化学分析、雷达廓线分析、轨迹分析和综合统计的数据应用功能。

1. 单站点污染物分析

单站点污染物分析是常规分析中常规站数据和组分数据融合分析的例子之一（图 10－14）。通过单站点污染物分析功能，可同时分析同一站点不同来源的监测数据，根据因子或者监测仪器的分类选择需要分析的监测项。其中，按因子可分为常规六项参数、温廓线激光雷达、大气稳定度、常规污染物、气象五参数、二次因子、颗粒物特征、VOCs、大气氧化性、OCEC、PAMS、热学 OCEC 和气溶胶激光雷达，按监测仪器可分为 SO_2 监测仪、O_3 分析仪、CO 分析仪、PM_{10} 监测仪、$PM_{2.5}$ 监测仪、OCEC 分析仪、水溶性离子分析仪、大气重金属分析仪、禾信质谱仪、浊度仪、PANs 分析仪、甲烷非甲烷总烃分析仪、VOCs 在线分析仪、气象参数监测仪、气溶胶激光雷达、氮氧化物分析仪、光解光谱仪、PTR-MS 和甲醛仪。

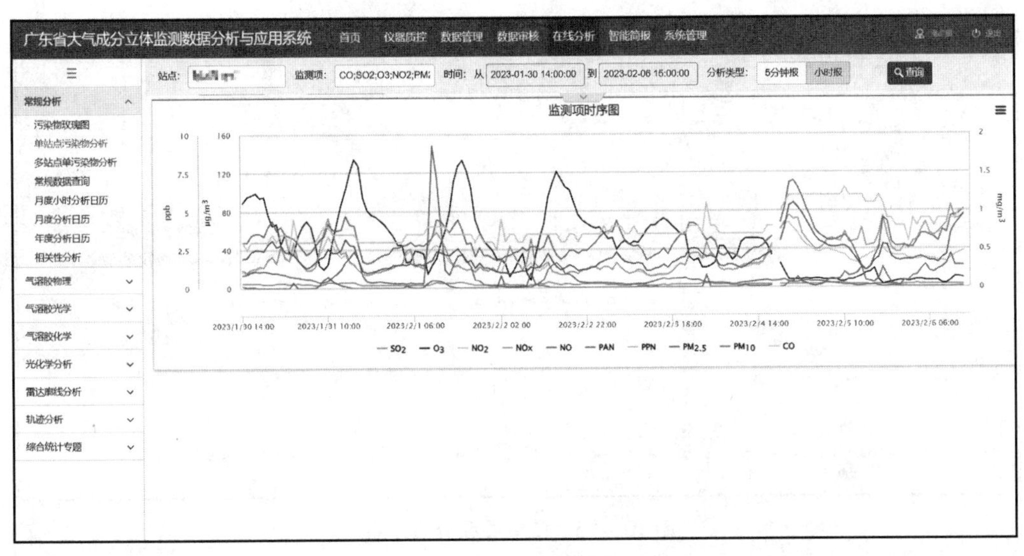

图 10－14　单站点污染物分析示意

2. 污染物相关性分析

污染物相关性分析如图 10－15 所示，系统根据所选的监测因子绘制出二者的散点图，并计算出相应的回归方程与回归系数。根据系统计算的相关系数，可判断一段时间内常规数据与组分数据之间的关联程度。

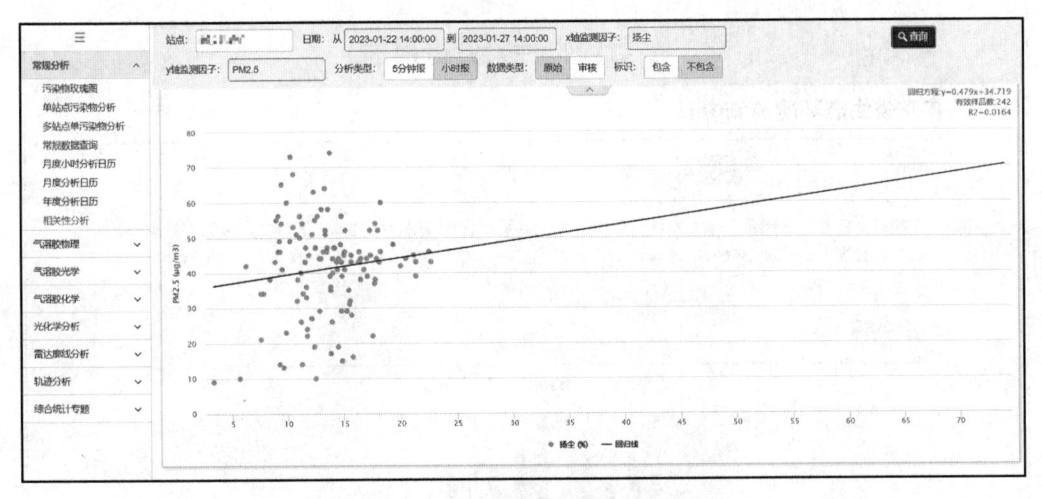

图 10－15　污染物相关性分析示意

3. 气象关联分析

气象关联分析如图 10－16 所示，系统以图表结合的形式将气象要素与臭氧、NO_x 等多要素进行叠加联动分析，以综合分析大气复合污染的变化趋势等信息，辅助判断大气复合污染的成因与来源。

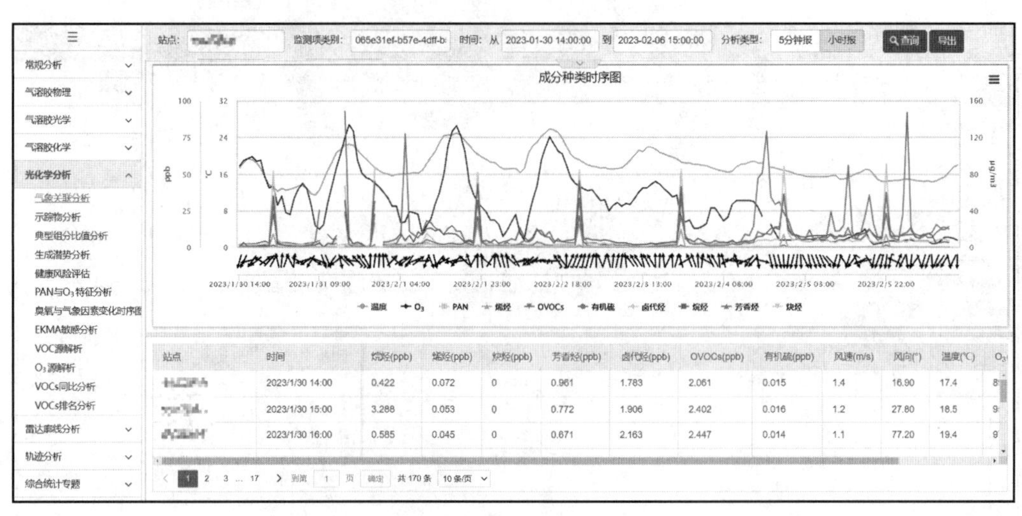

图 10-16　气象关联分析示意

4. 智能报表

系统综合应用常规站监测数据和颗粒物组分站监测数据，完成了污染物的特征分析、来源分析等，并将分析过程和分析结果导出用于不同维度的统计报表的制作，实现从多角度查看空气质量污染状况信息。图 10-17 所示为颗粒物污染分析月报示意。

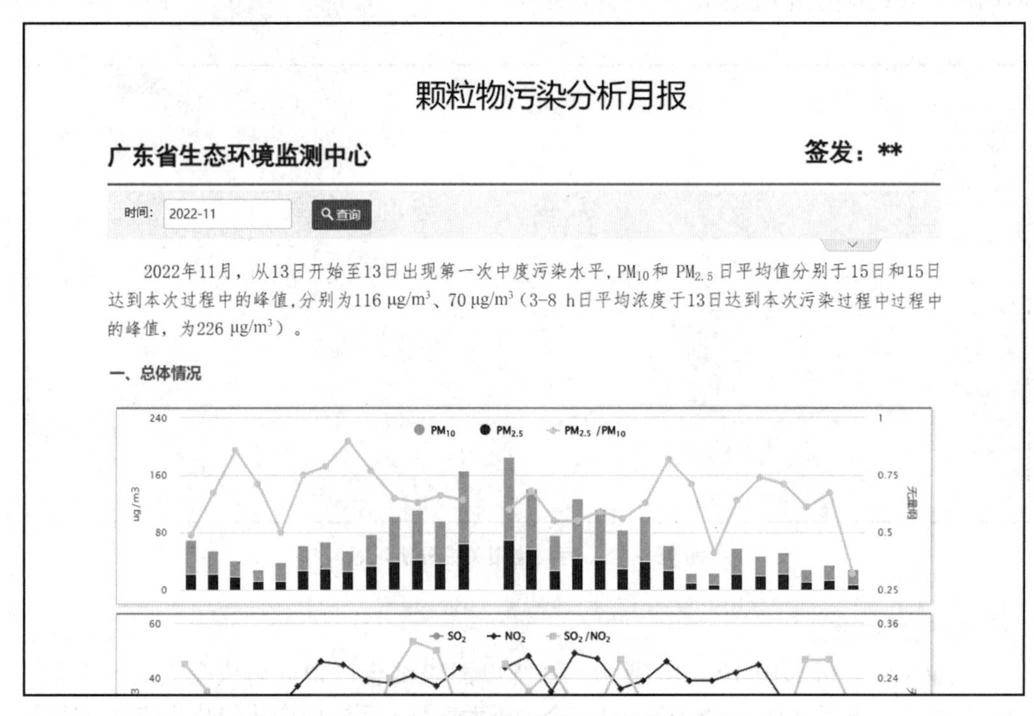

图 10-17　颗粒物污染分析月报示意

（四）常规站与组分站的智能化运维管理系统

广东省空气质量评价监测网络运维管理系统（图 10－18）将组分站与常规站的运维管理整合于一个系统，可统一登录，为环境管理工作提供了更便捷的工具。

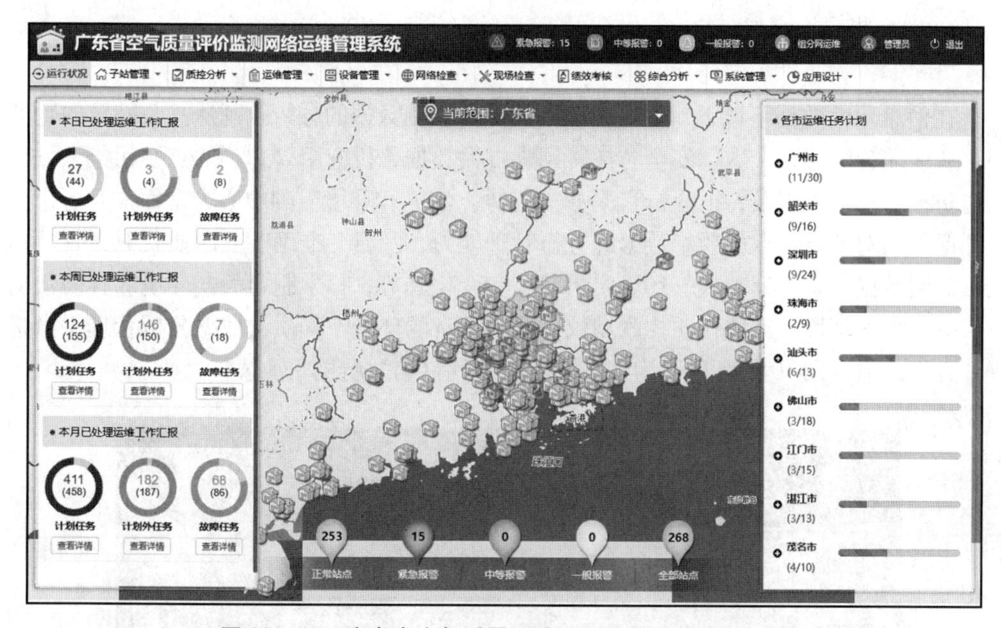

图 10－18　广东省空气质量评价监测网络运维管理系统

常规站点和颗粒物组分站点在运维过程中涉及的工单由系统后台服务自动监控、自动生成、自动派发，同时显示在工作待办事项（图 10－19）中。

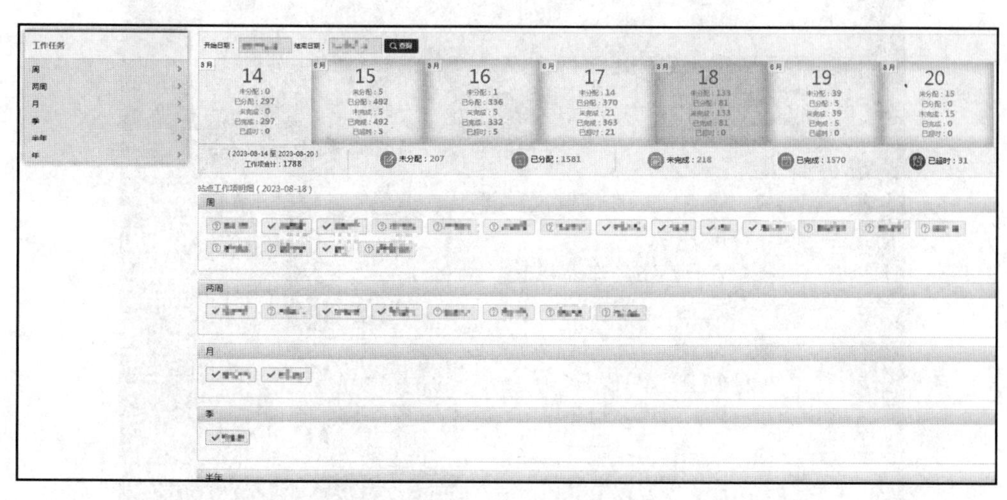

图 10－19　工作待办事项示意

第三节　江苏省环境空气质量监测运维管理与数据审核平台

一、背景与需求

在信息化大数据环境下，大气环境空气质量监测数据的分析管理从互联网转向物联网，从前端智能感知、数据安全防护转到末端大数据分析应用（包括热点重污染天气监测与防护、臭氧成因及特征分析）是必然趋势。江苏省环境监测中心为全面提升省市生态环保部门对于环境空气质量数据的分析管理能力，及时、准确、全面地获取大气环境质量监测数据，客观反映大气环境质量状况和变化趋势，科学制定大气环境综合防治对策，基于大气环境自动监控质控联动仪体系对现有的环境空气质量数据分析管理平台进行了升级改造。图 10－20 所示为江苏省省控空气自动站质控联动仪。

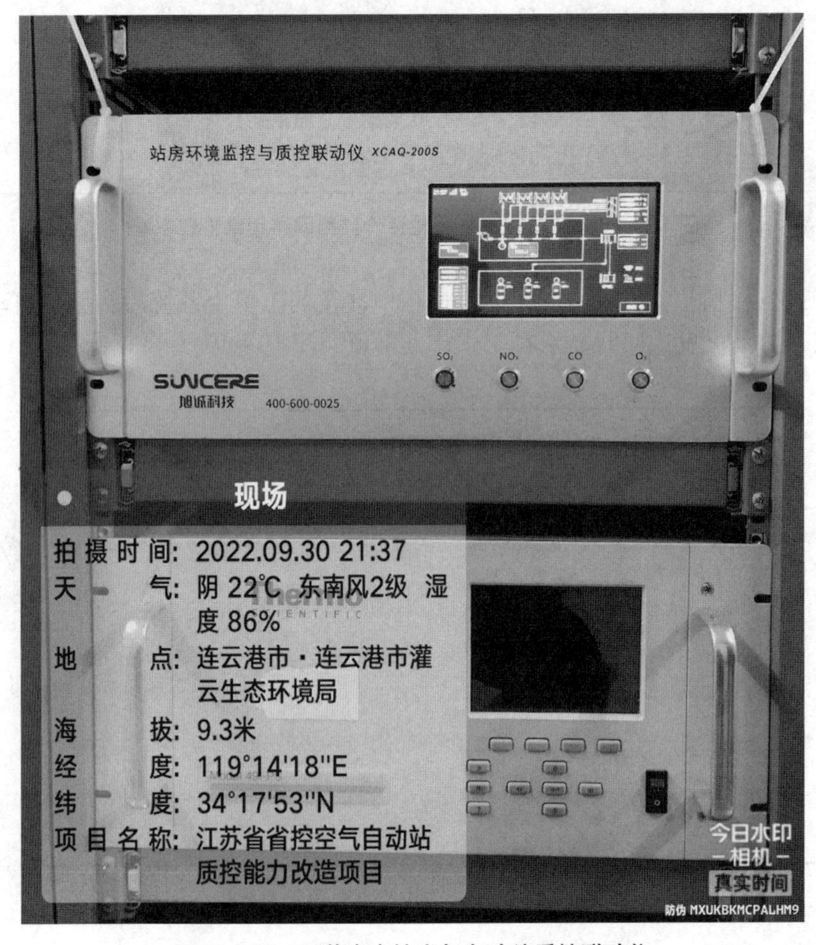

图 10－20　江苏省省控空气自动站质控联动仪

目前，江苏省内共104个省控空气质量监测站点都增加了质控联动仪，对环境空气站站房环境、采样过程、质控流程等进行全方位一体化的精准监控，实时掌握监测数据异常与站房环境状态异常，从而提高了监测点位监测数据的真实性、有效性，保障了数据质量。同时，借助环境空气质量数据分析管理平台，实现了省内站点的自动质控和在线质控，满足了新形势下环境管理监督、考核和公共服务的需求。

二、系统功能

江苏省环境空气质量监测运维管理与数据审核平台（图10－21）从功能上可以分为联网子系统和运维管理子系统。

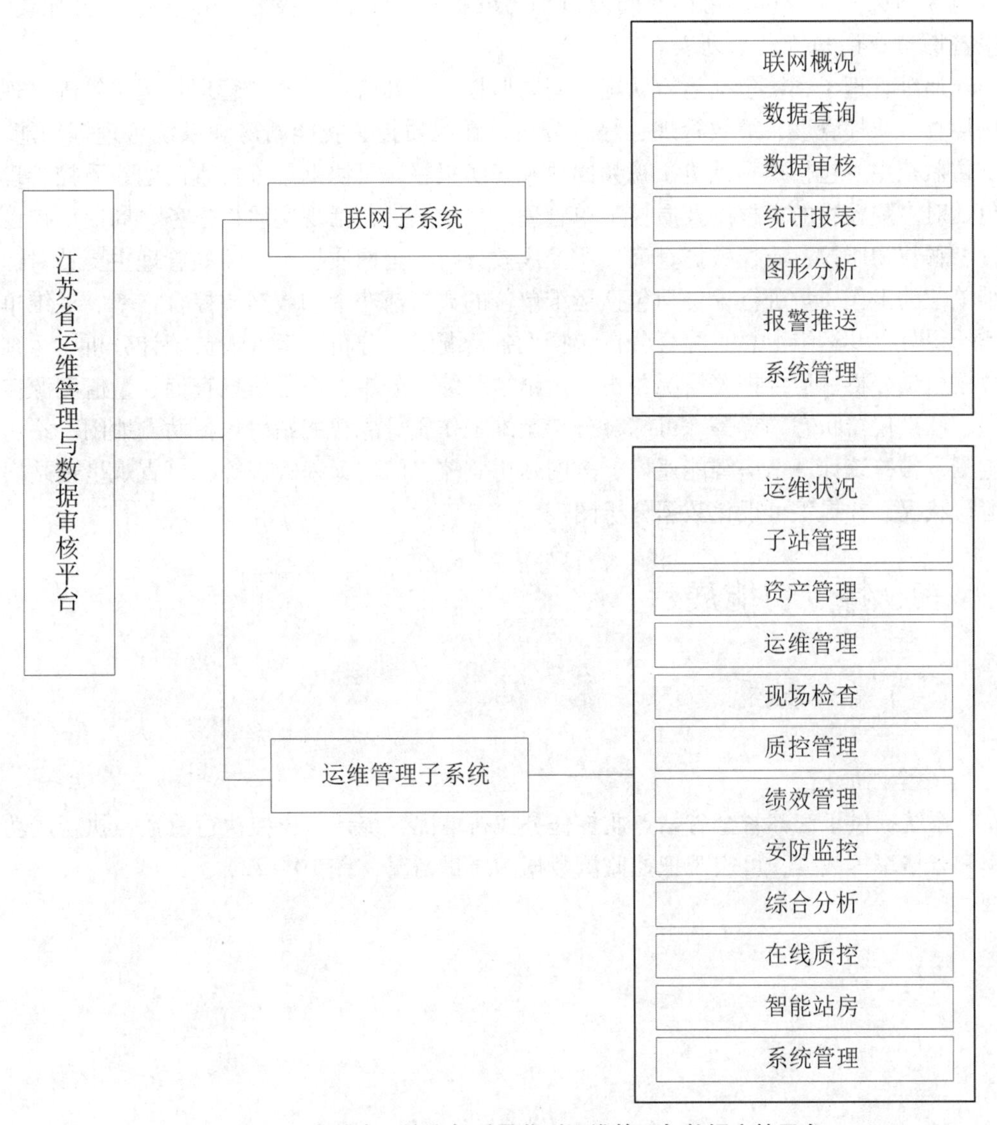

图10－21　江苏省环境空气质量监测运维管理与数据审核平台

联网子系统主要包括联网概况、数据查询、数据审核、统计报表、图形分析、报警推送和系统管理等功能。联网概况包括站点布局、联网状态、联网时间、站房监控、站房一体化和地图渲染等功能模块，可基于GIS展示联网站点的空间分布，实时掌握联网站点的运行状况。数据查询包括城市监测数据、站点监测数据和仪器状态数据的查询，可实现对各监测因子监测值和仪器状态数据当前情况与历史状况的查询。数据审核包括复核情况一览、日报审核、审核记录、复核记录和数据回补等功能，可为数据审核人员优化审核流程，确保从监测站收集的数据稳定、合理。统计报表功能根据不同地区略有不同，主要包括站点报表、区县报表、城市报表、区域综合报表、站点超标天数统计报表、站点实时数据统计和排名统计。图形分析功能主要包含空气质量变化曲线、空气质量等级分析、首要污染物分析、风玫瑰图分析、污染时序分析、污染空间分析和污染物相关分析。报警推送包括报警配置、报警历史查询和待发送列表。

运维管理子系统包括运维状况、安防监控、子站管理、资产管理、运维管理、现场检查、质控管理、绩效管理、综合分析、在线质控、智能站房和系统管理等功能。安防监控主要包括视频预览、视频回放和安防报警，可协助远程排查问题。质控管理包括对多颗粒物的审核以及质控工单管理。在线质控包括现实质控任务、周期质控设置、颗粒物质控、质控数据查询、质控成效分析、全网质控等。绩效管理主要针对运维单位的工作质量进行评价，包括运维单位的数据捕获率和数据质控合格率、运维单位的得分以及运维汇总。综合分析包括设备情况统计分析、运维人员统计分析、运维数据质量分析、运维报警情况分析、运维情况综合分析、设备信息查询、量值溯源传递、站点仪器状态趋势等，可综合分析运维工作质量。智能站房包括站点地图、站房监测、告警统计、站房智能遥控、全网站房监控、门禁远程管理等，可直观呈现站房运行状况，并提供可视化数据分析图表。

三、特点功能展示

（一）在线质控

1. 全网质控

系统提供了江苏省全省站点质控任务执行情况，统计了质控执行总数、执行成功率和合格率等数据，可宏观把控监测数据的质量情况（图10－22）。

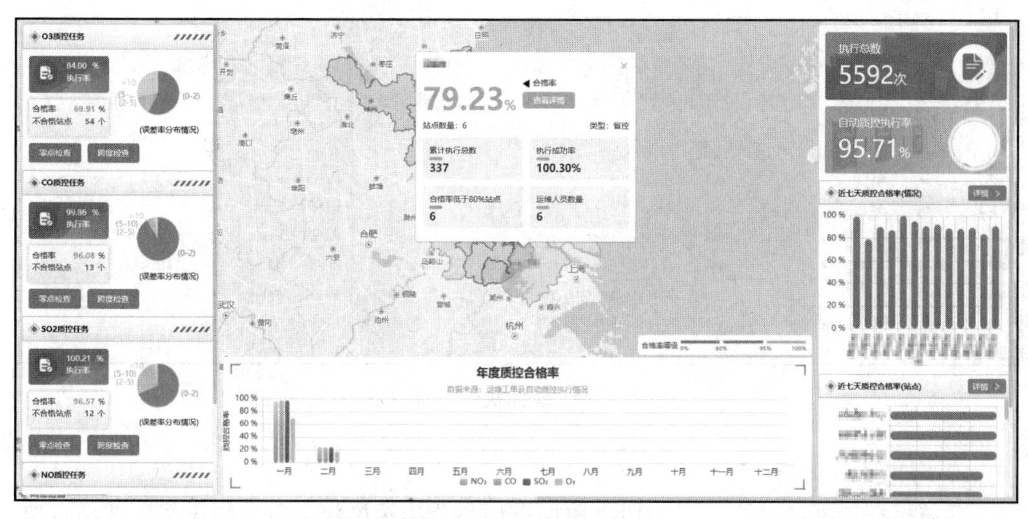

图 10－22　全网质控示意

2. 质控任务

系统提供了质控任务总览（图 10－23），统计江苏省内所有质控任务，并按地级市展示站点质控任务的设置情况。

质控任务统计　　更新时间：2023-02-07 10:14:53　刷新

江苏省 104　点位已设置 101　点位未设置 3　CO 任务 208　SO_2 任务 208　O_3 任务 205　NO 任务 208

城市	已设置站点	未设置站点	CO 零点检查	CO 跨度检查	SO_2 零点检查	SO_2 跨度检查	O_3 零点检查	O_3 跨度检查	NO 零点检查	NO 跨度检查
南京市：4	4	0	4	4	4	4	4	4	4	4
无锡市：6	6	0	6	6	6	6	6	6	6	6
徐州市：10	10	0	10	10	10	10	10	10	10	10
常州市：4	4	0	4	4	4	4	4	4	4	4
苏州市：13	10	3	13	13	13	13	13	10	13	13
南通市：11	11	0	11	11	11	11	11	11	11	11
连云港市：7	7	0	7	7	7	7	7	7	7	7
淮安市：7	7	0	7	7	7	7	7	7	7	7

图 10－23　质控任务总览示意

（二）质控成效分析

1. 质控执行率

系统根据选择的站点和时间提供所有监测仪器质控任务执行情况的查询（图 10－24）。

* 站点：[illegible] +2 * 月份：2023-01 - 2023-01 查询

[illegible]					
质控月份	质控类型	监控类型	执行次数	应做数量	执行率
2023-01	零点检查	SO2	31	31	100%
2023-01	零点检查	CO	31	31	100%
2023-01	零点检查	NO	31	31	100%
2023-01	零点检查	O3	31	31	100%
2023-01	跨度检查	SO2	31	31	100%
2023-01	跨度检查	CO	31	31	100%
2023-01	跨度检查	NO	31	31	100%
2023-01	跨度检查	O3	31	31	100%
合计			248	248	100%

[illegible]					
质控月份	质控类型	监控类型	执行次数	应做数量	执行率
2023-01	零点检查	SO2	31	31	100%
2023-01	零点检查	CO	31	31	100%
2023-01	零点检查	NO	31	31	100%
2023-01	零点检查	O3	31	31	100%
2023-01	跨度检查	SO2	31	31	100%
2023-01	跨度检查	CO	31	31	100%
2023-01	跨度检查	NO	31	31	100%
2023-01	跨度检查	O3	0	31	0
合计			217	248	87.5%

[illegible]					
质控月份	质控类型	监控类型	执行次数	应做数量	执行率
2023-01	零点检查	SO2	31	31	100%
2023-01	零点检查	CO	31	31	100%
2023-01	零点检查	NO	31	31	100%
2023-01	零点检查	O3	31	31	100%
2023-01	跨度检查	SO2	31	31	100%
2023-01	跨度检查	CO	31	31	100%
2023-01	跨度检查	NO	31	31	100%
2023-01	跨度检查	O3	31	31	100%
合计			248	248	100%

图 10－24　质控执行情况示意

2. 合格统计分析

系统根据选择的站点、时间段、质控类型和监测污染物类型，提供了所选站点监测仪器的零点检查或跨度检查的详细结果，并通过表格的方式对质控情况进行全面统计分析（图 10－25）。

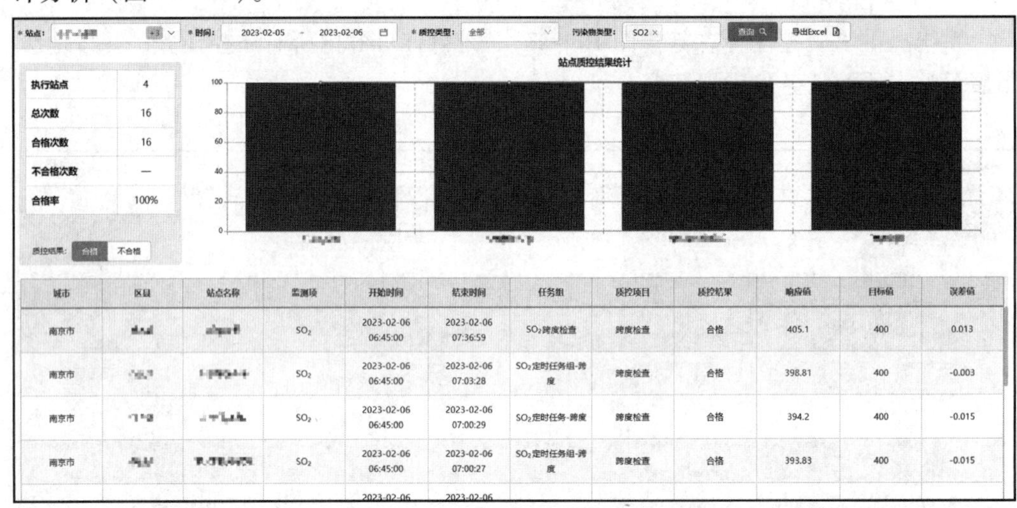

城市	区县	站点名称	监测项	开始时间	结束时间	任务组	质控项目	质控结果	响应值	目标值	误差值
南京市	[illegible]	[illegible]	SO_2	2023-02-06 06:45:00	2023-02-06 07:36:59	SO_2跨度检查	跨度检查	合格	405.1	400	0.013
南京市	[illegible]	[illegible]	SO_2	2023-02-06 06:45:00	2023-02-06 07:03:28	SO_2定时任务组-跨度	跨度检查	合格	398.81	400	-0.003
南京市	[illegible]	[illegible]	SO_2	2023-02-06 06:45:00	2023-02-06 07:00:29	SO_2定时任务-跨度	跨度检查	合格	394.2	400	-0.015
南京市	[illegible]	[illegible]	SO_2	2023-02-06 06:45:00	2023-02-06 07:00:27	SO_2定时任务组-跨度	跨度检查	合格	393.83	400	-0.015
				2023-02-06	2023-02-06						

图 10－25　质控合格统计分析示意

3. 合格率统计分析

系统根据选择的站点、时间段和监测污染物类型，提供了监测仪器的零点检查、跨度检查以及站点综合质控任务合格率，并通过表格的方式对质控合格率进行全面统计分析（图 10－26）。

4. 误差分析

系统根据选择的站点、时间段、质控项目和污染物类型，提供了监测仪器的质控检查的漂移量以及质控结果的误差分布，并通过统计散点图和饼图的方式对质控误差进行全面统计分析（图 10－27）。

* 站点：[illegible] +5　* 时间：2023-02-05 ~ 2023-02-06　污染物类型：CO ×

查询　导出Excel

序号	城市	区县	站点名称	CO零点	CO跨度	站点合格率
1	[illegible]	[illegible]	[illegible]	100%	100%	100%
2	[illegible]	[illegible]	[illegible]	100%	100%	100%
3	[illegible]	[illegible]	[illegible]	100%	100%	100%
4	[illegible]	[illegible]	[illegible]	100%	0%	50.0%
5	[illegible]	[illegible]	[illegible]	100%	100%	100%
6	[illegible]	[illegible]	[illegible]	100%	100%	100%
			单项合格率：	100%	83.33%	
			站点总数：	全部合格站点数：	5	
			站点总合格率：	站点总合格率(除O3跨度)：	91.67%	
			零点总合格率：			
			跨度总合格率：	跨度总合格率(除O3跨度)：	83.33%	

共 11 条数据　<　1　>　200 条/页

图 10－26　质控合格率统计分析示意

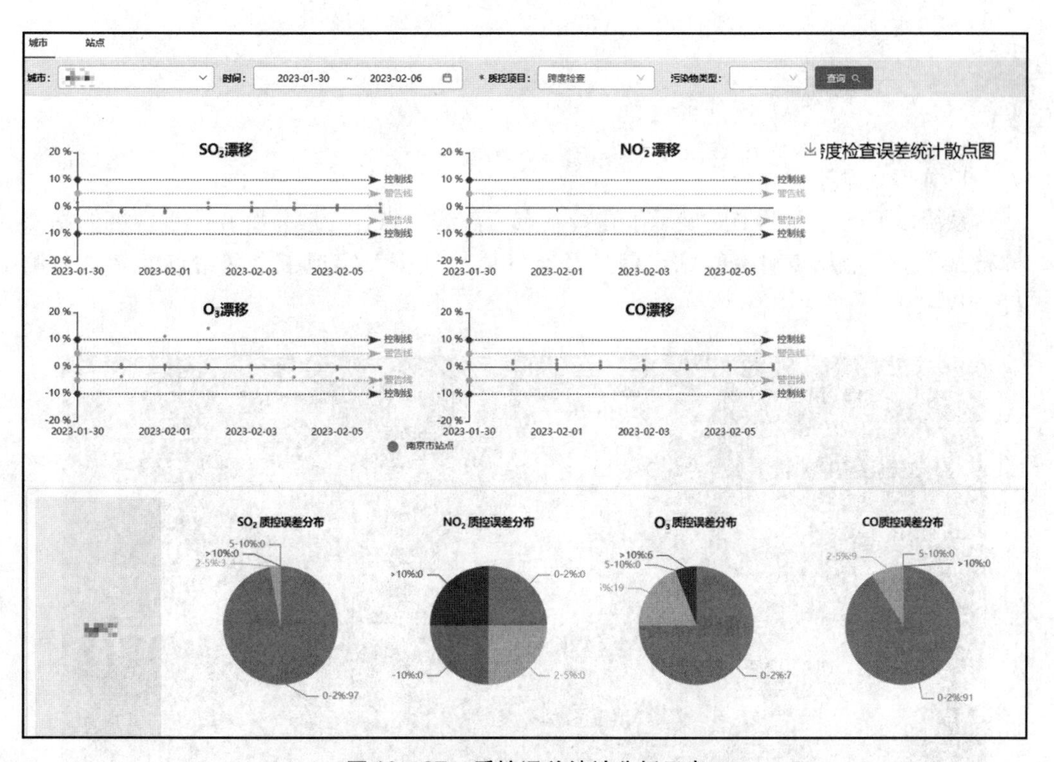

图 10－27　质控误差统计分析示意

5. 精度分析

系统根据选择的城市或者站点、时间段和监测污染物类型，提供了监测仪器的质控精度检查的次数、平均值、标准差、合格率以及在监测系统中的排名，并通过表格和统计散点图的方式进行全面统计分析（图 10－28）。

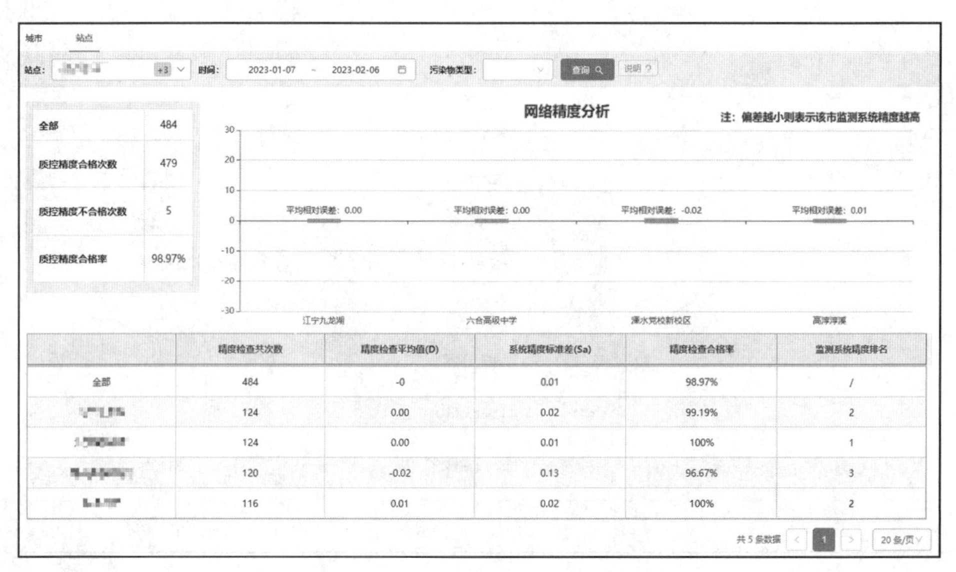

图 10－28　质控精度统计分析示意

（三）一键巡检

1. 站房监测

系统以 GIS 地图的形式展示了在线站点、离线站点、一般告警和严重告警的站点分布，单击任意站点可查看站点信息及空气质量数据，实现了全网站点的实时监测（图 10－29）。

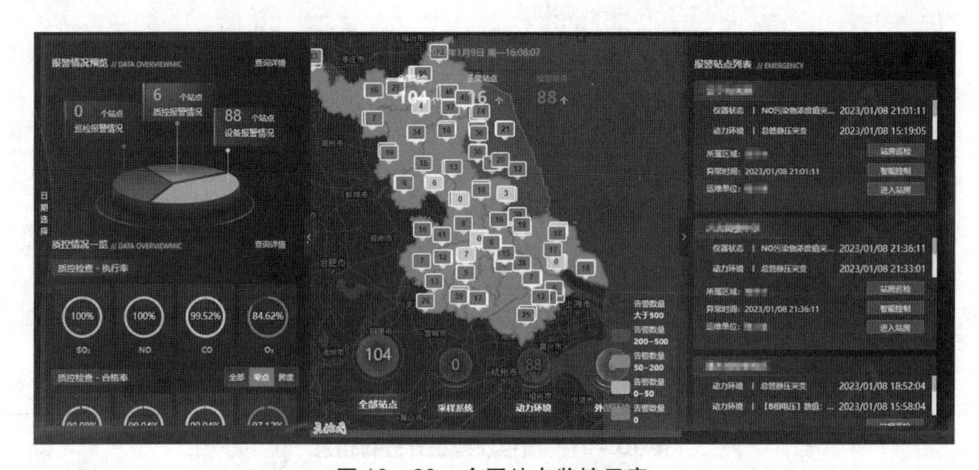

图 10－29　全网站点监控示意

2. 站房巡检

系统通过“全网站点监控”的“站房巡检”功能进入巡检页面（图 10－30），点击“开始状态监测”这一站房状态检测按钮，会不断显示每一步检测的详细内容，类似于电脑体检过程，检测过程中主图的各个设备示意图会跟着检测步骤变化，设备运行则相应亮起。检测完毕后，界面会显示一键生成巡检报告以及优化建议概要。

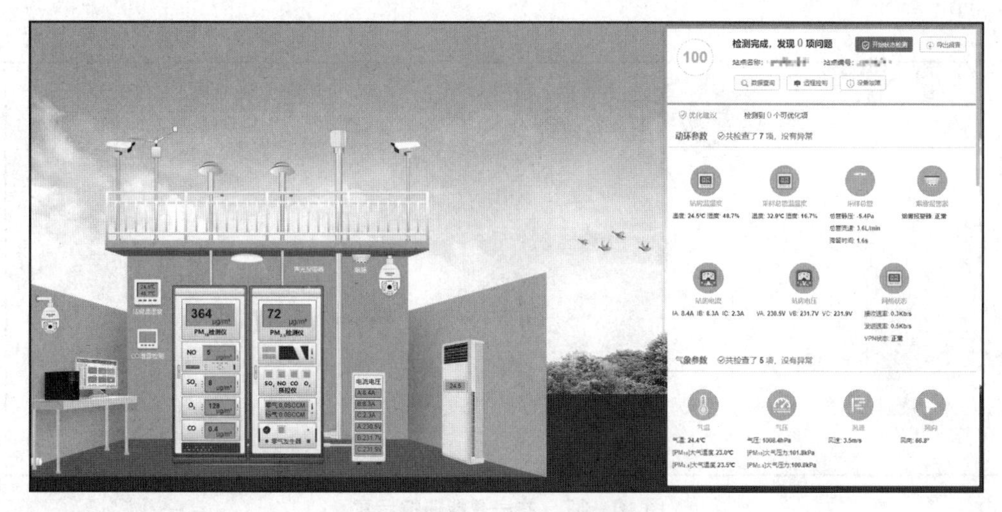

图 10－30　站房巡检示意

3. 虚拟站房环境

系统通过“全网站点监控”的“进入站房”功能可进入站房内部环境展示页面（图 10－31）。该页面展示了站房内部仪器设备运行情况，SO_2、O_3、CO、NO、$PM_{2.5}$、PM_{10}质控设备的监测数据，动力环境监测数据，气象五参数监测数据，室内温湿度、钢气瓶压力、采样系统信息，智能电表、站房视频预览，告警类型统计和站点告警信息等。

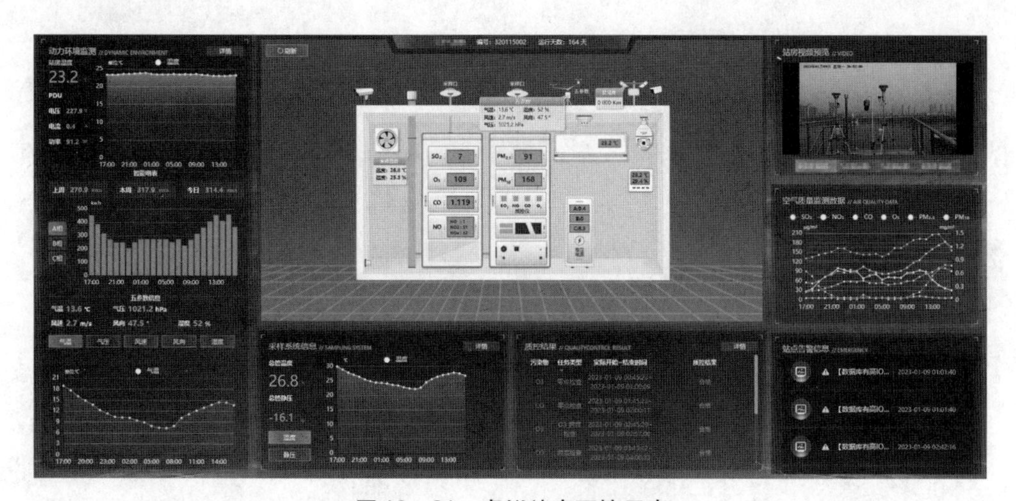

图 10－31　虚拟站房环境示意

4. 站房智能遥控

系统提供了站房智能遥控（图 10－32），可实现动态校准仪供电插座开关、零气发生器供电插座开关的远程控制，空调设备温度、风速、模式及风向等操作的智能调节。一方面，站房巡检模块联动，可远程调控站房环境，消除报警；另一方面，与质控模块联动，可实现动态校准仪与零气发生器的提前预热，缩短运维人员进行质控任务的准备时间。

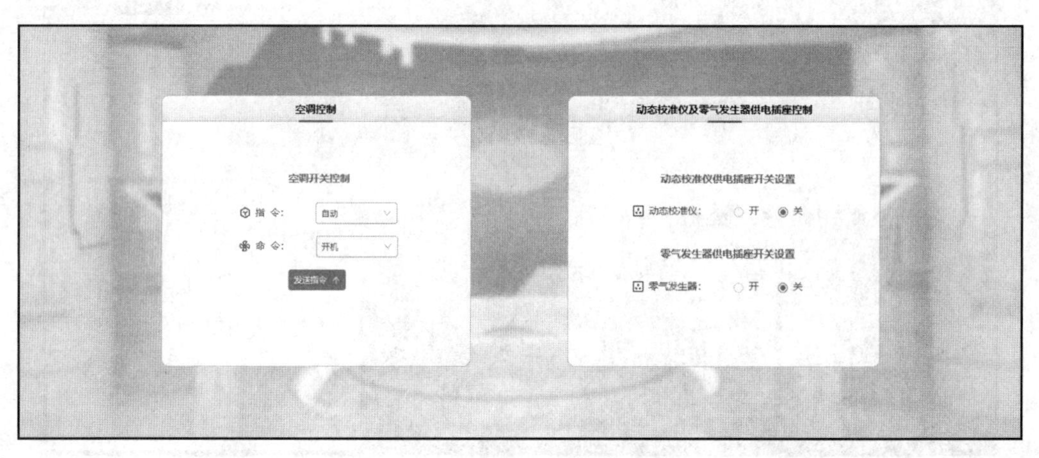

图 10－32　站房智能遥控示意

参考文献

[1] 安学文. 南宁市江南区冬季大气颗粒物化学组分分析及来源解析 [D]. 南宁：广西大学，2019.

[2] 曹军骥. $PM_{2.5}$与环境 [M]. 北京：科学出版社，2014.

[3] 陈蒙. 环境监测与智能化融合的探讨 [J]. 皮革制作与环保科技，2021，2(18)：58-59.

[4] 陈善荣，陈传忠. 科学谋划"十四五"国家生态环境监测网络建设 [J]. 中国环境监测，2019，35 (6)：1-5.

[5] 程祖国，罗敏. 环境偶双极的数字孪生及其应用 [J]. 科技创新与应用，2020(6)：170-171.

[6] 崔杰，黄晓锋，袁金凤，等. 基于在线观测的大气$PM_{2.5}$中棕色碳吸光贡献估算 [J]. 中国环境科学，2017，37 (2)：401-406.

[7] 耿博耘，闫书明，王超. 区块链关键技术综述 [J]. 信息系统工程，2021 (10)：93-97.

[8] 郭伟，王雁，闫世明，等. 太原市气溶胶浓度与大气能见度的关系研究 [C]//中国环境科学学会2016年学术年会. 北京：中国环境科学学会，2016：2855-2862.

[9] 何丽，罗萌萌，潘巍，等. 成都秋季大气污染过程VOCs特征及SOA生成潜势 [J]. 中国环境科学，2018，38 (8)：2840-2845.

[10] 贺克斌. 大气颗粒物与区域复合污染 [M]. 北京：科学出版社，2011.

[11] 胡天鹏，李刚，毛瑶，等. 某石油化工园区秋季VOCs污染特征及来源解析 [J]. 环境科学，2018，39 (2)：517-524.

[12] 黄俊，廖碧婷，吴兑，等. 广州近地面臭氧浓度特征及气象影响分析 [J]. 环境科学学报，2018，38 (1)：23-31.

[13] 黄晓英，裴润有，潘文启，等. 智能化环境监测数据分析系统提高工作效率浅析 [J]. 油气田环境保护，2017，27 (1)：44-46，62.

[14] 李宝琴，吴俊勇，邵美阳，等. 基于集成深度置信网络的精细化电力系统暂态稳定评估 [J]. 电力系统自动化，2020，44 (6)：17-26.

[15] 李建伟，郭宏. 监控组态软件的设计与开发 [M]. 北京：冶金工业出版社，2007.

[16] 李康为. 不同大气复合污染情景下二次气溶胶形成机制的实验研究 [D]. 杭州：浙江大学，2018.

[17] 李同囡，邱嘉馨，房春生. 环境中臭氧的危害与防治浅析 [J]. 世界环境，2020(5)：16-18.

[18] 李尉卿. 大气气溶胶污染化学基础 [M]. 郑州：黄河水利出版社，2010.

[19] 李雯香，秦培智，唐晗. 化学质量平衡法在污染源解析中的应用研究［J］. 绿色科技，2019（14）：201－202，204.

[20] 刘广峰，黄霞. 计算机基础教程［M］. 武汉：华中科技大学出版社，2016.

[21] 刘焕. 一种物联网多协议智能管控系统的设计与开发［D］. 北京：北京邮电大学，2019.

[22] 刘俊一. 人工智能领域的机器学习算法研究综述［J］. 数字通信世界，2018，157（1）：242－243.

[23] 刘善锋. 基于云边协同的物联网平台解决方案［J］. 数字通信世界，2019，11（2）：130－130.

[24] 刘咸德，李军，赵越，等. 北京地区大气颗粒物污染的风向因素研究［J］. 中国环境科学，2010，30（1）：1－6.

[25] 刘耀. 基于组件技术的组态软件的研究与设计［D］. 长沙：中南大学，2004.

[26] 刘永建. 物联网技术支持下的环境空气质量自动监测站智能化建设研究分析［J］. 中国战略新兴产业，2018（44）：84.

[27] 刘宗保. 人工智能技术在电气自动化中的应用［J］. 科技促进发展，2011（S1）：145－146.

[28] 马国华. 监控组态软件及其应用［M］. 北京：清华大学出版社，2001.

[29] 欧金成，欧世乐，林德杰，等. 组态软件的现状与发展［J］. 工业控制计算机，2002，15（4）：1－5.

[30] 裴成磊，梁永健，刘文彬，等. 广州市空气质量自动监测系统设计及建设［J］. 环境监控与预警，2011，3（2）：27－29，37.

[31] 谭杰，李叶. 提高环境监测数据质量水平的对策分析［J］. 科技风，2020（31）：3－4.

[32] 谭天怡，郭松，吴志军，等. 老化过程对大气黑碳颗粒物性质及其气候效应的影响［J］. 科学通报，2020，65（36）：4235－4250.

[33] 唐孝炎，张远航，邵敏. 大气环境化学［M］. 2 版. 北京：高等教育出版社，2006.

[34] 陶飞，刘蔚然，张萌，等. 数字孪生五维模型及十大领域应用［J］. 计算机集成制造系统，2019，25（1）：1－18.

[35] 汪蕊，丁建丽，马雯，等. 基于 PSCF 与 CWT 模型的乌鲁木齐市大气颗粒物源区分析［J］. 环境科学学报，2021，41（8）：3033－3042.

[36] 王成辉，陈军辉，韩丽，等. 成都市城区大气 VOCs 季节污染特征及来源解析［J］. 环境科学，2020，41（9）：3951－3960.

[37] 王启河. 区块链技术研究综述［J］. 现代信息科技，2022，6（8）：66－71.

[38] 王学龙，张璟. P2P 关键技术研究综述［J］. 计算机应用研究，2010，27（3）：801－805，823.

[39] 王玉珏，胡敏，李晓，等. 大气颗粒物中棕色碳的化学组成、来源和生成机制［J］. 化学进展，2020，32（5）：627－641.

［40］王元地，李粒，胡谍．区块链研究综述［J］．中国矿业大学学报（社会科学版），2018，20（3）：74－86．
［41］吴兆祥．中等职业教育国家规划教材：机电设备概论［M］．北京：机械工业出版社，2017．
［42］武岳，李军祥．区块链 P2P 网络协议演进过程［J］．计算机应用研究，2019，36（10）：2881－2929．
［43］谢敏，徐伟嘉，袁鸾，等．区域空气质量监测业务管理平台开发及应用［J］．环境科学与技术，2013，36（11）：181－185．
［44］杨龙，郁洁，孙东玲，等．天津市环境监测信息化应用平台项目分享［C］//中国环境科学学会 2016 年学术年会．北京：中国环境科学学会，2016：1296－1303．
［45］叶志飞，文益民，吕宝粮．不平衡分类问题研究综述［J］．智能系统学报，2009，4（2）：148－156．
［46］尹伟康，刘文清，钱江，等．一种基于天地空一体化的大气综合监测平台［J］．化学世界，2017，58（10）：637－640．
［47］于进勇，丁鹏程，王超．卷积神经网络在目标检测中的应用综述［J］．计算机科学，2018，45（S2）：17－26．
［48］袁勇，王飞跃．区块链技术发展现状与展望［J］．自动化学报，2016，42（4）：481－494．
［49］张金，姬亚芹，邢雅彤，等．天津市高校夏季道路扬尘 $PM_{2.5}$ 中水溶性离子污染特征及来源［J］．环境科学学报，2020，40（5）：1604－1610．
［50］张利云，黄文德，张晓飞，等．基于北斗的天空地一体化环境监测平台研究［J］．电子测量技术，2021，44（20）：60－64．
［51］张毅，贺桂珍，吕永龙，等．我国生态环境大数据建设方案实施及其公开效果评估［J］．生态学报，2019，39（4）：1290－1299．
［52］张远航，李金凤．臭氧污染的危害、成因与防治［J］．紫光阁，2014（12）：72，77．
［53］张智答．长春市大气中细颗粒物受体组分重构分析［D］．长春：吉林大学，2018．
［54］章刘成，张莉，杨维芝．区块链技术研究概述及其应用研究［J］．商业经济，2018（4）：170－171．
［55］章文星，吕达仁，王普才．北京地区大气气溶胶光学厚度的观测和分析［J］．中国环境科学，2002，22（6）：16－21．
［56］章育仲，袁凤杰．全球大气监测网与我国监测站网［J］．气象科技，2002，30（1）：57－59，36．
［57］赵一鸣，李艳华，商雅楠，等．激光雷达的应用及发展趋势［J］．遥测遥控，2014，35（5）：4－22．
［58］钟流举．区域空气质量监测网络质量管理体系与标准操作程序［M］．广州：广东科技出版社，2013．

[59] 朱燕玲，姚玉刚，丁铭. 苏州市环境空气质量自动监测信息化平台建设思路研究［J］. 环境科学与管理，2014，39（9）：138－140.

[60] BÜNZ B，KIFFER L，LUU L，et al. Flyclient：super-light clients for cryptocurrencies［C］//Proceedings of the 2020 IEEE symposium on security and privacy. Piscataway：IEEE，2020：928－946.

[61] FORKEL R，WERHAHN J，HANSEN A B，et al. Effect of aerosol-radiation feedback on regional air quality—a case study with WRF/Chem［J］. Atmospheric environment，2012，53：202－211.

[62] GARAY J，KIAYIAS A，LEONARDOS N. The bitcoin backbone protocol：analysis and applications［C］//Proceedings of the 2015 Annual international conference on the theory and applications of cryptographic techniques. Berlin：Springer，2015：281－310.

[63] GOLDWASSER S，MICALI S，RACKOFF C. The knowledge complexity of interactive proof-systems［C］//Proceedings of the 1985 17th Annual symposium on theory of computing. New York：ACM，1985：291－304.

[64] GRIEVES M，VICKERS J. Digital uwin：mitigating unpredictable，undesirable emergent behavior in complex systems［M］//KAHLEN J，FLUMERFELT S，ALVES A，Transdisciplinary perspectives on complex systems. Cham：Springer，2017：85－113.

[65] HELIN A，VIRKKULA A，BACKMAN J，et al. Variation of absorption ångström exponent in aerosols from different emission sources［J］. Journal of geophysical research：atmospheres，2021，126（10）：e2020JD034094-1－e2020JD034094-21.

[66] HINTON G E，SALAKHUTDINOV R R. Reducing the dimensionality of data with neural networks［J］. Science，2006，313（5786）：504－507.

[67] HUANG J，MINNIS P，CHEN B，et al. Long-range transport and vertical structure of Asian dust from CALIPSO and surface measurements during PACDEX［J］. Journal of geophysical research：atmospheres，2008，113（D23）：D23212-1－D23212-13.

[68] KANUNGO T，MOUNT D M，NETANYAHU N S，et al. An efficient k-means clustering algorithm：analysis and implementation［J］. IEEE transactions on pattern analysis & machine intelligence，2002，24（7）：881－892.

[69] KING S，NADAL S. PPCoin：Peer-to-Peer Crypto-Currency with Proof-of-Stake［EB/OL］.［2022－11－20］. https://inpluslab. sysu. edu. cn/files/blockchain/proof_of_stake. pdf.

[70] KÖHLER A. WMO's activities on background atmospheric pollution and integrated monitoring and research［EB/OL］.［2022－11－20］. https://inpluslab. sysu. edu. cn/files/blockchain/proof_of_stake. pdf.

[71] LARIMER D. Delegated proof-of-stake white paper［J］. IEEE Access，2014，7：10. 1109.

[72] LASKIN A, LASKIN J, NIZKORODOV S A. Chemistry of atmospheric brown carbon [J]. Chemical Reviews, 2015, 115 (10): 4335-4382.

[73] LI J, WANG Z, WANG X, et al. Impacts of aerosols on summertime tropospheric photolysis frequencies and photochemistry over Central Eastern China [J]. Atmospheric environment, 2011, 45 (10): 1817-1829.

[74] LI K, JACOB D J, SHEN L, et al. Increases in surface ozone pollution in China from 2013 to 2019: anthropogenic and meteorological influences [J]. Atmospheric chemistry and physics, 2020, 20 (19): 11423-11433.

[75] LIU X-Y, WU J, ZHOU Z-H. Exploratory Under-sampling for class-imbalance learning [J]. IEEE transactions on systems, man, cybernetics, part B (cybernetics), 2008, 39 (2): 539-550.

[76] LIU Y, WANG T. Worsening urban ozone pollution in China from 2013 to 2017—Part 1: the complex and varying roles of meteorology [J]. Atmospheric chemistry and physics, 2020, 20 (11): 6305-6321.

[77] LOU S, LIAO H, ZHU B. Impacts of aerosols on surface-layer ozone concentrations in China through heterogeneous reactions and changes in photolysis rates [J]. Atmospheric environment, 2014, 85: 123-138.

[78] LU X, HONG J, ZHANG L, et al. Severe surface ozone pollution in China: a global perspective [J]. Environmental science technology letters, 2018, 5 (8): 487-494.

[79] NURWARSITO H, YULIHARDI F S. Obstructive sleep apnea patient's heart beat monitoring system from android smartphone using MQTT protocol [J]. International journal of innovative technology and exploring engineering, 2020, 9 (11): 265-270.

[80] ONGARO D, OUSTERHOUT J. In search of an understandable consensus algorithm [C]//Proceedings of the 2014 USENIX Annual Technical Conference. Berkeley: USENIX Association, 2014: 305-319.

[81] PURI V, PRIYADARSHINI I, KUMAR R, et al. Smart contract based policies for the Internet of Things [J]. Cluster Computing, 2021, 24 (3): 1675-1694.

[82] QU Y, WANG T, CAI Y, et al. Influence of atmospheric particulate matter on ozone in Nanjing, China: observational study and mechanistic analysis [J]. Advances in atmospheric sciences, 2018, 35 (11): 1381-1395.

[83] REDMON J, DIVVALA S, GIRSHICK R, et al. You only look once: unified, real-time object detection [C]//Proceedings of the 2016 IEEE conference on computer vision and pattern recognition. Piscataway: IEEE, 2016: 779-788.

[84] STANFORD-CLARK A, TRUONG H L. MQTT for sensor networks (MQTT-SN) protocol specification [J]. International business machines corporation version, 2013, 1 (2): 1-28.

[85] VALIANT L G. A theory of the learnable [J]. Communications of the ACM, 1984,

27 (11): 1134 - 1142.

[86] WANG R J, TANG Y G, ZHANG W Q. Privacy protection scheme for internet of vehicles based on homomorphic encryption and block chain technology [J]. Journal of network and information security, 2020, 6 (1): 46 - 53.

[87] WANG X, HEALD C L, RIDLEY D A, et al. Exploiting simultaneous observational constraints on mass and absorption to estimate the global direct radiative forcing of black carbon and brown carbon [J]. Atmospheric chemistry and physics, 2014, 14 (20): 10989 - 11010.

[88] WANG Y, ZHUANG G, ZHANG X, et al. The ion chemistry, seasonal cycle, and sources of $PM_{2.5}$ and TSP aerosol in Shanghai [J]. Atmospheric environment, 2006, 40 (16): 2935 - 2952.

[89] WASHENFELDER R A, ATTWOOD A R, BROCK C A, et al. Biomass burning dominates brown carbon absorption in the rural southeastern United States [J]. Geophysical research letters, 2015, 42 (2): 653 - 664.

[90] WEI N, XU Z, LIU J, et al. Characteristics of size distributions and sources of water-soluble ions in Lhasa during monsoon and non-monsoon seasons [J]. Journal of environmental sciences, 2019, 82 (8): 155 - 168.

[91] XU W, HAN T, DU W, et al. Effects of aqueous-phase and photochemical processing on secondary organic aerosol formation and evolution in Beijing, China [J]. Environmental science technology, 2017, 51 (2): 762 - 770.

[92] YIN P, CHEN R, WANG L, et al. Ambient ozone pollution and daily mortality: a nationwide study in 272 Chinese cities [J]. Environmental health perspectives, 2017, 125 (11): 117006-1 - 117006-7.

[93] ZHANG L. Overview of digital signatures [C]//Society for the Application of Intelligent Information Technology. Piscataway: IEEE, 2011: 541 - 544.

[94] ZHANG Q, ZHENG Y, TONG D, et al. Drivers of improved $PM_{2.5}$ air quality in China from 2013 to 2017 [J]. Proceedings of the national academy of sciences of the United States of America, 2019, 116 (49): 24463 - 24469.

[95] ZHANG S, LI D, GE S, et al. Rapid sulfate formation from synergetic oxidation of SO_2 by O_3 and NO_2 under ammonia-rich conditions: implications for the explosive growth of atmospheric $PM_{2.5}$ during haze events in China [J]. Science of the total environment, 2021, 772: 144897-1 - 144897-8.

[96] ZHU X, LYU S, WANG X, et al. TPH-YOLOv5: improved YOLOv5 based on transformer prediction head for object detection on drone-captured scenarios [C]// Proceedings of the 2021 IEEE/CVF International Conference on Computer Vision Workshops. Piscataway: IEEE, 2021: 2778 - 2788.